可编程序控制器应用技术

（基于工作过程模式）

杨一平　主　编

黄 河 水 利 出 版 社
·郑州·

内容提要

本书以可编程序控制器(PLC)为研究对象,全书分为六个模块,模块一、模块二讲述了西门子 S7-200 系列可编程序控制器的工作原理和基本结构,对 PLC 的软件系统、硬件系统、编程软件、通信、调试与监控进行了阐述;模块三至模块六讲述了西门子 S7-200 系列可编程序控制器的应用,对 PLC 的基本控制电路、典型机床控制电路、工程控制电路、自动化通信网络进行了阐述。以项目教学的模式,基于工作过程的教学方法,理论知识介绍较少,突出适用性,并介绍了大量的工程实例,学生在学习过程中,可以边学边练,特别适合高职教育的特点。

本书可作为高职高专院校和中等职业技术学校电气自动化、机电一体化技术、计算机控制技术等自动化类专业的教学用书,也可供从事自动化技术工作的工程技术人员参考使用。

图书在版编目(CIP)数据

可编程序控制器应用技术:基于工作过程模式/杨一平主编. —郑州:黄河水利出版社,2009.8
ISBN 978-7-80734-681-4

Ⅰ.可… Ⅱ.杨… Ⅲ.可编程序控制器 Ⅳ.TP332.3

中国版本图书馆 CIP 数据核字(2009)第 116484 号

出 版 社:黄河水利出版社

地址:河南省郑州市顺河路黄委会综合楼 14 层　　邮政编码:450003

发行单位:黄河水利出版社

发行部电话:0371-66026940、66020550、66028024、66022620(传真)

E-mail:hhslcbs@126.com

承印单位:黄河水利委员会印刷厂

开本:787 mm×1 092 mm　1/16

印张:14.25

字数:330 千字　　印数:1—3 000

版次:2009 年 8 月第 1 版　　印次:2009 年 8 月第 1 次印刷

定价:27.00 元

出版说明

职业教育是现代国民教育体系的重要组成部分，在实施科教兴国和人才强国战略中具有特殊的重要地位。为进一步落实《国务院关于大力发展职业教育的决定》精神，贯彻教高(2006)16号《关于全面提高高等职业教育教学质量的若干意见》，以科学发展观为指导，实施科教兴国战略，促进高等职业教育健康发展。以服务为宗旨，以就业为导向，走产学结合的发展道路，为社会主义现代化建设培养千百万高素质技能型专门人才。为配合高职教育关于"培养21世纪与我国现代化建设要求相适应的一线科技实用型人才"的最新理念，本教材按照基于工作过程的编写方法及项目教学的思路编写，将理论教学和实践教学紧密结合，图文并茂、内容实用、层次分明、讲解透彻。

本书的主编杨一平老师，在企业生产一线工作近20年，具有丰富的实践经验，在自动化控制领域，尤其在可编程序控制器的应用领域有较深的研究，近两年在许昌职业技术学院从事机电一体化专业后期专业课的教学与研究，教材中融入了他丰富的实践和教学经验。

经过近两年的课题研究与探索，本书才正式出版，我们希望通过本书，为各高职高专院校提供一个可实施的"基于工作过程教学"的专业教学实例，也热切盼望各位关心高等职业教育的读者，能够对本教材的不当之处给予批评指正，提出修改意见，并积极与我们联系，共同探讨教学改革和教材编写等相关问题。

本教材可作为各类高职高专院校的教材，也可作为各类培训班的教材。

为方便教学，我们免费为选用本教材的老师提供教学方案及相关教学资源。

黄河水利出版社

2009年6月

前　言

使用可编程序控制器(PLC)对工控对象进行控制是从事自动控制及机电一体化专业工作的技术人员不可缺少的重要技能。可编程序控制器最初的应用仅仅是为了替代传统的继电器控制系统,但是发展至今,它的应用综合了计算机技术、自动控制技术、网络通信技术,其功能远远超出了继电器系统的功能。在控制技术的各个领域得到了越来越广泛的应用,极大地提高了现代工业生产的自动化程度。

由于可编程序控制器在实际控制过程中的大量应用,我国高职高专院校的物流、数控、机电、电子、计算机、智能楼宇以及一些专业领域都讲解这门课程。为了使高职院校的教师能够比较全面、系统地讲授这门课程,并把基于工作过程的项目教学模式融入到教学过程中,我们几位长期在高职院校从事可编程序控制器教学,并具有丰富工程实践经验的教师,共同编写了本书。

本书各部分的内容基本上是按照基于工作过程的项目教学模式着手组织素材的,即按照“预备知识—项目应用—项目技能训练”的模式编写,在编写过程中尽量将知识点融合到项目实例中,以重点培养学生对可编程序控制器的应用能力。每章都附有一定数量的习题,以帮助学生进一步巩固基础知识;同时每个项目,基本是按照“继电器控制原理—PLC 程序设计—PLC 的选型—PLC 的 I/O 配置—PLC 的控制端子接线—PLC 调试”进行的,每个项目都可作为实践性较强的实训,可以供学生实践时使用。

西门子公司的可编程序控制器因其结构紧凑、功能强、易于扩展,以及性价比高等多方面的因素,在我国的市场中占有一定的份额,特别是 S7－200 系列中的 CPU21X 和 CPU22X 系列的 PLC 在工业控制中应用更广泛,同时许多高职院校把它作为教学用机。为此我们编写了这本以培养综合性技能型兼顾应用型人才为目标的“教、学、做、练”结合的教材,在理论够用条件下,突出实践教学,力图做到便于教学,突出职业教育的特点。

本书重点介绍了 S7－200 系列 PLC 的组成、原理、指令和应用,详细介绍了 PLC 的编程方法,并列举了大量应用实例。为了突出职业教育的特点,常用指令后都配有例题、实训,由浅入深地培养学生的学习兴趣,并通过综合实例和实训,介绍 PLC 应用系统的设计,提高学生的技能。

本书配备了 PPT 课件,还有一些常用控制过程的动画,具有丰富的教学资源,本书的参考学时为 60～90,具体可参见下表。

模块号	模块名	学时分配	
		理论	实践
模块一	绪论	1	1
模块二	PLC 的基础知识	4	4
模块三	电动机常用控制电路	8	8
模块四	PLC 在典型机床上的应用	12	12
模块五	PLC 在控制领域的应用	12	12
模块六	PLC 的通信与自动化通信网络	6	6
合计		43	43

本书由许昌职业技术学院杨一平老师任主编，穆亚辉、郭玉萍老师任副主编，宁玉伟、张传斌老师对本书的编写提出了很多宝贵意见，杨付营老师任主审。主要人员分工如下：模块一、模块六由许昌职业技术学院杨一平老师编写；模块二由河南城建学院姜丽娟老师（项目一、项目二）和赵笑声老师（项目三、项目四、项目五、项目六）编写；模块三由河南城建学院张芳芳老师（预备知识）和谷骁勇老师（项目一、项目二、项目三、项目四）编写；模块四由许昌职业技术学院郭玉萍老师编写；模块五由许昌职业技术学院穆亚辉老师编写。

由于时间仓促，加之编者水平有限，书中难免存在错误和不妥之处，敬请广大读者批评指正。

编　者

2009 年 6 月

目 录

模块一　绪　论

一、知识目标

1. 了解可编程序控制器的发展。

2. 掌握可编程序控制器的定义。

二、技能目标

1. 通过实物展示，认识不同国家及不同公司可编程序控制器的产品外形。

2. 通过实物展示，认识各类型号的可编程序控制器。

一、可编程序控制器（Programmable Logic Controller，简称 PLC）的诞生

在可编程序控制器问世以前，工业控制领域中是以继电器控制占主导地位的。对生产工艺多变的系统适应性差，一旦生产任务和工艺发生变化，就必须重新设计，并改变硬件结构。

1968 年，美国通用汽车公司（GM 公司）提出要用一种新型的工业控制器取代继电器接触器控制装置，并要求把计算机控制的优点（功能完备，灵活性、通用性好）和继电器接触器控制的优点（简单易懂、使用方便、价格便宜）结合起来，设想将继电器接触器控制的硬接线逻辑转变为计算机的软件逻辑编程，且要求编程简单，使得不熟悉计算机的人员也能很快掌握其使用技术，并提出了 10 项招标技术指标。其主要内容如下：

(1) 编程简单方便，可在现场编制程序；

(2) 硬件维护方便，采用插件式结构；

(3) 可靠性高于继电器接触器控制装置；

(4) 体积小于继电器接触器控制装置；

(5) 可将数据直接送入计算机；

(6) 用户程序存储器容量至少可以扩展到 4 kB；

(7) 输入可直接用 115 V 交流电；

(8) 输出为交流电 115 V 2 A 以上，能直接驱动电磁阀、交流接触器等；

(9) 通用性强，扩展方便；

(10) 成本上可与继电器接触器控制系统竞争。

1969 年，美国数字设备公司（DEC 公司）研制出了第一台可编程序控制器PDP－14，在美国通用汽车公司的自动装配线上试用成功，并取得满意的效果，可编程序控制器自此诞生。

二、PLC 的定义及发展

（一）PLC 的定义

PLC 是以微处理器为基础，综合了计算机技术、自动控制技术和通信技术而发展起来

的一种新型的、通用的自动控制装置(工业计算机)。由于 PLC 在不断发展,因此对它进行确切的定义是比较困难的。国际电工委员会(International Electrical Committee,IEC)在 1987 年对 PLC 作了如下的定义:PLC 是一种专门为在工业环境下应用而设计的进行数字运算操作的电子装置。它采用可以编制程序的存储器,用来在其内部存储执行逻辑运算、顺序运算、定时、计数和算术运算等操作的指令,并能通过数字式或模拟式的输入和输出,控制各种类型的机械或生产过程。PLC 及其有关的外围设备都应按照易于与工业控制系统形成一个整体和易于扩展其功能的原则而设计。

(二)PLC 的发展

PLC 的发展经历了下列四个阶段:

第一阶段是初创阶段。主要用于逻辑运算和定时、计数,它的控制功能比较简单。

第二阶段是扩展阶段。它的主要功能是逻辑运算,同时增加了模拟运算。

第三阶段是 PLC 通信功能的实现阶段。产品有西门子的 SYMATIC S6 系列等。

第四阶段是 PLC 的开放阶段。通信协议的标准化使用户得到了好处。产品有 SYMATIC S5 和 S7 系列等。

第一、二代具有逻辑运算、定时计数等简单功能;第三代速度提高、功能增强、可控制模拟量;第四代以 16 位、32 位、微处理器为核心,功能更强。PLC 的发展与其他高新技术的发展是分不开的,其发展的特征表现在下列几方面:

(1)功能的发展。PLC 从简单的逻辑运算功能,发展到数据传送、数据比较、数据运算,直到通信功能。

(2)适应控制要求。PLC 的发展是高新科学技术发展的产物,同时,也推动了其他科学技术的发展。

(3)适应工业环境的要求。PLC 与通用计算机的一个重要的区别就是 PLC 能应用在恶劣的工业环境中。

PLC 的发展趋势为低档 PLC 向小型、简易、廉价方向发展;中、高档 PLC 向大型、网络、高速、多功能方向发展。

三、可编程序控制器的分类

可编程序控制器的分类可以按输入/输出点数、结构形式、生产厂家来分。

(一)按输入/输出点数分

(1)小型机:小型 PLC I/O 总点数在 256 点以下,用户程序存储容量在 4 kB 左右。

(2)中型机:中型 PLC I/O 总点数在 256 ~ 2 048 点,用户程序存储容量在 8 kB 左右。

(3)大型机:大型 PLC I/O 总点数在 2 048 点以上,用户程序存储容量在 16 kB 以上。

(二)按结构形式分

按结构形式分为整体式和模块式。

(三)按生产厂家分

PLC 产品按地域分成三大流派:美国、欧洲和日本。其中占 PLC 市场 80% 以上的生产公司是:德国的西门子(SIEMENS)公司、法国的施耐德(SCHNEIDER)自动化公司、日本的欧姆龙(OMRON)公司和三菱公司。

四、PLC 的特点

PLC 有如下特点：

（1）可靠性高，抗干扰能力强，无触点控制，故障率低；硬件措施有屏蔽、滤波、隔离等措施；软件措施有故障检测、信息保护和恢复、警戒时钟（死循环报警）、程序检验等措施。

（2）使用灵活，通用性强。产品系列化，硬件结构模块化，可灵活选用；软接线逻辑使得 PLC 能简单轻松地实现各种不同的控制任务，且系统设计周期短。

（3）编程方便，易于掌握。采用与继电器电路极为相似的梯形图语言，直观易懂，SFC 功能图使编程更简单方便。

（4）接口简单，维护方便。可直接与现场强电设备相连接，接口电路模块化；有完善的自诊断及监视功能，便于查出故障原因，并迅速处理。

（5）功能完善，性价比高。除逻辑控制、定时计数、数字运算外，配合特殊功能模块还可以实现点位控制、PID 运算、过程控制、数字控制等功能，还可实现与上位机通信、远程控制等。

五、PLC 的功能及应用

（一）PLC 的功能

（1）顺序逻辑控制。

（2）运动控制。PLC 和计算机数控（CNC）设备集成在一起，可以完成机床的运动控制。

（3）定时和计数控制。

（4）模拟量控制。PLC 能完成数模转换或者模数转换，控制大量的物理参数，如温度、压力、速度和流量等。

（5）数据处理。

（6）通信和联网。

（二）PLC 的应用

在发达的工业国家，可编程序控制器已经广泛地应用在所有的工业部门。随着其性价比的不断提高，应用范围也不断扩大，主要有以下几个方面：

1. 数字化逻辑控制

可编程序控制器具有“与”、“或”、“非”等逻辑指令，可以实现触点和电路的串、并联，代替继电器进行组合逻辑控制、定时控制与顺序逻辑控制。数字量逻辑控制可以用于单台设备，也可以用于自动生产线，其应用领域已遍及各行各业，甚至深入到家庭。

2. 运动控制

可编程序控制器使用专用的运动控制模块，对直线运动或圆周运动的位置、速度和加速度进行控制，可实现单轴、双轴、3 轴和多轴位置控制，使运动控制与顺序控制功能有机地结合在一起。可编程序控制器的运动控制功能广泛地用于各种机械，如金属切削机床、金属成型机械、装配机械、机器人、电梯等场合。

小　结

自从 1969 年美国 DEC 公司研制出第一台可编程序控制器以后，可编程序控制器以其使用灵活、通用性强、编程方便、易于掌握、功能完善等特点，广泛应用于工业控制领域，并以功能强大、可以实现联网，与计算机、变频器、触摸屏结合而在机电一体化控制领域受到人们的青睐。本章从可编程序控制器的定义、分类、特点、功能及应用等方面讲述了可编程序控制器，并列出了几个常用的国家的 PLC 的外形，意在使学生通过实物展示，认识不同国家和不同公司的 PLC，初步了解不同国家和不同公司的 PLC 使用的编程语言和编程方法。

习题一

1. 简述 PLC 的发展过程。
2. PLC 的定义是什么？
3. PLC 的特点有哪些？
4. PLC 的功能有哪些？
5. 简述 PLC 的应用领域。
6. 不同国家、不同公司的 PLC 是运用同一种编程语言进行程序编制的吗？

模块二　PLC 的基础知识

一、知识目标

1. 熟悉 PLC 的外部结构中各部分的名称和作用。

2. 掌握 PLC 的内部结构的组成和各部分的名称及作用。

3. 熟悉软件系统的概念、组成。

4. 熟悉常用的编程语言、常用的基本指令。

5. 掌握 STEP7 – Micro/Win32 编程软件的使用。

二、技能目标

1. 通过实训，认识输入/输出接线端子、电源端子、扩展单元接口、通信电缆接口、面板指示灯、通信电缆中波特率调整码开关、存储卡接口等，并掌握其用途。

2. 打开 PLC 外壳，认识内部各部分单元及各单元的连接方法，并掌握其用途。

3. 通过实训，掌握 PLC 的外围元件的接线和电源接线。

4. 通过实训，学会简单的基本指令的应用。

5. 通过实训，会使用 STEP7 – Micro/Win32 编程软件进行编程操作。

项目一　PLC 的硬件系统

一、PLC 的结构

完整的 PLC 主要由两部分组成：硬件和软件。如图 2-1 所示，为 PLC 的组成部分，主要由 CPU 模块、输入模块、输出模块和编程装置组成。

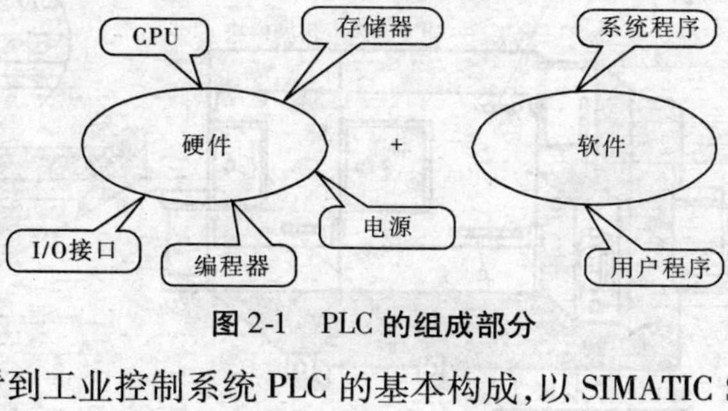

图 2-1　PLC 的组成部分

由图 2-1 可以看到工业控制系统 PLC 的基本构成，以 SIMATIC S7 – 200 系统为例，各部分的连接关系，如图 2-2 所示。

计算机作为编程设备，通过工业编程软件进行 PLC 的程序编制，编制后的控制程序，下载到 PLC 的 CPU 主机，如果仅仅主机就能满足控制的需要，主机就在下载的控制程序的作用下对运行设备进行控制，实现控制的目的；如果仅靠主机不能完成复杂的控制，就需要增加扩展模块扩大主机的功能，增加输入/输出点数来实现复杂的控制。计算机通过工业编程软件可以把原来下载到PLC的CPU主机的控制程序装到计算机中,进行程序的修改,完成控制任务。计算机、PLC主机、PLC的扩展模块、触摸屏、变频器、通信网络、设备等要通过专用的电缆和专用接口进行连接,来实现网络的通信和控制。

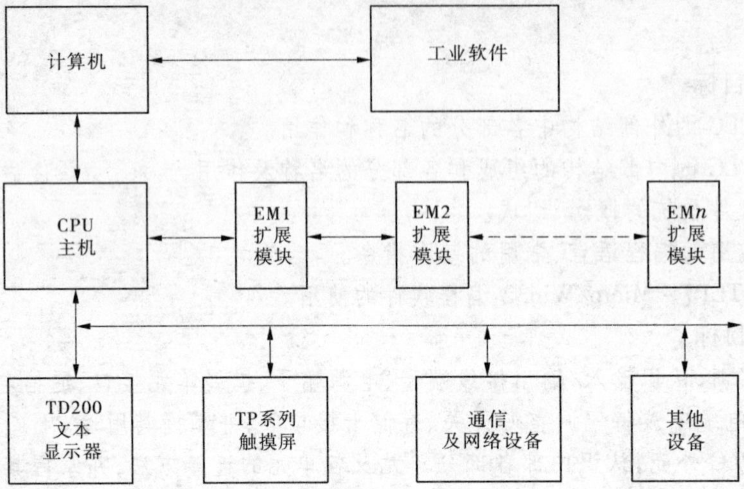

图2-2 SIMATIC S7－200系统

(一)PLC的外形结构

PLC是微机技术和继电器常规控制概念相结合的产物,是一种工业控制用的专用计算机,采用了典型的计算机结构,如图2-3所示,为典型主机与扩展机的结构外形图。

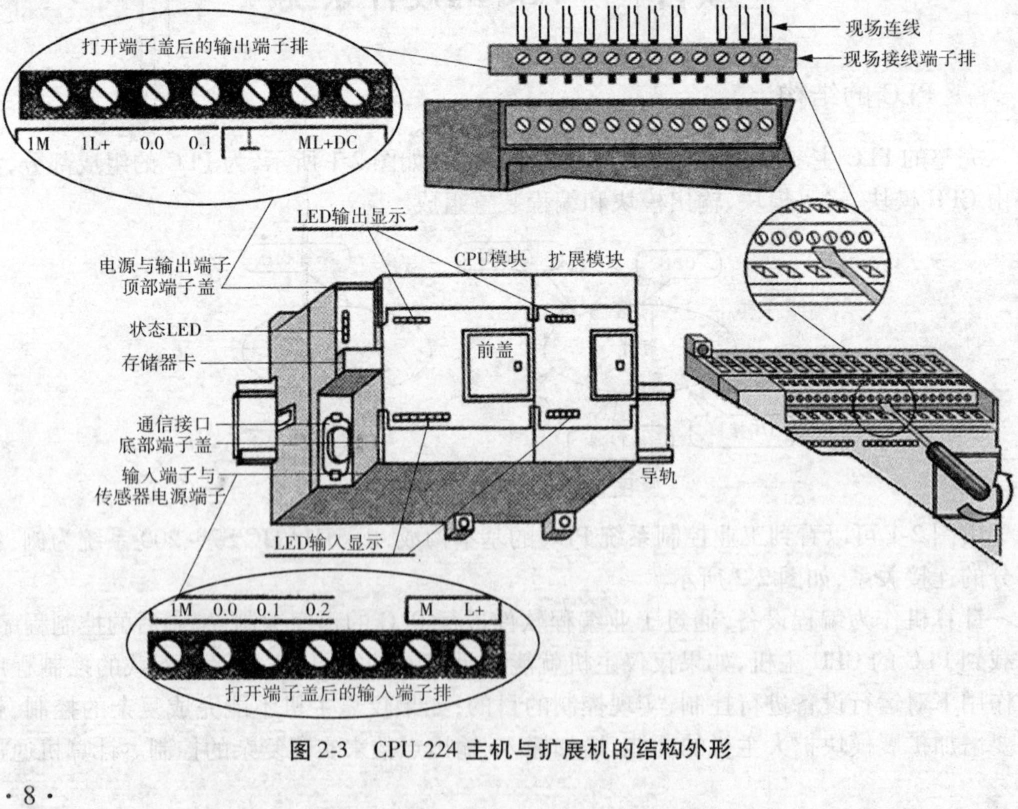

图2-3 CPU 224主机与扩展机的结构外形

从图 2-3 中我们看到，主机有 CPU 模块，如果使用过程中，主机的输入或者输出不能满足控制的要求，可增加扩展模块，以满足控制的需要；打开顶部端子盖，可看到上端有电源和输出端子，用于连接输入电源和输出信号；打开底部端子盖，可看到下端有输入端子和机内 24 V 电源，用于连接输入信号，输入信号可以是按钮、继电器类元件的触点，也可以是传感器的输出信号等；在上端、下端、左侧有 LED 显示灯，用于显示输出点工作状态、输入点工作状态、RUN 状态、STOP 状态或监控状态等，还有程序存储器卡接口、通信接口，与通信线可以连接，用于上装和下装 PLC 的运行程序；后边有固定 PLC 的导轨，也可以用螺栓固定。

（二）PLC 的主机系统

如图 2-4 所示，为 PLC 的主机系统图。

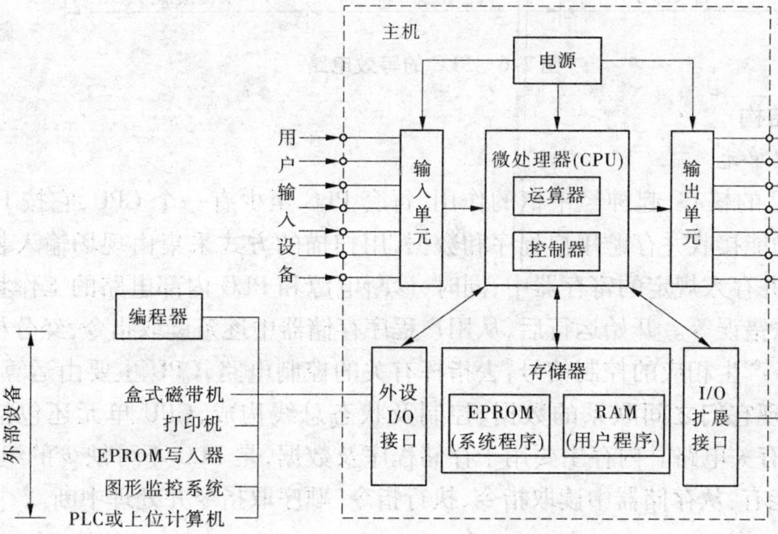

图 2-4　PLC 的主机系统图

如图 2-5 所示，为一典型 PLC 输入/输出接线结构简图。

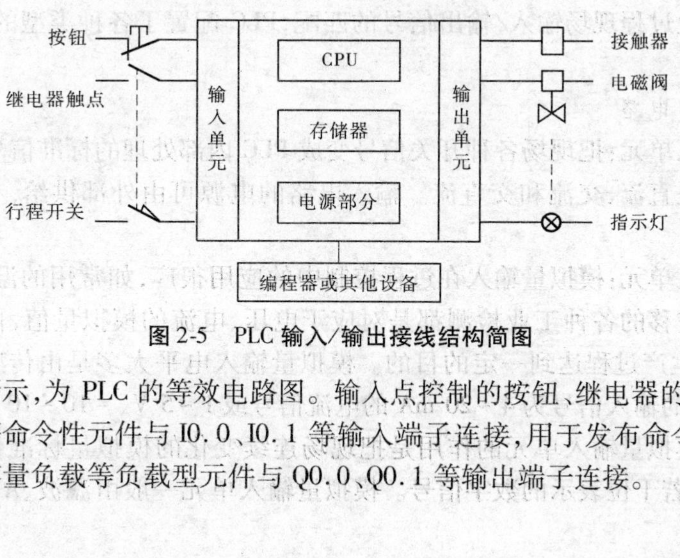

图 2-5　PLC 输入/输出接线结构简图

如图 2-6 所示，为 PLC 的等效电路图。输入点控制的按钮、继电器的触点行程开关、传感器的输出等命令性元件与 I0.0、I0.1 等输入端子连接，用于发布命令；接触器、电磁阀、指示灯、小容量负载等负载型元件与 Q0.0、Q0.1 等输出端子连接。

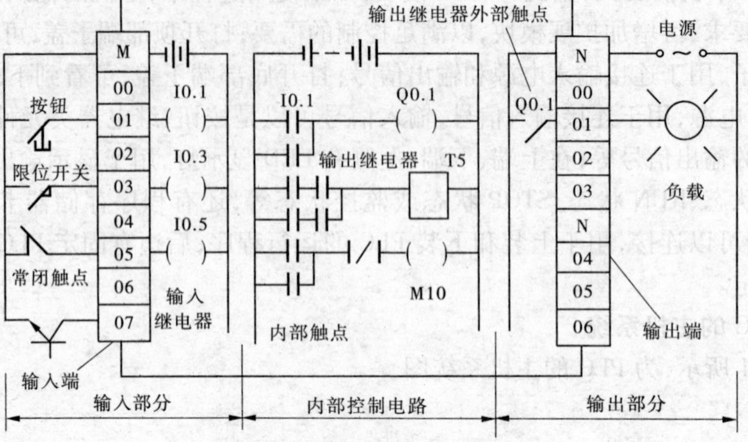

图 2-6　PLC 的等效电路

(三)内部结构

1. 中央处理单元

CPU 是 PLC 的核心,起神经中枢的作用,每套 PLC 至少有一个 CPU,它按 PLC 的系统程序赋予的功能接收并存贮用户程序和数据,用扫描的方式采集由现场输入装置送来的状态或数据,并存入规定的寄存器中;同时,诊断电源和 PLC 内部电路的工作状态和编程过程中的语法错误等。开始运行后,从用户程序存储器中逐条读取指令,经分析后再按指令规定的任务产生相应的控制信号,去指挥有关的控制电路,CPU 主要由运算器、控制器、寄存器及实现它们之间联系的数据、控制及状态总线构成,CPU 单元还包括外围芯片、总线接口及有关电路。内存主要用于存储程序及数据,是 PLC 不可缺少的组成单元。CPU 的主要功能有:从存储器中读取指令、执行指令、顺序取指令并处理中断。

2. 存储器

存储器主要有只读存储器和随机存储器 RAM。

3. 输入/输出单元

为适应工业过程现场输入/输出信号的匹配,PLC 配置了各种类型的输入/输出模块单元。

1)输入接口电路

开关量输入单元:把现场各种开关信号变成 PLC 内部处理的标准信号。通常 PLC 的输入类型可以是直流、交流和交直流。输入电路的电源可由外部供给,有的也可由 PLC 内部提供。

模拟量输入单元:模拟量输入在过程控制中的应用很广,如常用的温度、压力、速度、流量、酸碱度、位移的各种工业检测都是对应于电压、电流的模拟量值,再通过一定运算(PID)后,控制生产过程达到一定的目的。模拟量输入电平大多是由传感器通过变换后得到的,模拟量的输入信号为 4 ~ 20 mA 的电流信号或 1 ~ 5 V、- 10 ~ 10 V、0 ~ 10 V 的直流电压信号。模拟量输入单元的作用是把现场连续变化的模拟量标准信号转换成 PLC 内部处理的、由若干位表示的数字信号。模拟量输入单元一般由滤波、A/D 转换器、光耦合器隔离等部分组成。

如图 2-7 和图 2-8 所示,分别为一种型号 PLC 的直流和交流输入接口电路的电路图,采用的是外接电源。

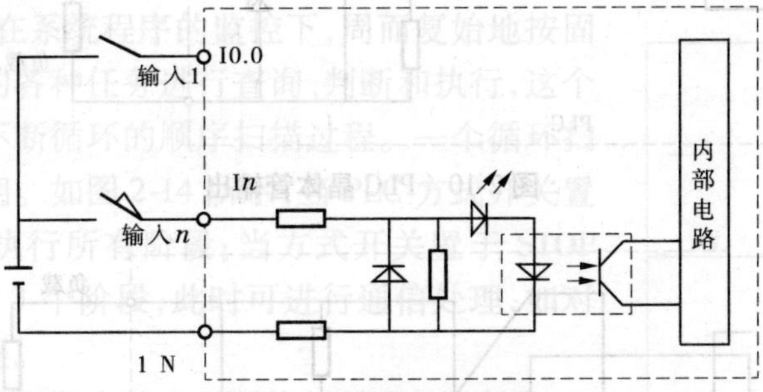

图 2-7 直流输入电路图

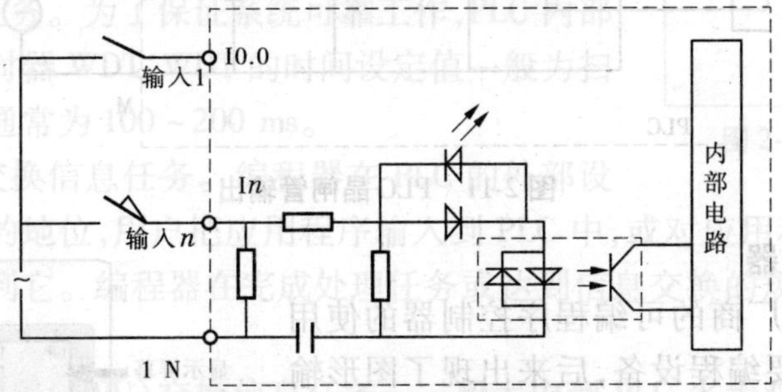

图 2-8 交流输入电路图

2)输出接口电路

开关量输出单元:它的作用是把 PLC 的内部信号转换成现场执行机构的各种开关信号。按照现场执行机构使用的电源类型的不同,开关量输出单元可分为:晶体管输出方式(用于直流输出负载)、双相晶闸管输出方式(用于交流输出负载)、继电器触点输出方式(可用于直流、也可用于交流)。特别应指出的是,由于继电器模式具有实际断点,可以从物理上切断所控制的回路,同时这种模式既适合于直流情况又适合于交流情况,因此这种模式在开关频率不太高的情况下是首选的输出控制方案。

输出接口电路输出都采用电气隔离技术,电源由外部提供,输出电流 0.5 ~ 2 A,输出电流的额定值与负载性质有关。如图 2-9、图 2-10 和图 2-11 所示,为三种输出原理图。

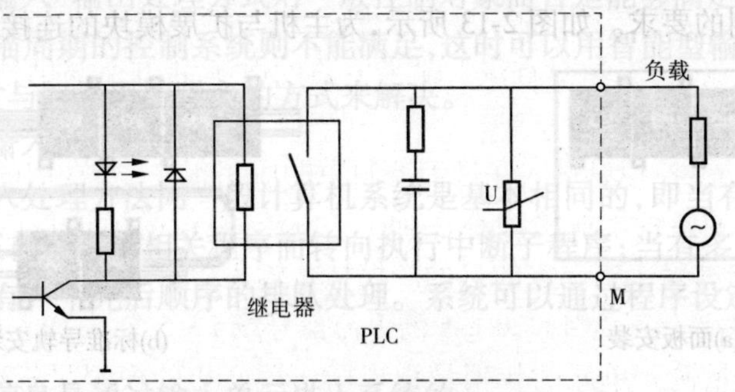

图 2-9 PLC 继电器输出

（二）PLC 的工作原理

PLC 的工作原理与计算机的工作原理是基本一致的。PLC 执行的任务是串行的，与继电器逻辑控制系统中控制任务的执行有所不同。

从 PLC 的工作过程可以看到，整个工作过程是以循环扫描的方式进行的。循环扫描方式是指在程序执行过程的周期中，程序对各个过程输入信号进行采样，对采样的信号进行运算和处理，并把运算结果输出到生产过程的执行机构中。这个工作过程一般包括五个阶段，即内部处理、与编程器等的通信处理、输入扫描、用户程序执行、输出处理，整个过程扫描一次所需要的时间称为扫描周期。

（1）PLC 的扫描周期 T = 公共部分扫描时间 + 外设扫描时间 + 用户程序执行时间 + I/O 扫描时间。

（2）PLC 的 I/O 响应时间 = 输入延迟时间 + 扫描周期 + 输出延迟时间 + 输出时间。

（3）可编程序控制器的输入处理、执行用户程序和输出处理过程的原理，如图 2-15 所示。

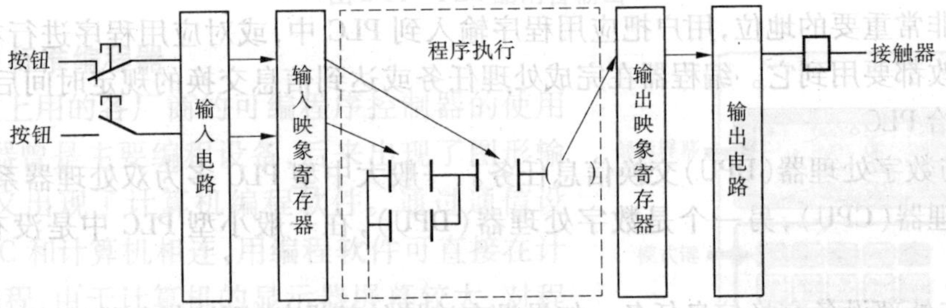

图 2-15　程序执行原理图

PLC 执行的五个阶段，称为一个扫描周期，PLC 完成一个周期后，又重新执行上述过程，扫描周而复始地进行。

三、PLC 的电源及接线

（一）交流电源系统的外部接线

交流电源系统的外部电路（接线），如图 2-16 所示。用单刀开关将电源与可编程序控制器隔离开，可用过流保护设备（如空气开关）保护 CPU 的电源和 I/O 电路，也可以为输出点分组或分点设置熔断器。所有的地线端子集中到一起后，在最近的接地点用 1.5 mm^2 的导线一点接地。将传感器电源的 M 端子接地，可获得最佳的噪声抑制。

（二）直流电源系统的外部接线

使用直流电源的电路（接线）图如图 2-17 所示。用单刀开关将电源与可编程序控制器隔离开，可用过流保护设备（如空气开关）保护 CPU 的电源和 I/O 电路，可为输出点分组或分点设置熔断器。接地的处理同交流电源系统。

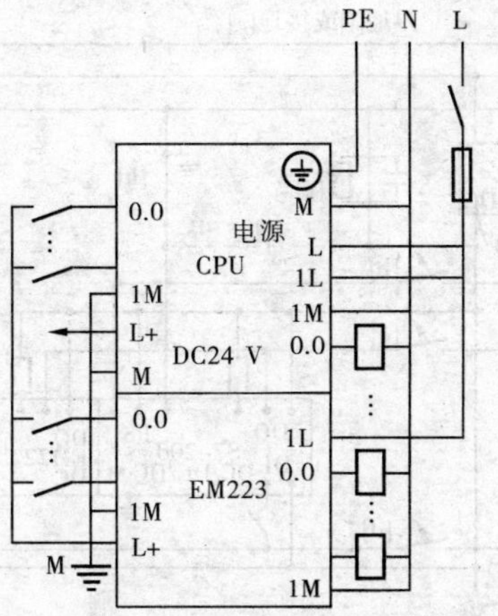

(a)含一个扩展模块的交流电源系统的外部电路

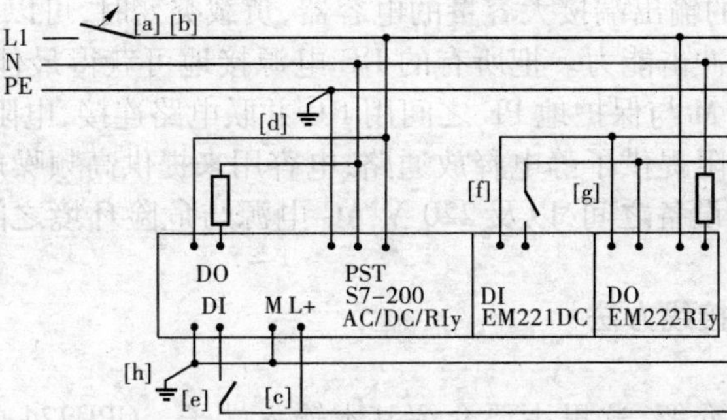

(b)多个模块、使用单相过流保护开关保护CPU的负载电路

图 2-16　交流电源系统的外部电路

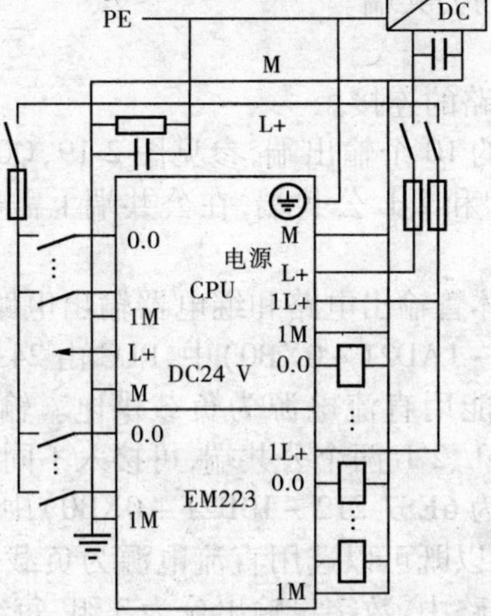

(a)含一个扩展模块的直流电源系统的外部电路

图 2-17　直流电源系统的外部电路

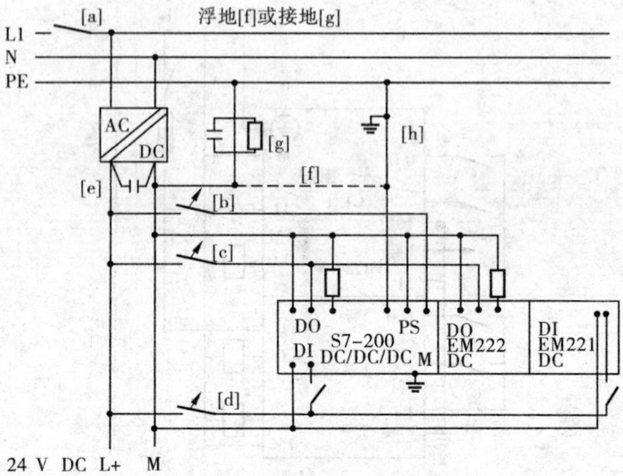

(b)多个模块、直流负载电路

续图 2-17

在外部 AC/DC 电源的输出端接大容量的电容器,负载突变时,可以维持电压稳定,以确保 DC 电源有足够的抗冲击能力。把所有的 DC 电源接地可获得最佳的噪声抑制。未接地的 DC 电源的公共端 M 与保护地 PE 之间用 RC 并联电路连接,电阻和电容的典型值为 1 MΩ 和 4 700 pF。电阻提供了静电释放通路,电容用来提供高频噪声通路。

24 V DC 电源回路与设备之间,以及 220 V AC 电源与危险环境之间,应提供安全电气隔离。

(三)输入/输出端子接线方法

1. 输入回路的连接

CPU224 型 PLC 端子介绍,这里主要介绍基本输入端子。CPU224 的主机共有 14 个输入点(I0.0 ~ I0.7、I1.0 ~ I1.5)和 10 个输出点(Q0.0 ~ Q0.7、Q1.0 ~ Q1.1),在编写端子代码时采用 8 进制,没有 0.8 和 0.9。CPU224 输入电路参见图 2-18,它采用了双向光耦合器,24 V 直流极性可任意选择,系统设置 1 M 为输入端子(I0.0 ~ I0.7)的公共端,2 M为输入端子(I1.0 ~ I1.5)的公共端。

2. 输出回路的连接

如图 2-19 所示,为输出回路的连接。

基本输出端子。CPU224 的 10 个输出端,参见图 2-19,Q0.0 ~ Q0.4 共用 1 M 和 1 L 公共端,Q0.5 ~ Q1.1 共用 2 M 和 2 L 公共端,在公共端上需要用户连接适当的电源,为 PLC 的负载服务。

CPU224 的输出电路有晶体管输出电路和继电器输出电路两种供用户选用。在晶体管输出电路(型号为 6ES7 214 - 1AD21 - 0XB0)中,PLC 由 24 V 直流电源供电,负载采用了 MOSFET 功率驱动,所以只能用直流电源为负载供电。输出端将数字量输出分为两组,每组有一个公共端,共有 1 L、2 L 两个公共端,可接入不同电压等级的负载电源。

在继电器输出电路(型号为 6ES7 212 - IBB21 - 0XB0)中,PLC 由 220 V 交流电源供电,负载采用了继电器驱动,所以既可以选用直流电源为负载供电,也可以采用交流电源为负载供电。在继电器输出电路中,数字量输出分为 3 组,每组的公共端为本组的电源供给端,Q0.0 ~ Q0.3 共用 1L,Q0.4 ~ Q0.6 共用 2L,Q0.7 ~ Q1.1 共用 3L,各组之间可接入不同电压等级、不同电压性质的负载电源,如图 2-20 所示。

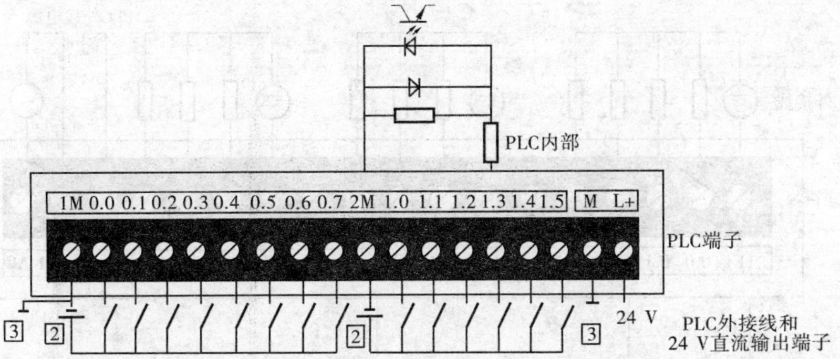

注：1.实际元件值可能有变；2.②处可接受任何极性；3.③处接地可选。

(a)输入端子使用外接不同电源的连接方法

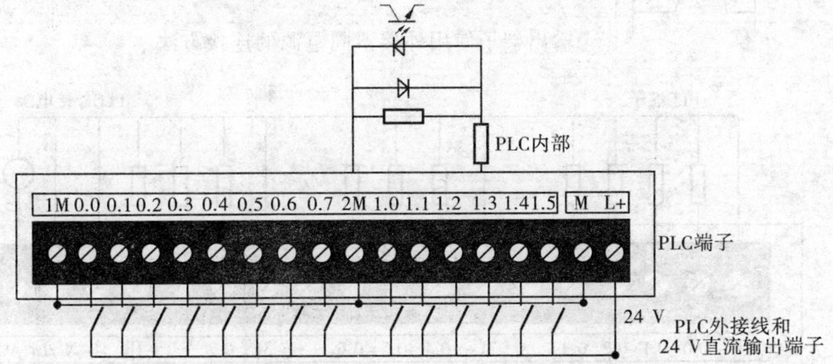

(b)输入端子使用PLC主机24 V相同电源的连接方法

图 2-18 PLC CPU224 输入电路

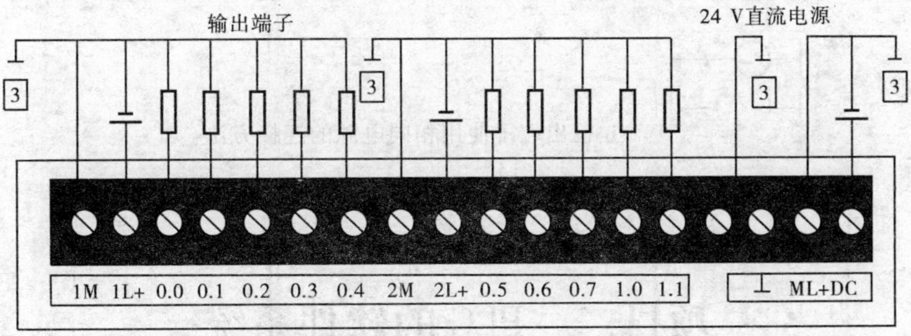

(a)输出端子使用外接不同电源的连接方法

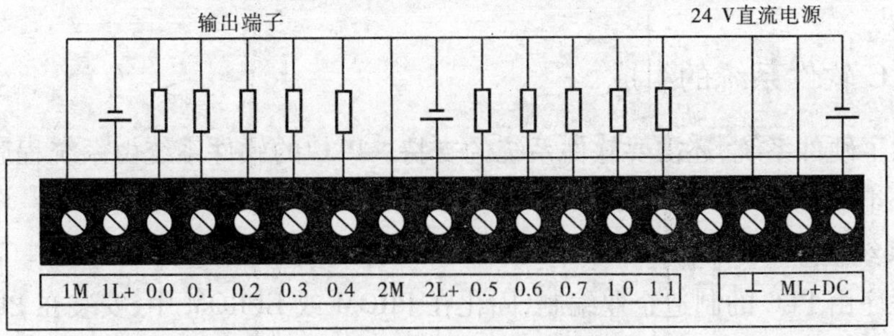

(b)输出端子使用相同电源的连接方法

图 2-19 PLC 晶体管输出电路

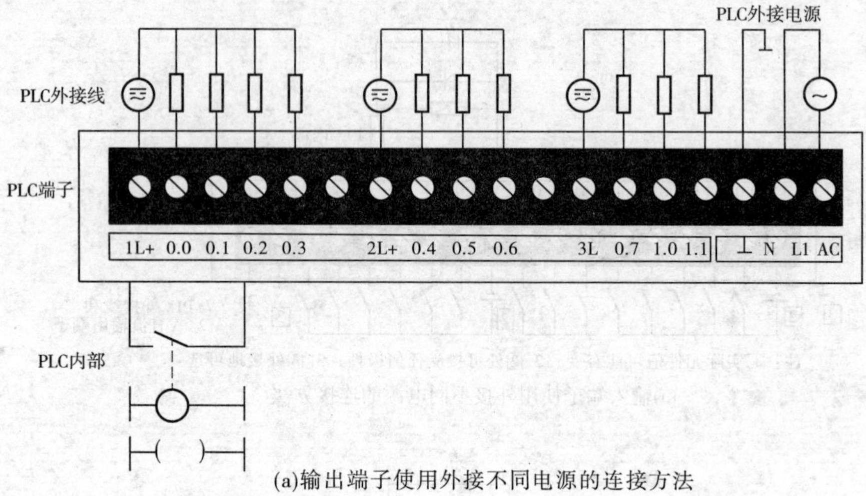

(a)输出端子使用外接不同电源的连接方法

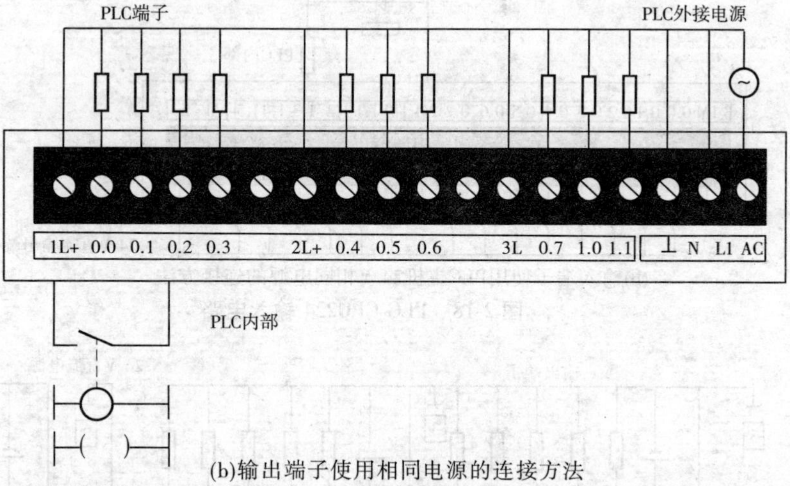

(b)输出端子使用相同电源的连接方法

图 2-20　继电器输出电路

项目二　PLC 的软件系统

一、PLC 软件系统的组成

PLC 除了硬件系统,还需要软件系统的支持。PLC 的软件系统由系统程序和用户程序两大部分组成。

(一)系统程序

系统程序由 PLC 的制造企业编制,固化在 PROM 或 EPROM 中,安装在 PLC 上,随产品提供给用户。系统程序包括系统管理程序、用户指令解释程序和供系统调用的标准程序模块等。

由于通过改进系统程序可以在不改变硬件系统的情况下大大改善 PLC 的性能，因此系统程序也在不断升级和完善。

（二）用户程序

用户程序是根据生产过程控制的要求由用户使用制造企业提供的编程语言自行编制的应用程序。用户程序包括开关量逻辑控制程序、模拟量运算程序、闭环控制程序和操作站系统应用程序等。

（1）开关量逻辑控制程序是 PLC 用户程序中最重要的一部分。

（2）模拟量运算程序及闭环控制程序通常是在大中型 PLC 上实施的程序。

（3）操作站系统应用程序。它是大型 PLC 系统经过通信联网后，由用户为进行信息交换和管理而编制的程序。

二、PLC 的编程语言

PLC 为用户提供了完整的编程语言，以适应编制用户程序的需要。PLC 提供的编程语言通常有以下几种：功能图块、顺序功能图、梯形图和指令表。

下面以 S7－200 系列 PLC 为例加以说明，IEC－1131 标准规定 PLC 的主要编程语言如下。

（一）FBD（Function Block Diagram）功能图块语言（功能块）

功能图块（FBD）的图形结构与数字电子电路的结构极为相似，利用 FBD 可以查看到像普通逻辑门图形的逻辑盒指令。它没有梯形图编程器中的触点和线圈，FBD 编程语言有利于程序流的跟踪，但在目前使用较少。图 2-21 为 FBD 的一个简单实例。

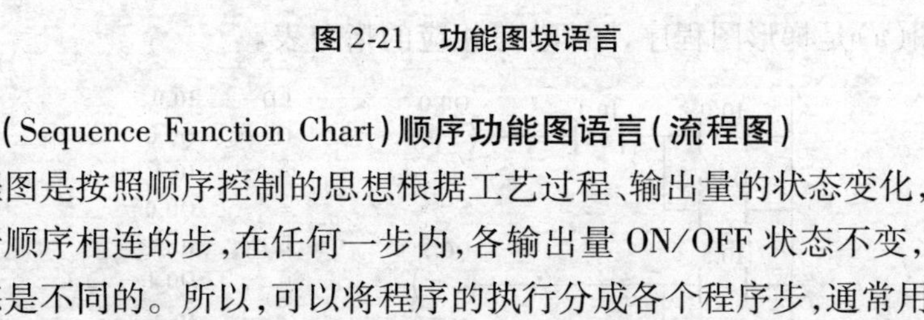

图 2-21　功能图块语言

（二）SFC（Sequence Function Chart）顺序功能图语言（流程图）

功能流程图是按照顺序控制的思想根据工艺过程、输出量的状态变化，将一个工作周期划分为若干顺序相连的步，在任何一步内，各输出量 ON/OFF 状态不变，但是相邻两步输出量的状态是不同的。所以，可以将程序的执行分成各个程序步，通常用顺序控制继电器的位 S0.0～S31.7 代表程序的状态步。使系统由当前步进入下一步的信号称为转换条件，又称步进条件。转换条件可以是外部的输入信号，如按钮，指令开关，限位开关的接通/断开等；也可以是程序运行中产生的信号，如定时器、计数器的常开触点的接通等；转换条件还可能是若干个信号的逻辑运算的组合。一个三步循环步进的功能流程图如

图 2-22 所示，功能流程图中的每个方框代表一个状态步，如图中 1、2、3 分别代表程序 3 步状态。与控制过程的初始状态相对应的步称为初始步，用双线框表示。可以分别用 S0.1、S0.2、S0.3 表示上述的三个状态步，程序执行到某步时，该步状态位置为 1，其余为 0。如执行第一步，S0.1 = 1，而 S0.2、S0.3 全为 0。每步所驱动的负载，称为步动作，用方框中的文字或符号表示，并用线将该方框和相应的步相连。状态步之间用有向连线连接，表示状态步转移的方向，有向连线上没有箭头标注时，方向为自上而下，自左而右。有向连线上的短线表示状态步的转换条件。

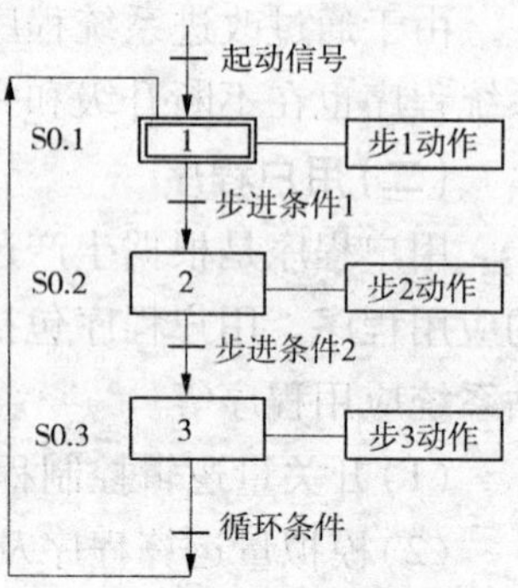

图 2-22　三步循环步进的功能流程图实例

（三）LAD（Ladder Diagram）梯形图语言

梯形图（LAD）编程语言是从继电器控制系统原理图的基础上演变而来的。PLC 的梯形图与继电器控制系统的梯形图的基本思想是一致的，只是在使用符号和表达方式上有一定区别。图 2-23 是一个典型的梯形图。左右两条垂直的线称做母线。母线之间是触点的逻辑连接和线圈的输出。

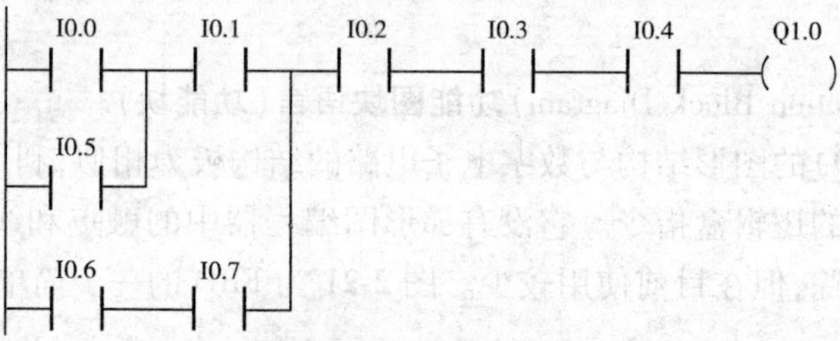

图 2-23　梯形图举例

（四）STL（Statement List）指令表语言

指令表（STL）编程语言类似于计算机中的助记符语言，它是可编程序控制器最基础的编程语言。所谓指令表编程，是用一个或几个容易记忆的字符来代表可编程序控制器的某种操作功能，特别适合于来自计算机领域的工程人员。用指令助记符创建用户程序，属于面向机器硬件的语言，STEP 7 Micro/Win32 的指令表如下所示，图 2-24 是一个简单的 PLC 程序，图（a）是梯形图程序，图（b）是相应的指令表。

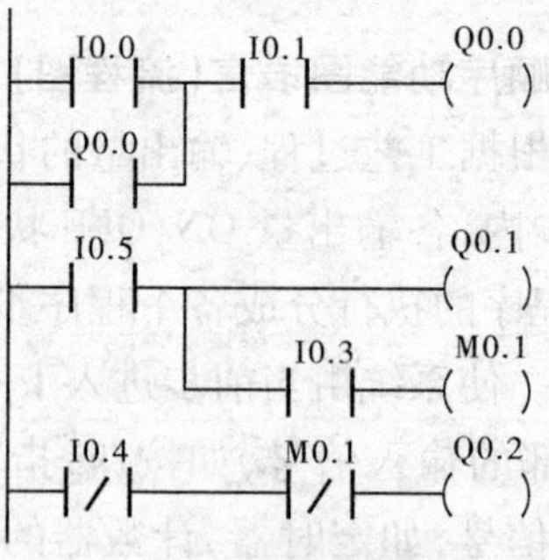

(a)梯形图程序

```
LD    I0.0
O     Q0.0
A     I0.1
=     Q0.0
LDN   I0.5
=     Q0.1
A     I0.3
=     M0.1
LDN   I0.4
AN    M0.1
=     Q0.2
```

(b)指令表

图 2-24　基本指令应用举例

三、PLC 的程序结构

控制一个任务或过程，是通过在 RUN 方式下，使主机循环扫描并连续执行用户程序来实现的，用户程序决定了一个控制系统的功能。广义上的 PLC 程序由三部分构成：用户程序、数据块和参数块。

（一）用户程序

用户程序是必选项。用户程序在存储器空间中也称为组织块，一个完整的用户控制程序应当包含一个主程序、若干子程序和若干中断程序三大部分。程序结构示意图如图 2-25 所示。

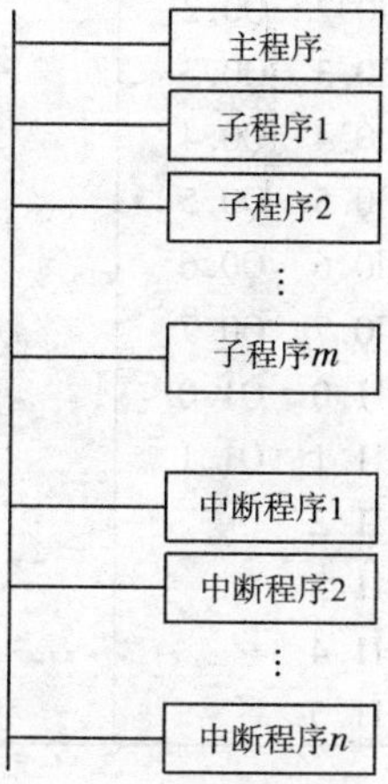

图 2-25　程序结构

（二）数据块

数据块为可选部分，它主要存放控制程序运行所需的数据，在数据块中允许以下数据类型：布尔型，表示编程元件的状态；十进制、二进制或十六进制数；字母、数字和字符型。

（三）参数块

参数块也是可选部分，它存放的是 CPU 组态数据，如果在编程软件或其他编程工具上未进行 CPU 的组态，则系统以默认值进行自动配置。

四、主机及 I/O 特性

（一）主机提供的 I/O 点数

SIMATIC S7－200 系统 CPU 22X 系列 PLC 主机及 I/O 特性如表 2-1 所示。

表 2-1　CPU 22X 系列 PLC 主机及 I/O 特性

型号	主机输出类型	主机输入点数	主机输出点数	可扩展模块数
CPU 221	DC/继电器	6	4	无
CPU 222	DC/继电器	8	6	2
CPU 224	DC/继电器	14	10	7
CPU 226	DC/继电器	24	16	7

（二）I/O 点电流

各 CPU 所能提供的最大 5 V DC 扩展电流，如表 2-2 所示。

表 2-2　CPU 提供的电流

CPU 型号	221	222	224	226
最大扩展电流（mA）	0	340	660	1 000

例如，某一控制系统选用 CPU 224，系统所需的输入输出点数各为：数字量输入 24 点、数字量输出 20 点、模拟量输入 6 点、模拟量输出 2 点。本系统可有多种不同模块的选

取组合，如表 2-3 所示，为其中的一种可行的系统输入输出组态状况。

表 2-3　各模块编址

主机 I/O	模块 1 I/O	模块 2 I/O	模块 3 I/O	模块 4 I/O	模块 5 I/O
I0.0　Q0.0	I2.0	Q2.0	AIW0 AQW0	I3.0　Q3.0	AIW8 AQW2
I0.1　Q0.1	I2.1	Q2.1	AIW2	I3.1　Q3.1	AIW10
I0.2　Q0.2	I2.2	Q2.2	AIW4	I3.2　Q3.2	AIW12
I0.3　Q0.3	I2.3	Q2.3	AIW6	I3.3　Q3.3	AIW14
I0.4　Q0.4	I2.4	Q2.4			
I0.5　Q0.5	I2.5	Q2.5			
I0.6　Q0.6	I2.6	Q2.6			
I0.7　Q0.7	I2.7	Q2.7			
I1.0　Q1.0					
I1.1　Q1.1					
I1.2					
I1.3					
I1.4					
I1.5					

项目三　基本位逻辑指令

基本逻辑指令在语句表语言中是指对位存储单元的简单逻辑运算，在梯形图中是指对触点的简单连接和对标准线圈的输出。

一、逻辑取（装载）及线圈驱动指令 LD/LDN

（一）指令功能

（1）LD（Load）：常开触点逻辑运算的开始。对应梯形图则为在左侧母线或线路分支点处初始装载一个常开触点。

（2）LDN（Load not）：常闭触点逻辑运算的开始（即对操作数的状态取反）。对应梯形图则为在左侧母线或线路分支点处初始装载一个常闭触点。

（3）=（OUT）：输出指令，对应梯形图则为线圈驱动。对同一元件只能使用一次。

（二）指令格式

指令格式如图 2-26 所示。

网络1

```
LD     I0.0     //装载常开触点
=      Q0.0     //输出线圈
```

网络2

```
LDN    I0.0     //装载常闭触点
=      M0.0     //输出线圈
```

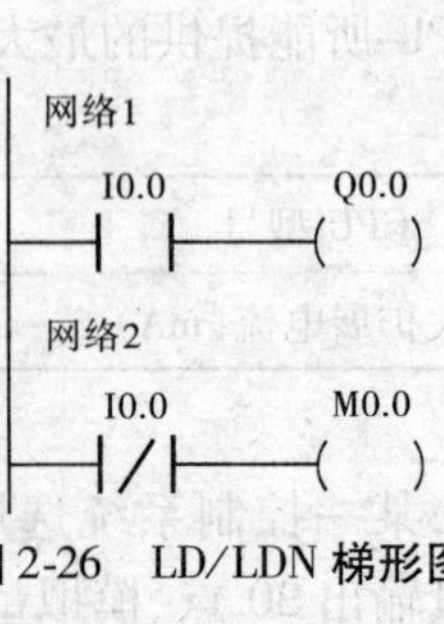

图 2-26　LD/LDN 梯形图指令格式

（三）指令说明

触点代表 CPU 对存储器的读操作，常开触点和存储器的位状态一致，常闭触点和存储器的位状态相反。用户程序中同一触点可使用无数次。

如:存储器 I0.0 的状态为 1,则对应的常开触点 I0.0 接通,表示能流可以通过;而对应的常闭触点 I0.0 断开,表示能流不能通过。存储器 I0.0 的状态为 0,则对应的常开触点 I0.0 断开,表示能流不能通过;而对应的常闭触点 I0.0 接通,表示能流可以通过。

线圈代表 CPU 对存储器的写操作,若线圈左侧的逻辑运算结果为“1”,表示能流能够达到线圈,CPU 将该线圈所对应的存储器的位置置为“1”;若线圈左侧的逻辑运算结果为“0”,表示能流不能够达到线圈,CPU 将该线圈所对应的存储器的位写入“0”用户程序中,同一线圈只能使用一次。

(四)LD/LDN、=(OUT)指令的使用

LD/LDN 指令用于与输入公共母线(输入母线)相联的接点,也可与 OLD、ALD 指令配合使用于分支回路的开头。

“=”指令用于操作数 Q、M、SM、T、C、V、S。但不能用于输入映像寄存器 I。输出端不带负载时,控制线圈应尽量使用 M 或其他,而不用 Q。

“=”可以并联使用任意次,但不能串联,如图 2-27 所示。

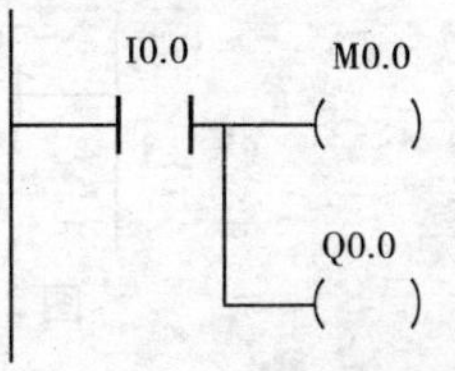


```
LD    I0.0
=     M0.0
=     Q0.0
```

图 2-27 输出指令可以并联使用

LD/LDN 的操作数:I、Q、M、SM、T、C、V、S。

“=”(OUT)的操作数:Q、M、SM、T、C、V、S。

二、触点串联指令 A(And)、AN(And not)

(一)指令功能

(1)A(And):与操作,在梯形图中表示串联连接单个常开触点。

(2)AN(And not):与非操作,在梯形图中表示串联连接单个常闭触点。

(二)指令格式

指令格式如图 2-28 所示。

```
网络1
LD    I0.0    //装载常开触点
A     M0.0    //与常开触点
=     Q0.0    //输出线圈
网络2
LD    Q0.0    //装载常开触点
AN    I0.1    //与常闭触点
=     M0.0    //输出线圈
A     T37     //与常开触点
=     Q0.1    //输出线圈
```

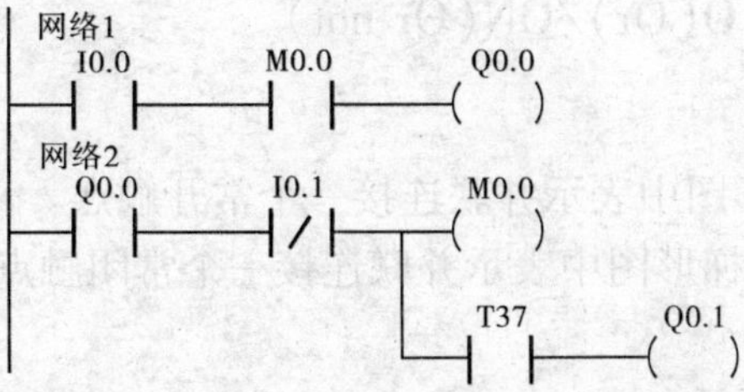

图 2-28 A(And)、AN(And not)指令格式

（三）指令使用说明

（1）A、AN 是单个触点串联连接指令，可连续使用，如图 2-29 所示。

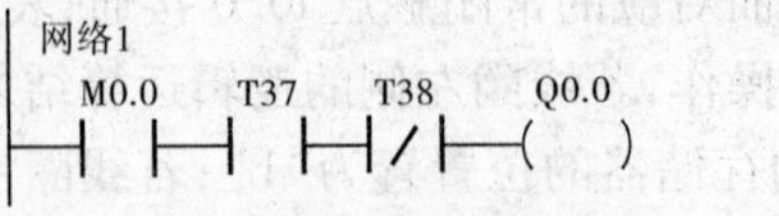

LD	M0.0
A	T37
AN	T38
=	Q0.0

图 2-29　A、AN 指令使用说明

（2）若要串联多个接点组合回路时，必须使用 ALD 指令，如图 2-30 所示。

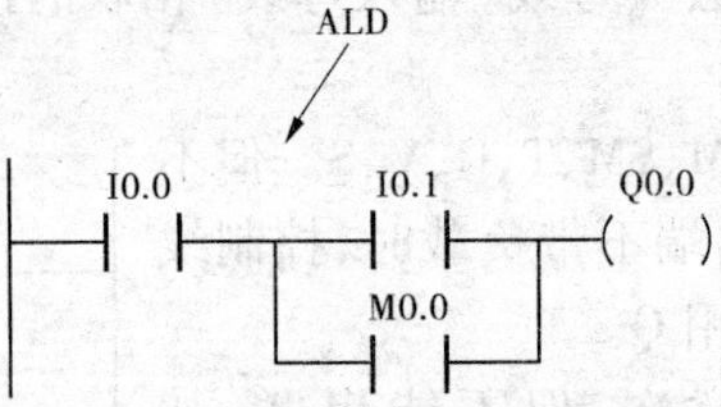

图 2-30　ALD 指令使用说明（一）

（3）若按正确次序编程（即输入：左重右轻、上重下轻；输出：上轻下重），可以反复使用“＝”指令，如图 2-31 所示。

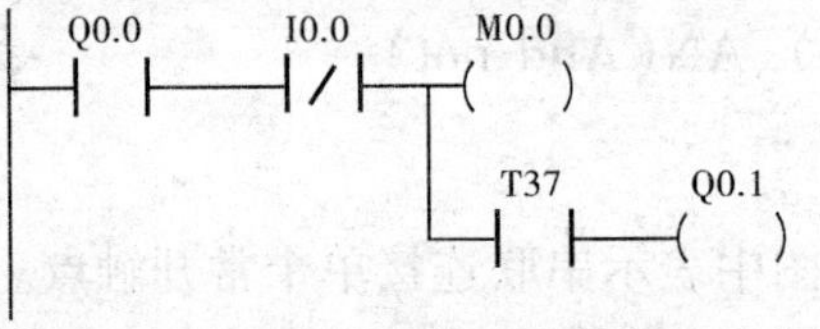

LD	Q0.0
AN	I0.0
=	M0.0
A	T37
=	Q0.1

图 2-31　按正确次序编程

如果按图 2-32 所示的编程次序，就不能连续使用“＝”，如图 2-32 所示。

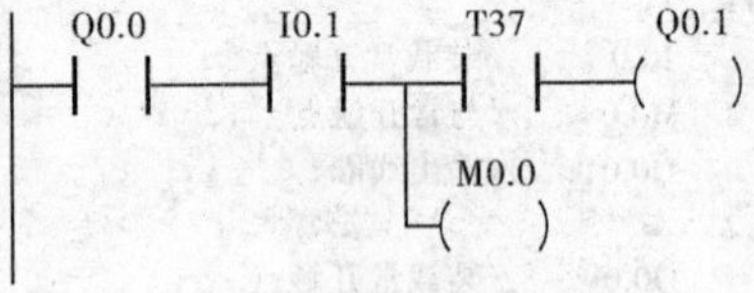

图 2-32　不能连续使用“＝”

A、AN 的操作数：I、Q、M、SM、T、C、V、S。

三、触点并联指令：O（Or）/ON（Or not）

（一）指令功能

（1）O：或操作，在梯形图中表示并联连接一个常开触点。

（2）ON：或非操作，在梯形图中表示并联连接一个常闭触点。

（二）指令格式

指令格式如图 2-33 所示。

```
网络1
LD      I0.0
O       I0.1
ON      M0.0
=       Q0.0
网络2
LDN     Q0.0
A       I0.2
O       M0.1
AN      I0.3
O       M0.2
=       M0.1
```

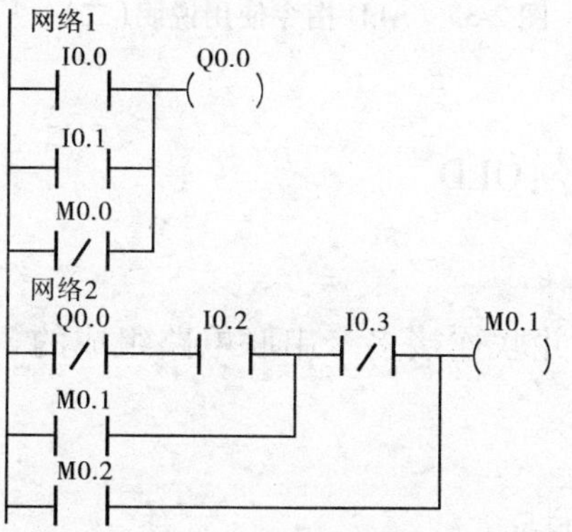

图 2-33 O(Or)/ON(Or not)指令格式

(三)指令使用说明

(1)O/ON 指令可作为并联一个触点指令,紧接在 LD/LDN 指令之后用,即对其前面的 LD/LDN 指令所规定的触点并联一个触点,可以连续使用。

(2)若要并联连接两个以上触点的串联回路,须采用 OLD 指令。

(3)ON 操作数:I、Q、M、SM、V、S、T、C。

四、电路块的串联指令:ALD

(一)指令功能

ALD:块"与"操作,用于串联连接多个并联电路组成的电路块。

(二)指令格式

指令格式,如图 2-34 所示。

(三)ALD 指令使用说明

(1)并联电路块与前面电路串联连接时,使用 ALD 指令。分支的起点用 LD/LDN 指令,并联电路结束后使用 ALD 指令与前面电路串联。

(2)可以顺次使用 ALD 指令串联多个并联电路块,支路数量没有限制,如图 2-35 所示。

```
LD      I1.0    //装入常开触点
O       I1.1    //或常开触点
LD      I1.2    //装入常开触点
O       I1.3    //或常开触点
ALD             //块“与”操作
=       Q0.0    //输出线圈
```

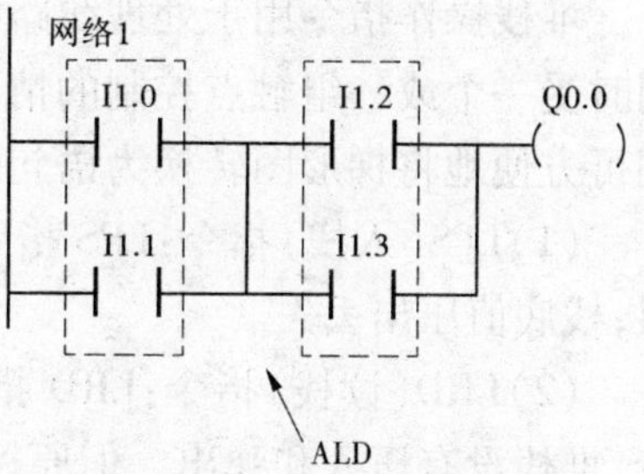

图 2-34 ALD 指令格式

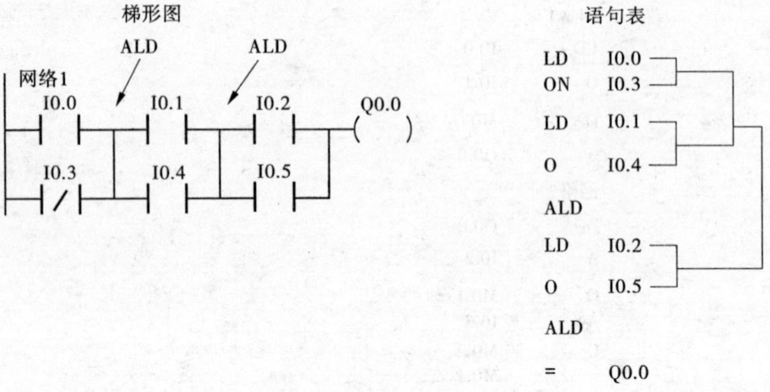

图 2-35　ALD 指令使用说明(二)

(3)ALD 指令无操作数。

五、电路块的并联指令:OLD

```
LD    I0.0   //装入常开触点
A     I0.1   //与常开触点
LD    I0.2   //装入常开触点
A     I0.3   //与常开触点
OLD          //块“或”操作
LDN   I0.4   //装入常闭触点
A     I0.5   //与常开触点
OLD          //块“或”操作
=     Q0.0   //输出线圈
```

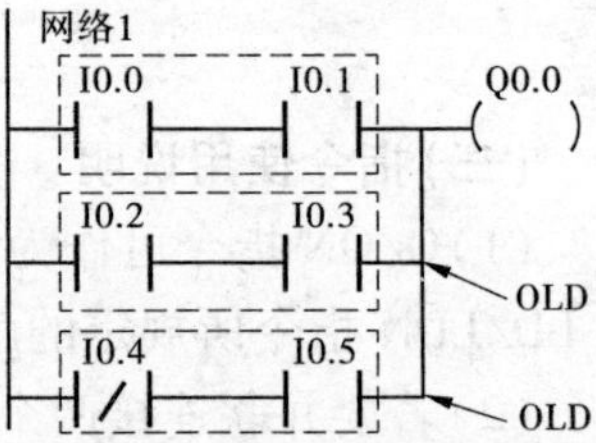

图 2-36　OLD 指令格式

(一)指令功能

OLD:块“或”操作,用于并联连接多个串联电路组成的电路块。

(二)指令格式

指令格式,如图 2-36 所示。

(三)OLD 指令使用说明

(1)并联连接几个串联支路时,其支路的起点以 LD、LDN 开始,并联结束后用 OLD。

(2)可以顺次使用 OLD 指令并联多个串联电路块,支路数量没有限制。

(3)ALD 指令无操作数。

六、逻辑堆栈的操作

S7－200 系列采用模拟栈的结构,用于保存逻辑运算结果及断点的地址,称为逻辑堆栈。S7－200 系列 PLC 中有一个 9 层的堆栈。在此讨论断点保护功能的堆栈操作。

(一)指令的功能

堆栈操作指令用于处理线路的分支点。在编制控制程序时,经常遇到多个分支电路同时受一个或一组触点控制的情况,若采用前述指令,不容易编写程序,用堆栈操作指令则可方便地将梯形图转换为语句表。

(1)LPS(入栈)指令:LPS 指令把栈顶值复制后压入堆栈,栈中原来数据依次下移一层,栈底值压出丢失。

(2)LRD(读栈)指令:LRD 指令把逻辑堆栈第二层的值复制到栈顶,2～9 层数据不变,堆栈没有压入和弹出。但原栈顶的值丢失。

(3)LPP(出栈)指令:LPP 指令把堆栈弹出一级,原第二级的值变为新的栈顶值,原栈顶数据从栈内丢失。

LPS、LRD、LPP 指令的操作过程，如图 2-37 所示。图中 Iv、x 为存储在栈区的断点的地址。

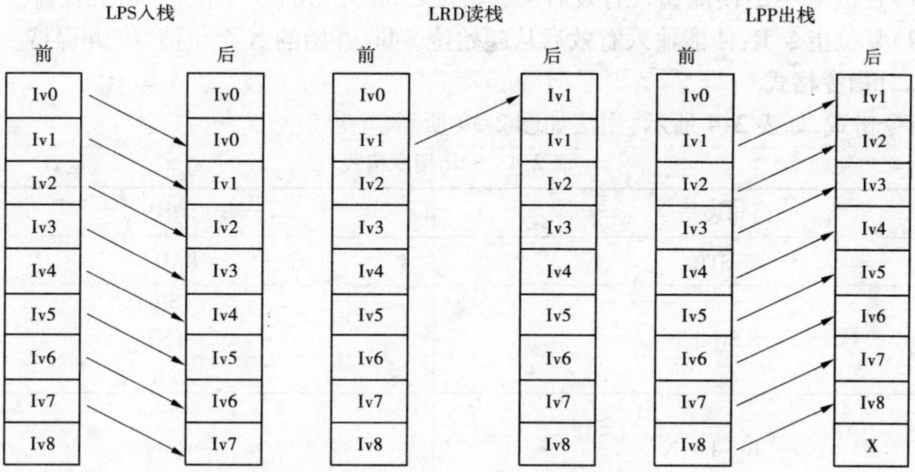

图 2-37 LPS、LRD、LPP 指令的操作过程

(二)指令格式

指令格式，如图 2-38 所示。

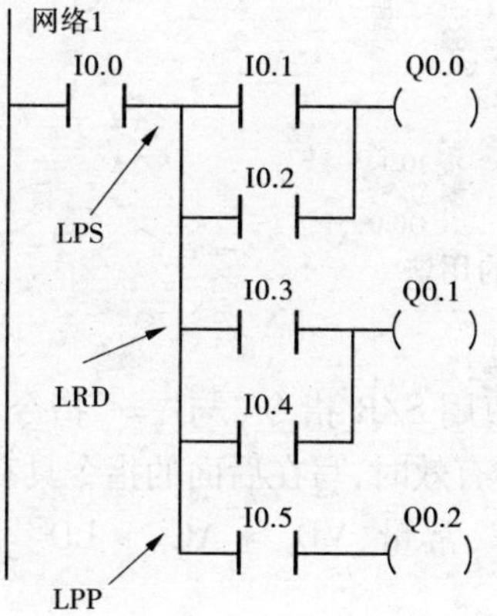

LD	I0.0	//装载常开触点
LPS		//压入堆栈
LD	I0.1	//装载常开触点
O	I0.2	//或常开触点
ALD		//块“与”操作
=	Q0.0	//输出线圈
LRD		//读栈
LD	I0.3	//装载常开触点
O	I0.4	//或常开触点
ALD		//块“与”操作
=	Q0.1	//输出线圈
LPP		//出栈
A	I0.5	//与常开触点
=	Q0.2	//输出线圈

图 2-38 LPS、LRD、LPP 指令格式

(三)指令使用说明

(1)逻辑堆栈指令可以嵌套使用，最多为 9 层。

(2)为保证程序地址指针不发生错误，入栈指令 LPS 和出栈指令 LPP 必须成对使用，最后一次读栈操作应使用出栈指令 LPP。

(3)堆栈指令没有操作数。

七、置位复位指令:S/R

(一)指令功能

(1)置位指令 S:使能输入有效后从起始位 S-bit 开始的 N 个位置“1”并保持。

(2)复位指令 R:使能输入有效后从起始位 S-bit 开始的 N 个位清“0”并保持。

(二)指令格式

指令格式,如表 2-4 所示,用法如图 2-39 所示。

表 2-4　S/R 指令格式

语句表指令	梯形图指令
STL	LAD
S S-bit,N	S-bit —(S) N
R S-bit,N	S-bit —(R) N

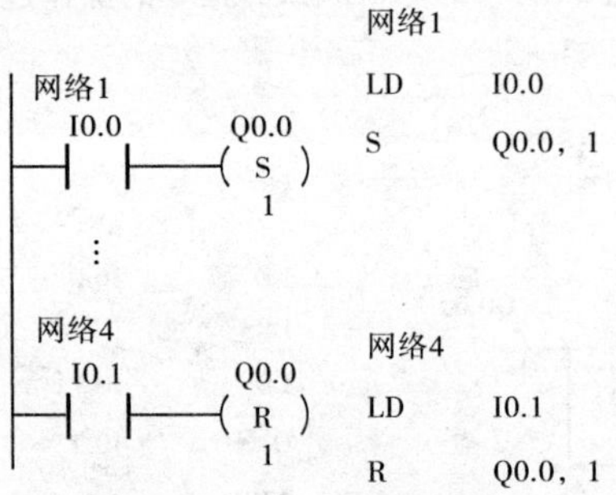

图 2-39　S/R 指令的用法

(三)指令使用说明

(1)对同一元件(同一寄存器的位)可以多次使用 S/R 指令(与“ = ”指令不同)。

(2)由于是扫描工作方式,当置位、复位指令同时有效时,写在后面的指令具有优先权。

(3)操作数 N 为 VB、QB、MB、SMB、SB、LB、AC、常量、VD、* AC、* LD。取值范围为 0 ~ 255。数据类型为字节。

(4)操作数 S-bit 为 I、Q、M、SM、T、C、V、S、L。数据类型为布尔型。

(5)置位、复位指令通常成对使用,也可以单独使用或与指令盒配合使用。

八、脉冲生成指令:EU/ED

(一)指令功能

(1)EU 指令:在 EU 指令前的逻辑运算结果有一个上升沿时(由 OFF—ON),产生一个宽度为一个扫描周期的脉冲,驱动后面的输出线圈。

(2)ED 指令:在 ED 指令前有一个下降沿时产生一个宽度为一个扫描周期的脉冲,驱动其后线圈。

(二)指令格式

指令格式如表 2-5 所示,用法如图 2-40 所示。

表 2-5　EU/ED 的指令格式

STL(语句表指令)	LAD(梯形图指令)	操作数
EU	┤P├	无
ED	┤N├	无

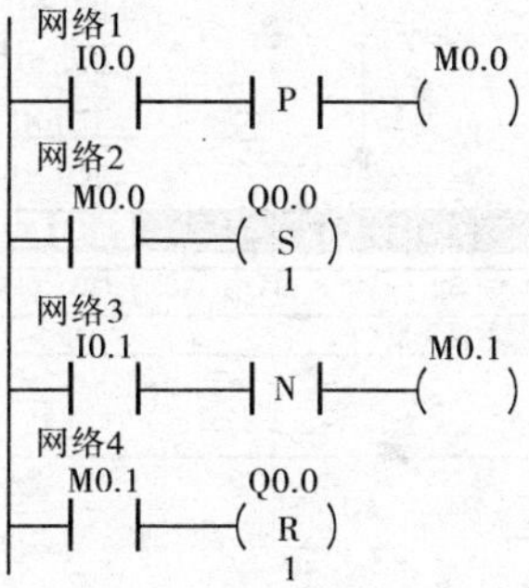


```
网络1
LD    I0.0     //装入常开触点
EU             //正跳变
=     M0.0     //输出
网络2
LD    M0.0     //装入
S     Q0.0,1   //输出置位
网络3
LD    I0.1     //装入
ED             //负跳变
=     M0.1     //输出
网络4
LD    M0.1     //装入
R     Q0.0,1   //输出复位
```

图 2-40　EU/ED 的用法

程序及运行结果分析如下:

I0.0 的上升沿,经触点即产生一个扫描周期的时钟脉冲,驱动输出线圈 M0.0 导通一个扫描周期,M0.0 的常开触点闭合一个扫描周期,使输出线圈 Q0.0 置位为 1,并保持。I0.1 的下降沿,经触点(ED)产生一个扫描周期的时钟脉冲,驱动输出线圈 M0.1 导通一个扫描周期,M0.1 的常开触点闭合一个扫描周期,使输出线圈 Q0.0 复位为 0,并保持。时序分析如图 2-41 所示。

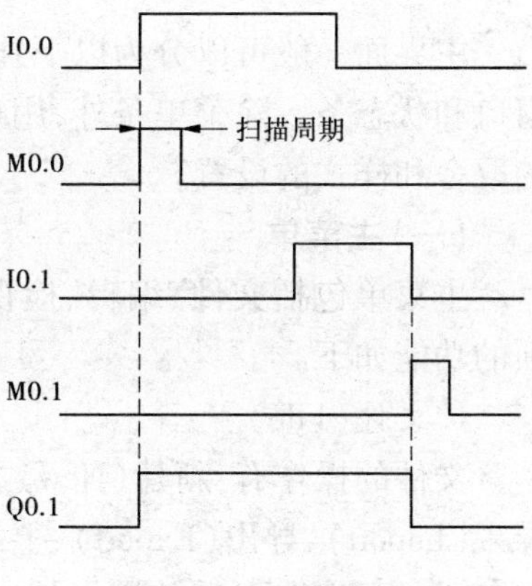

图 2-41　时序分析

(三)指令使用说明

(1)EU、ED 指令只在输入信号变化时有效,其输出信号的脉冲宽度为一个机器扫描周期。

(2)对开机时就为接通状态的输入条件,即指令不执行。

(3)EU、ED 指令无操作数。

项目四　STEP7 – Micro/Win32 编程软件

S7 – 200 可编程序控制器使用 STEP7 – Micro/Win32 编程软件进行编程。STEP7 – Micro/Win32 编程软件是基于 Windows 的应用软件,功能强大,主要用于开发程序,也可用于适时监控用户程序的执行状态。加上汉化后的程序,可在全汉化的界面下进行操作。

一、STEP7 - Micro/Win32 窗口组件

STEP7 - Micro/Win32 的主界面如图 2-42 所示。

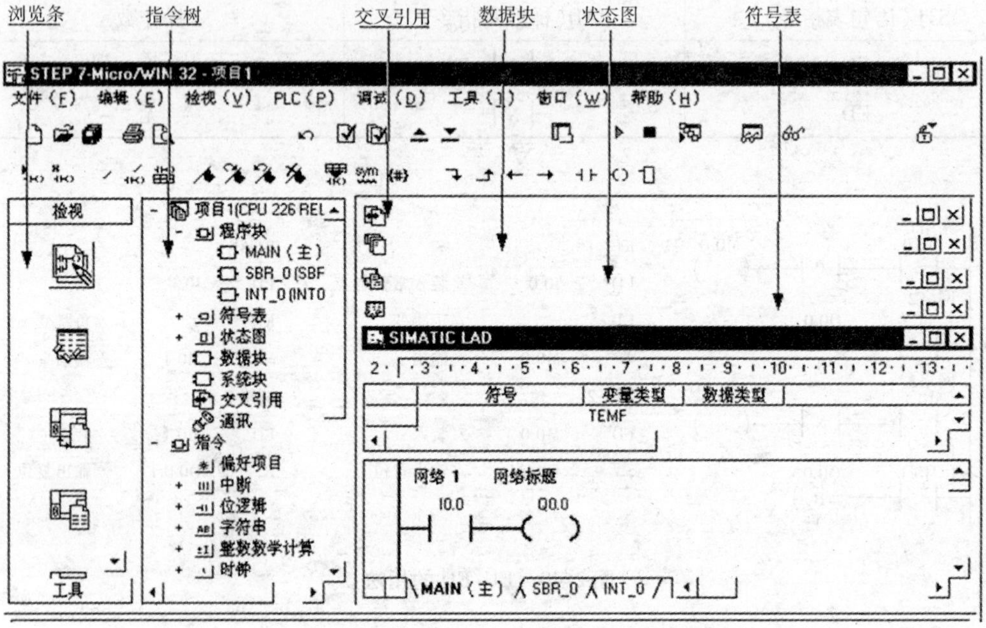

图 2-42 STEP7 - Micro/Win32 的主界面

主界面一般可以分为以下几个部分:菜单条、工具条、浏览条、指令树、用户窗口、输出窗口和状态条。除菜单条外,用户可以根据需要通过检视菜单和窗口菜单决定其他窗口的取舍和样式的设置。

(一)主菜单

主菜单包括文件、编辑、检视、PLC、调试、工具、窗口、帮助 8 个主菜单项。各主菜单项的功能如下。

1. 文件(File)

文件的操作有:新建(New)、打开(Open)、关闭(Close)、保存(Save)、另存(Save as)、导入(Import)、导出(Export)、上载(Upload)、下载(Download)、页面设置(Page Setup)、打印(Print)、预览、最近使用文件、退出。

导入:若从 STEP7 - Micro/Win32 编辑器之外导入程序,可使用"导入"命令导入 ASCⅡ文本文件。

导出:使用"导出"命令创建程序的 ASCⅡ文本文件,并导出至 STEP7 - Micro/Win32 外部的编辑器。

上载:在运行 STEP7 - Micro/Win32 的个人计算机和 PLC 之间建立通信后,从 PLC 将程序上载至运行 STEP7 - Micro/Win32 的个人计算机。

下载:在运行 STEP7 - Micro/Win32 的个人计算机和 PLC 之间建立通信后,将程序下载至该 PLC。下载之前,PLC 应位于"停止"模式。

2. 编辑(Edit)

编辑菜单提供程序的编辑工具:撤销(Undo)、剪切(Cut)、复制(Copy)、粘贴(Paste)、全选(Select all)、插入(Insert)、删除(Delete)、查找(Find)、替换(Replace)、转至(Go to)等项目。

剪切/复制/粘贴:可以在 STEP7 - Micro/Win32 项目中剪切下列条目:文本或数据栏,指令,单个网络,多个相邻的网络,POU 中的所有网络,状态图行、列或整个状态图,符号表行、列或整个符号表,数据块。不能同时选择多个不相邻的网络。不能从一个局部变量表成块剪切数据并粘贴至另一局部变量表中,因为每个表的只读行内存赋值必须唯一。

插入:在 LAD 编辑器中,可在光标上方插入行(在程序或局部变量表中),在光标下方插入行(在局部变量表中),在光标左侧插入列(在程序中),插入垂直接头(在程序中),在光标上方插入网络,并为所有网络重新编号,在程序中插入新的中断程序和新的子程序。

查找/替换/转至:可以在程序编辑器窗口、局部变量表、符号表、状态图、交叉引用标签和数据块中使用“查找”、“替换”和“转至”。

“查找”功能:查找指定的字符串,例如操作数、网络标题或指令助记符(“查找”不搜索网络注释,只能搜索网络标题,也不搜索 LAD 和 FBD 中的网络符号信息表)。

“替换”功能:替换指定的字符串(“替换”对语句表指令不起作用)。

“转至”功能:通过指定网络数目的方式将光标快速移至另一个位置。

3. 检视(View)

通过检视菜单可以选择不同的程序编辑器:LAD、STL、FBD。

通过检视菜单可以进行数据块(Data Block)、符号表(Symbol Table)、状态图表(Chart Status)、系统块(System Block)、交叉引用(Cross Reference)、通信(Communications)参数的设置。

通过检视菜单可以选择注解、网络注解(POU Comments)显示与否等。

通过检视菜单的工具栏区可以选择浏览栏(Navigation Bar)、指令树(Instruction Tree)及输出视窗(Output Window)的显示与否。

通过检视菜单可以对程序块的属性进行设置。

4. PLC 联机

PLC 菜单用于与 PLC 联机时的操作。如用软件改变 PLC 的运行方式(运行、停止),对用户程序进行编译,清除 PLC 程序、电源启动重置、查看 PLC 的信息、时钟、存储卡的操作、程序比较、PLC 类型选择等操作。其中对用户程序进行编译可以离线进行。

联机方式(在线方式):有编程软件的计算机与 PLC 连接,两者之间可以直接通信。

离线方式:有编程软件的计算机与 PLC 断开连接。此时可进行编程、编译。

联机方式和离线方式的主要区别是:联机方式可直接针对连接 PLC 进行操作,如上装、下载用户程序等。离线方式不直接与 PLC 联系,所有的程序和参数都暂时存放在磁盘上,等联机后再下载到 PLC 中。

PLC 有两种操作模式:STOP(停止)和 RUN(运行)模式。在 STOP(停止)模式中可以建立/编辑程序,在 RUN(运行)模式中建立、编辑、监控程序操作和数据,进行动态调试。

若使用 STEP7 - Micro/Win32 软件控制 RUN/STOP(运行/停止)模式,在 STEP7 - Micro/Win32 和 PLC 之间必须建立通信。另外,PLC 硬件模式开关必须设为 TERM(终端)或 RUN(运行)。

编译(Compile):用来检查用户程序语法错误。用户程序编辑完成后通过编译在显示器下方的输出窗口显示编译结果,明确指出错误的网络段,可以根据错误提示对程序进行修改,然后再编译,直至无错误。

全部编译(Compile all):编译全部项目元件(程序块、数据块和系统块)。

信息(Information):可以查看 PLC 信息,例如 PLC 型号和版本号码、操作模式、扫描速率、I/O 模块配置以及 CPU 和 I/O 模块错误等。

电源启动重置(Power - Up Reset):从 PLC 清除严重错误并返回 RUN(运行)模式。如果操作 PLC 存在严重错误,SF(系统错误)指示灯亮,程序停止执行。必须将 PLC 模式重设为 STOP(停止),然后再设置为 RUN(运行),才能清除错误,或使用"PLC"→"电源启动重置"。

5. 调试(Debug)

调试菜单用于联机时的动态调试,有单次扫描(First Scan)、多次扫描(Multiple Scans)、程序状态(Program Status)、触发暂停(Triggred Pause)、用程序状态模拟运行条件(读取、强制、取消强制和全部取消强制)等功能。

调试时可以指定 PLC 对程序执行有限次数扫描(从 1 次扫描到 65 535 次扫描)。通过选择 PLC 运行的扫描次数,可以在程序改变过程变量时对其进行监控。第一次扫描时,SM0.1 数值为 1(打开)。

单次扫描:可编程序控制器从 STOP 方式进入 RUN 方式,执行一次扫描后,回到 STOP 方式,可以观察到首次扫描后的状态。PLC 必须位于 STOP(停止)模式,通过菜单"调试"→"单次扫描"操作。

多次扫描:调试时可以指定 PLC 对程序执行有限次数扫描(从 1 次扫描到 65 535 次扫描)。通过选择 PLC 运行的扫描次数,可以在程序过程变量改变时对其进行监控。PLC 必须位于 STOP(停止)模式时,通过菜单"调试"→"多次扫描"设置扫描次数。

(二)工具条

1. 标准工具条

标准工具条,如图 2-43 所示。

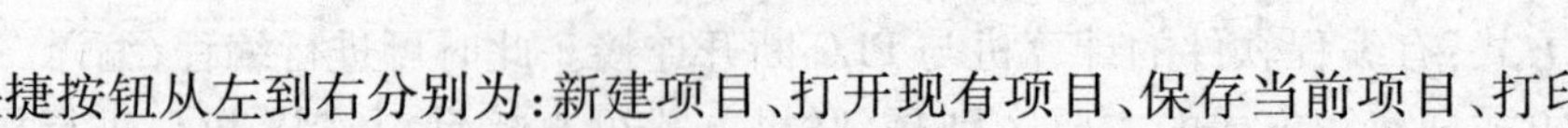

图 2-43　标准工具条

各快捷按钮从左到右分别为:新建项目、打开现有项目、保存当前项目、打印、打印预览、剪切选项并复制至剪贴板、将选项复制至剪贴板、在光标位置粘贴剪贴板内容、撤销最后一个条目、编译程序块或数据块(任意一个现用窗口)、全部编译(程序块、数据块和系统块)、将项目从 PLC 上载至 STEP7 - Micro/Win32、从 STEP7 - Micro/Win32 下载至 PLC、符号表名称列按照 A ~ Z 从小至大排序、符号表名称列按照 Z ~ A 从大至小排序、选项(配置程序编辑器窗口)。

2. 调试工具条

调试工具条,如图 2-44 所示。

图 2-44　调试工具条

各快捷按钮从左到右分别为:将 PLC 设为运行模式、将 PLC 设为停止模式、在程序状态打开/关闭之间切换、在触发暂停打开/停止之间切换(只用于语句表)、在图状态打开/关闭之间切换、状态图表单次读取、状态图表全部写入、强制 PLC 数据、取消强制 PLC 数据、状态图表全部取消强制数据、状态图表全部读取强制数值。

3. LAD 指令工具条

LAD 指令工具条,如图 2-45 所示。

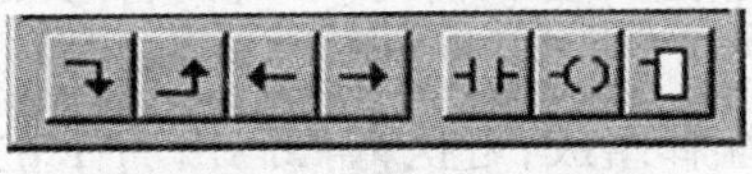

图 2-45　LAD 指令工具条

从左到右分别为:插入向下直线、插入向上直线、插入左行、插入右行、插入接点、插入线圈、插入指令盒。

(三) 浏览条(Navigation Bar)

浏览条为编程提供按钮控制,可以实现窗口的快速切换,即对编程工具执行直接按钮存取,包括程序块(Program Block)、符号表(Symbol Table)、状态图表(Status Chart)、数据块(Data Block)、系统块(System Block)、交叉引用(Cross Reference)和通信(Communication)。单击上述任意按钮,则主窗口切换成此按钮对应的窗口。

用菜单命令"检视"→"帧"→"浏览条",浏览条可在打开(可见)和关闭(隐藏)之间切换。

用菜单命令"工具"→"选项",选择"浏览条"标签,可在浏览条中编辑字体。

浏览条中的所有操作都可用"指令树(Instuction Tree)"视窗完成,或通过"检视(View)"→"元件"菜单来完成。

(四) 指令树(Instuction Tree)

指令树以树型结构提供编程时用到的所有快捷操作命令和 PLC 指令,可分为项目分支和指令分支。

项目分支用于组织程序项目:

用鼠标右键单击"程序块"文件夹,插入新子程序和中断程序。

打开"程序块"文件夹,并用鼠标右键单击 POU 图标,可以打开 POU、编辑 POU 属性、用密码保护 POU 或为子程序和中断程序重新命名。

用鼠标右键单击"状态图"或"符号表"文件夹,插入新图或表。

打开"状态图"或"符号表"文件夹,在指令树中用鼠标右键单击图或表图标,或双击适当的 POU 标记,执行打开、重新命名或删除操作。

指令分支用于输入程序,打开指令文件夹并选择指令;拖放或双击指令,可在程序中插入指令。

用鼠标右键单击指令,并从弹出菜单中选择“帮助”,获得有关该指令的信息。

可将常用指令拖放至“偏好项目”文件夹。

若项目指定了 PLC 类型,指令树中红色标记“x”是表示对该 PLC 无效的指令。

二、STEP7 – Micro/Win32 主要编程功能

(一)编程元素及项目组件

S7 –200 的三种程序组织单位(POU)指主程序、子程序和中断程序。STEP7 – Micro/Win32 为每个控制程序在程序编辑器窗口提供分开的制表符,主程序总是第一个制表符,后面是子程序或中断程序。

一个项目(Project)包括的基本组件有程序块、数据块、系统块、符号表、状态图表、交叉引用表。程序块、数据块、系统块须下载到 PLC,而符号表、状态图表、交叉引用表不下载到 PLC。

程序块由可执行代码和注释组成,可执行代码由一个主程序和可选子程序或中断程序组成。程序代码被编译并下载到 PLC,程序注释被忽略。

在“指令树”中右击“程序块”图标可以插入子程序和中断程序。

数据块由数据(包括初始内存值和常数值)和注释两部分组成。

数据被编译后,下载到可编程序控制器,注释被忽略。

系统块用来设置系统的参数,包括通信口配置信息、保存范围、模拟和数字输入过滤器、背景时间、密码表、脉冲截取位和输出表等选项。

单击“浏览栏”上的“系统块”按钮,或者单击“指令树”内的“系统块”图标,可查看并编辑系统块。

系统块的信息须下载到可编程序控制器,为 PLC 提供新的系统配置。

符号表、状态图表、交叉引用表在前面已经介绍过,这里不再介绍。

(二)建立项目

1. 打开已有的项目文件

打开已有的项目文件,如图 2-46 所示。

常用的方法如下:

用菜单命令“文件”→“打开”,在“打开文件”对话框中,选择项目的路径及名称,单击“确定”,打开现有项目。

在“文件”菜单底部列出最近工作过的项目名称,选择文件名,直接选择打开。

利用 Windows 资源管理器,选择扩展名为. mwp 的文件并打开。

2. 创建新项目

单击“新建”快捷按钮。

使用菜单命令“文件” →“新建”。

点击浏览条中的程序块图标,新建一个项目。

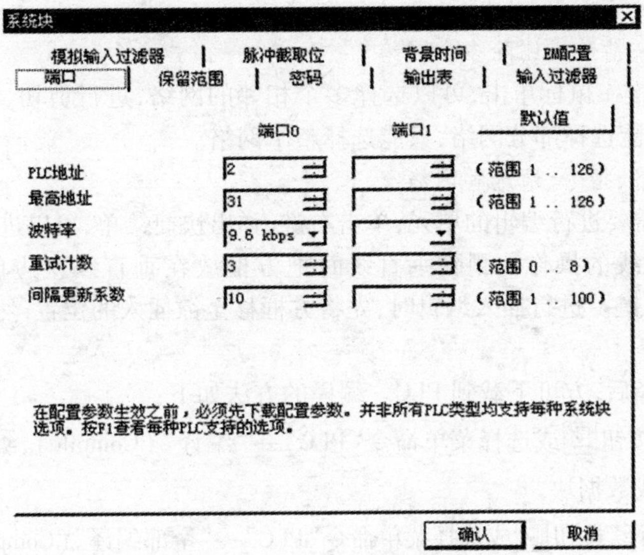

图 2-46　打开已有的项目文件

（三）梯形图程序的输入

1．输入指令

梯形图的元素主要有接点、线圈和指令盒，梯形图的每个网络必须从接点开始，以线圈或没有 ENO 输出的指令盒结束。线圈不允许串联使用。

要输入梯形图指令首先要进入梯形图编辑器：单击“检视”→“阶梯（L）”选项。

接着在梯形图编辑器中输入指令。输入指令可以通过指令树、工具条按钮、快捷键等方法。

在指令树中选择需要的指令，拖放到需要位置。

将光标放在需要的位置，在指令树中双击需要的指令。

将光标放到需要的位置，单击工具栏指令按钮，打开一个通用指令窗口，选择需要的指令。

使用功能键：F4 = 接点，F6 = 线圈，F9 = 指令盒，打开一个通用指令窗口，选择需要的指令。

当编程元件图形出现在指定位置后，再点击编程元件符号，输入操作数。红色字样显示语法出错，当把不合法的地址或符号改变为合法值时，红色消失。若数值下面出现红色的波浪线，表示输入的操作数超出范围或与指令的类型不匹配。

2. 上下线的操作

将光标移到要合并的触点处，单击上行线或下行线按钮。

3. 输入程序注释

LAD 编辑器中共有四个注释级别：项目组件（POU）注释、网络标题、网络注释、项目组件属性。

项目组件（POU）注释：在“网络 1”上方的灰色方框中单击，输入 POU 注释。

其他级别的程序注释依此方法进行。

4. 程序的编辑

1) 剪切、复制、粘贴或删除多个网络

通过用 Shift 键 + 鼠标单击,可以选择多个相邻的网络,进行剪切、复制、粘贴或删除等操作。注意:不能选择部分网络,只能选择整个网络。

2) 编辑单元格、指令、地址和网络

用光标选中需要进行编辑的单元,单击右键,弹出快捷菜单,可以进行插入或删除行、列、垂直线或水平线的操作。删除垂直线时把方框放在垂直线左边单元上,删除时选"行",或按"DEL"键。进行插入编辑时,先将方框移至欲插入的位置,然后选"列"。

5. 程序的编译

程序经过编译后,方可下载到 PLC。编译的方法如下:

单击"编译"按钮或选择菜单命令"PLC"→"编译"(Compile),编译当前被激活的窗口中的程序块或数据块。

单击"全部编译"按钮或选择菜单命令"PLC"→"全部编译"(Compile all),编译全部项目元件(程序块、数据块和系统块)。使用"全部编译",与哪一个窗口是活动窗口无关。

编译结束后,输出窗口显示编译结果。

项目五　程序的通信

一、下载

如果已经成功地在运行 STEP7 - Micro/Win32 的个人计算机和 PLC 之间建立了通信,就可以将编译好的程序下载至该 PLC。如果 PLC 中已经有内容将被覆盖。下载步骤如下:

(1)下载之前,PLC 必须位于"停止"的工作方式。检查 PLC 上的工作方式指示灯,如果 PLC 没有在"停止"方式,单击工具条中的"停止"按钮,将 PLC 置于"停止"方式。

(2)单击工具条中的"下载"按钮,或用菜单命令"文件"→"下载",出现"下载"对话框。

(3)根据默认值,在初次发出下载命令时,"程序代码块"、"数据块"和"CPU 配置"(系统块)复选框都被选中。如果不需要下载某个块,可以清除该复选框。

(4)单击"确定"按钮,开始下载程序。如果下载成功,将出现一个确认框显示以下信息:下载成功。

(5)如果 STEP7 - Micro/Win32 中的 CPU 类型与实际的 PLC 不匹配,会显示以下警告信息:"为项目所选的 PLC 类型与远程 PLC 类型不匹配。继续下载吗?"

(6)此时应纠正 PLC 类型选项,选择"否",终止下载程序。

(7)用菜单命令"PLC"→"类型",调出"PLC 类型"对话框。单击"读取 PLC"按钮,由 STEP7 - Micro/Win32 自动读取正确的数值。单击"确定"按钮,确认 PLC 类型。

(8)单击工具条中的"下载"按钮,重新开始下载程序,或用菜单命令"文件"→"下载"。

下载成功后,单击工具条中的"运行"按钮,或"PLC"→"运行"按钮,PLC 进入"RUN"

(运行)工作方式。

二、上载

用下面的方法从 PLC 将项目元件上载到 STEP7 - Micro/Win32 程序编辑器:

(1)单击“上载”按钮。

(2)选择菜单命令“文件”→“上载”。

(3)按快捷键组合 Ctrl + U。

(4)执行的步骤与下载基本相同,选择需要上载的块(程序块、数据块或系统块),单击“上载”按钮,上载的程序将从 PLC 复制到当前打开的项目中,随后即可保存上载的程序。

项目六　程序的调试与监控

在运行 STEP7 - Micro/Win32 编程设备和 PLC 之间建立通信并向 PLC 下载程序后,便可运行程序,进行状态监控和调试程序。

一、选择工作方式

PLC 有运行和停止两种工作方式。在不同的工作方式下,PLC 进行调试的操作方法不同。

单击工具栏中的“运行”按钮 ▸ 或“停止”按钮 ■,可以进入相应的工作方式。

(一)选择 STOP 工作方式

在 STOP(停止)工作方式中,可以创建和编辑程序,PLC 处于半空闲状态:停止用户程序执行;执行输入更新;用户中断条件被禁用。PLC 操作系统继续监控 PLC,将状态数据传递给 STEP7 - Micro/Win32,并执行所有的“强制”或“取消强制”命令。

(二)选择运行工作方式

当 PLC 位于 RUN(运行)工作方式时,不能使用“首次扫描”或“多次扫描”功能。可以在状态图表中写入和强置数值,或使用 LAD 或 FBD 程序编辑器强置数值,方法与在 STOP(停止)工作方式中强置数值相同。

二、程序状态显示

当程序下载至 PLC 后,可以用“程序状态”功能操作和测试程序网络。

(1)启动程序状态。在程序编辑器窗口,显示希望测试的程序部分和网络。

(2)PLC 置于 RUN 工作方式,启动程序状态监控改动 PLC 数据值。方法如下:

单击“程序状态打开/关闭”按钮或用菜单命令“调试”→“程序状态”,在梯形图中显示出各元件的状态。在进入“程序状态”的梯形图中,用彩色块表示位操作数的线圈得电或触点闭合状态。如: ┤█├ 表示触点闭合状态, ─(█) 表示位操作数的线圈得电。

用菜单命令“工具”→“选项”打开的窗口中,可选择设置梯形图中功能块的大小、显示的方式和彩色块的颜色等。

(3)运行中的梯形图内的各元件的状态将随程序执行过程连续更新变换。

小　结

PLC 作为工业控制计算机,主要由两部分组成:硬件和软件。

PLC 的硬件主要是 CPU、存储器、I/O 接口。本模块简单介绍了 PLC 硬件的性能、作用,PLC 端子的接线,PLC 循环扫描的工作方式。另外,还介绍了 PLC 的程序表达方式:梯形图、语句表和功能块图,PLC 的基本逻辑指令的指令格式、原理分析以及简单应用。它们是梯形图基本指令的基础,也是最常用的指令类型,需要熟练掌握和灵活应用。

在 PLC 的软件方面,主要介绍了 STEP7 - Micro/Win32 编程软件的组成,程序的编写及调试。程序编写是学习编程软件的重点,编辑中应熟练使用菜单、常用按钮及各功能窗口。

习题二

1. 简述 PLC 的基本结构和工作原理。

2. PLC 是如何实现内外部电路的隔离的?

3. PLC 有哪几种输出方式? 它们分别适用于什么类型的负载?

4. PLC 有哪几种程序编辑方式? 它们能否编辑与转换?

5. 一个控制系统如果需要 40 点数字量输入,20 点数字量输出,6 点模拟量输入和 2 点模拟量输出。则:

(1)可以选用哪种主机型号?

(2)如何选择扩展模块?

(3)各模块如何连在主机上? 请画出连接图。

6. 请写出如图 2-47 所示梯形图程序对应的语句表指令。

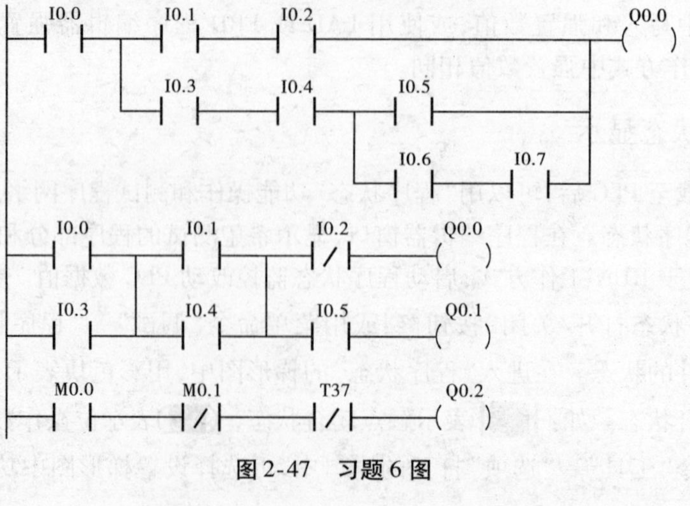

图 2-47　习题 6 图

7. 根据下列语句表程序，画出梯形图。

```
LD    I0.0
O     I0.3
LD    I0.1
O     I0.5
ALD
LPS
AN    I0.2
=     Q0.0
LPP
A     I0.4
=     Q0.1
```

8. 请画出如图 2-48 所示梯形图的 M0.0 的波形图。

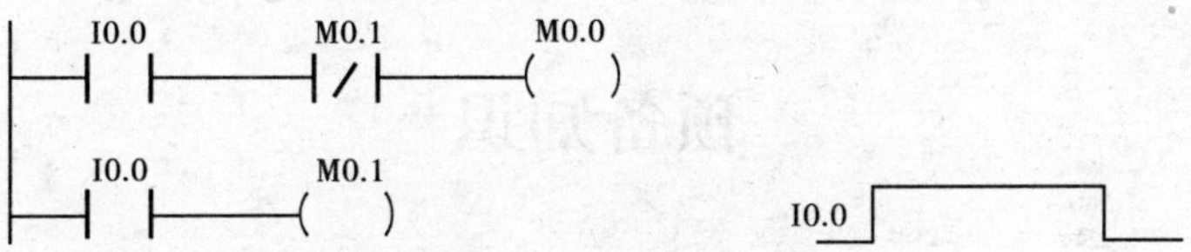

图 2-48　习题 8 图

9. 试设计用单按钮控制一台电动机的启动与停止的程序。

10. 使用置位和复位指令，编写两套程序，控制要求如下：

(1)启动时，电动机 M1 先启动，启动电动机 M1 后，才能启动电动机 M2；停止时电动机 M1、M2 同时停止。

(2)启动时，电动机 M1、M2 同时启动；停止时，只有在电动机 M2 停止后，电动机 M1 才能停止。

模块三　电动机常用控制电路

一、知识目标

1. 掌握常用的PLC控制电路单元。

2. 掌握电动机常用的PLC控制电路。

二、技能目标

1. 通过实训，掌握电动机常用控制电路的编程。

2. 通过实训，掌握电动机常用控制电路的接线。

3. 通过实训，掌握电动机常用控制电路的运行、监控。

预备知识

一、梯形图的基础知识

（一）梯形图概述

梯形图语言是一种用画梯形控制图的形式表达PLC程序所使用的编程语言。它沿用了传统的继电器控制中的继电器触点、线圈、串并联等术语和图形符号，并结合了一些微机的特点，它具有符号形象、直观，对于熟悉继电器控制系统的人而言容易接受、编程容易的特点，很受用户的欢迎。如图3-1所示，是一个简单的梯形图程序，内容分层写在两条垂直的"母线"之间，形状如梯子。

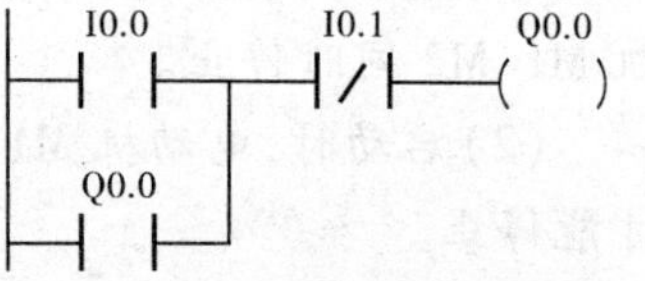

图3-1　异步电动机启动、自保、停止程序梯形图

梯形图是使用最多的图形编程语言，被称为PLC的第一编程语言。梯形图与电器控制系统的电路图很相似，特别适用于开关量逻辑控制。梯形图常被称为电路或程序，梯形图的设计称为编程。

（二）梯形图编程的一般规则

尽管梯形图与继电器电路图在结构形式、元件符号及逻辑控制功能等方面相类似，但它们又有许多不同之处，梯形图具有自己的编程规则。

（1）输入/输出继电器、内部辅助继电器、定时器、计数器等器件的触点可以多次重复使用，无需复杂的程序结构来减少触点的使用次数。

（2）先画出两条竖直方向的母线，再按从左到右、从上到下的顺序画好每一个逻辑行。梯形图上所画触点状态，就是输入信号未作用时的初始状态。触点应画在水平线上，不能画在垂直线上（主控触点例外）。不含节点的分支应画在垂直方向，不可放在水平方向，以便于识别节点的组合和对输出线圈的控制路径。

（3）梯形图中元素的编号、图形符号应与所用的PLC机型及指令系统相一致。每一逻辑行总是起于左母线，然后是触点的连接，最后终止于线圈或右母线（右母线可以不画出，注意：左母线与线圈之间一定要有触点，而线圈与右母线之间则不能有任何触点。触点在前，线圈在后），如图 3-2 所示，触点 I0.3 不允许在线圈 Q0.3 后。

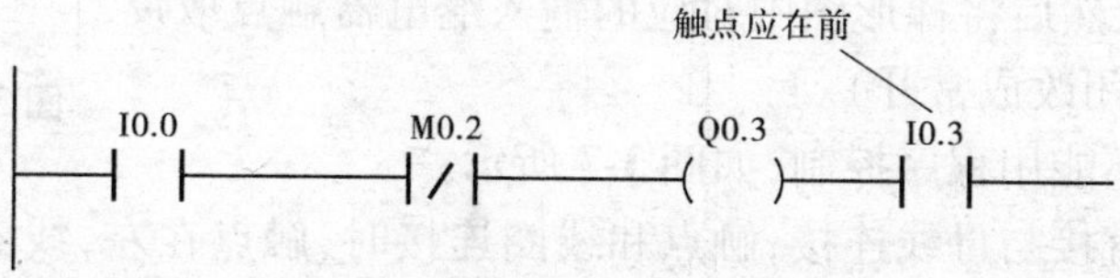

图 3-2　规则实例（一）

（4）梯形图中的触点可以任意串联或并联，但继电器线圈只能并联而不能串联。触点的使用次数不受限制，立即触点只针对输入触点指令 I。

（5）一般情况下，在梯形图中同一线圈只能出现一次。因为，在重复使用的输出线圈中只有程序中最后一个是有效的，其他都是无效的。输出线圈具有最后优先权，如果在程序中，同一线圈使用了两次或多次，称为"双线圈输出"。对于"双线圈输出"，有些 PLC 将其视为语法错误，绝对不允许；有些 PLC 则将前面的输出视为无效，只有最后一次输出有效；而有些 PLC，在含有跳转指令或步进指令的梯形图中允许双线圈输出。

如图 3-3 所示，输出线圈 Q0.0 是单一使用，表示 I0.0 和 I0.1 两个常开接点中任何一个闭合，输出线圈都得电输出。如图 3-4 所示，输出线圈 Q0.0 是重复使用，重复使用两次，目的和图 3-3 所示一样，要求 I0.0 和 I0.1 两个常开接点中任何一个闭合，输出线圈得电输出，首先需要肯定的是图 3-3 所示的程序在语法上是完全正确的，但是，Q0.0 重复使用的输出线圈中，真正有效的是下面的 Q0.0，上面的 Q0.0 是多余的、无效的。也就是说，I0.0 无论是闭合还是断开，都对 Q0.0 不起作用，Q0.0 是否得电是由 I0.1 决定的。

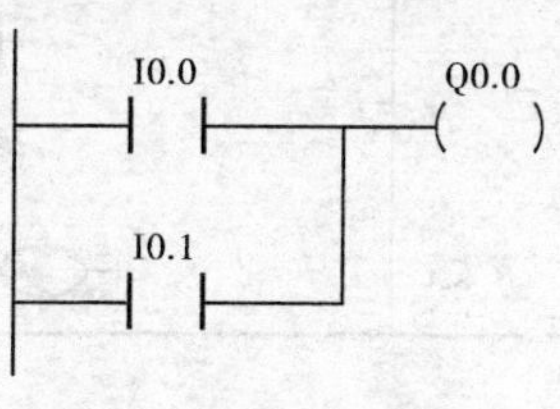

图 3-3　规则实例（二）

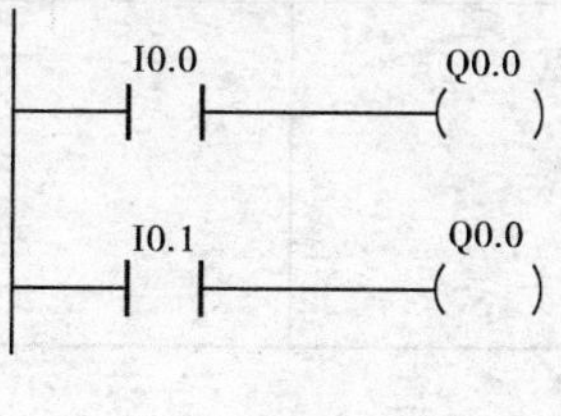

图 3-4　规则实例（三）

（6）在有几个串联电路相并联时，应将串联触点多的回路放在上方（上重下轻原则），如图 3-5 所示。在有几个并联电路相串联时，应将并联触点多的回路放在左方（左重右轻原则），如图 3-6 所示。这样所编制的程序简洁明了，语句较少。

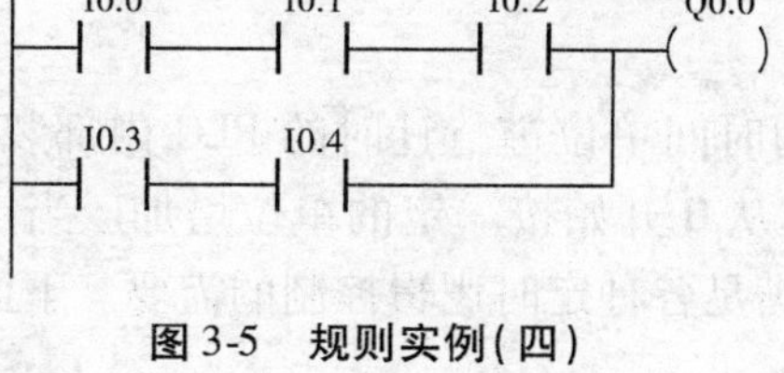

图 3-5　规则实例（四）

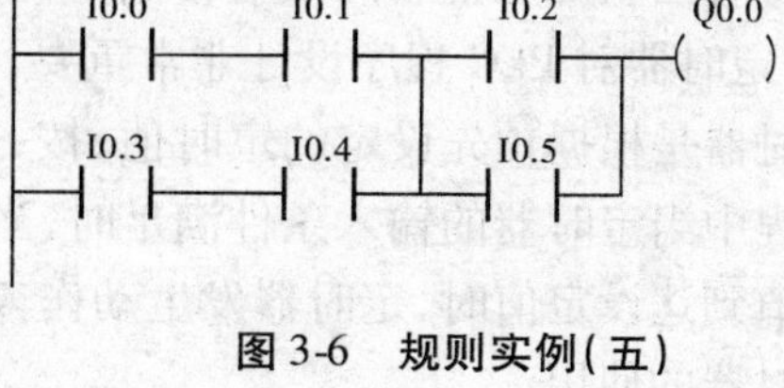

图 3-6　规则实例（五）

另外,在设计梯形图时输入继电器的触点状态最好按输入设备全部为常开时进行设计更为合适,不易出错。建议用户尽可能用输入设备的常开触点与 PLC 输入端连接,如果某些信号只能用常闭输入,可先按输入设备为常开来设计,然后将梯形图中对应的输入继电器触点取反(常开改成常闭、常闭改成常开)。

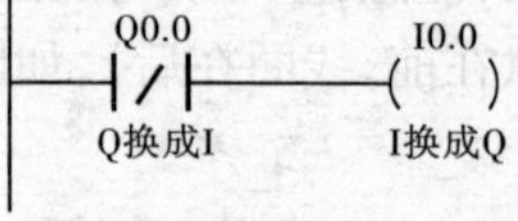

图 3-7　规则实例(六)

(7)输入线圈不能用程序控制,如图 3-7 所示。

(8)线圈不能直接与母线连接,触点和线圈连接时,触点在左,线圈在右,如图 3-8 所示,线圈的右边不能有触点,触点的左边不能有线圈(注意:为定时器、计数器时,应设定参数的数值)。

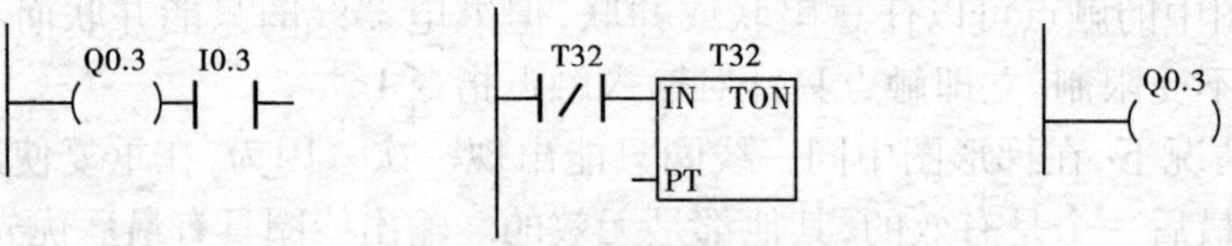

图 3-8　规则实例(七)

(9)梯形图中的触点应画在水平线上,而不能画在垂直分支上。不包含触点的分支应放在垂直方向,不应放在水平线上,这样便于看清触点的组合和对输出线圈的控制路线。

(10)梯形图画得合理,编程时指令的使用数量可以减少。常用的继电器图形符号与 PLC 图形符号的对应关系不能混淆。

继电器图形符号与 PLC 图形符号对应关系如表 3-1 所示。

表 3-1　继电器与 PLC 符号对照

符号名称	继电器图形符号	梯形图图形符号
常开触点		┤ ├
常闭触点		┤/├
线圈		─◯─ 或 (　)

二、常用的典型控制环节和基本单元电路

(一)典型指令

1. 定时器指令

1)概述

按时间控制是最常用的逻辑控制形式,所以定时器是 PLC 中最常用的元件之一。用好、用对定时器对 PLC 程序设计非常重要。

定时器是根据预先设定的定时值,按一定的时间单位进行计时的 PLC 内部装置,在运行过程中当定时器的输入条件满足时,当前值从 0 开始按一定的单位增加。当定时器的当前值到达设定值时,定时器发生动作,从而满足各种定时逻辑控制的需要。下面详细介绍定时器的使用。

2)S7－200 PLC 定时器种类

S7－200 PLC 为用户提供了三种类型的定时器：接通延时定时器(TON)、有记忆接通延时定时器(TONR)和断开延时定时器(TOF)。对于每一种定时器，又根据定时器的分辨率的不同，分为：1 ms、10 ms 和 100 ms 3 个精度等级。

定时器定时时间 T 的计算：

$$T = PT \times S$$

式中：T 为实际定时时间；PT 为设定值；S 为分辨率。

例如：TON 指令使用 T35(为 10 ms 的定时器)，设定值为 100，则实际定时时间为：

$$T = 100 \times 10 = 1\,000(\text{ms})$$

指令操作数有 3 个：设定值、编号和使能输入。

(1)定时器的设定值 PT：数据类型为 INT 型。操作数可为：VW、IW、QW、MW、SW、SMW、LW、AIW、T、C、AC、* VD、* AC、* LD 和常数，其中常数最为常用。

(2)定时器的编号用定时器的名称和它的常数编号(最大为 255)来表示，即 T×××。如：T40。

定时器的编号包含两方面的变量信息：定时器位和定时器当前值。

定时器位即定时器触点，与其他继电器的输出相似。当定时器的当前值达到设定值 PT 时，定时器的触点动作。

定时器当前值即定时器当前所累计的时间值，它用 16 位符号整数来表示，最大计数值为 32 767。

定时器的分辨率和编号，如表 3-2 所列。

表 3-2　定时器的分辨率和编号

工作方式	分辨率(时基)(ms)	最大定时范围(s)	定时器编号
TONR	1	32.767	T0，T64
	10	327.67	T1～T4，T65～T68
	100	3 276.7	T5～T31，T69～T95
TON/TOF	1	32.767	T32，T96
	10	327.67	T33～T36，T97～T100
	100	3 276.7	T37～T63，T101～T255

从表 3-2 可以看出 TON 和 TOF 使用相同范围的定时器编号，需要注意的是，在同一个 PLC 程序中绝不能把同一个定时器编号同时用做 TON 和 TOF。例如在程序中，不能既有接通延时(TON)定时器 T32，又有断开延时(TOF)定时器 T32。

3)定时器的刷新方法

定时器实质上就是对时间间隔计数。定时器的分辨率(时基)决定了每个时间间隔的时间长短。在 S7－200 系列 PLC 的定时器中，定时器的分辨率有 1 ms、10 ms、100 ms 三种，这三种定时器的刷新方式是不同的，从而在使用方法上也有很大的不同。这和其他 PLC 是有很大区别的。使用时一定要注意根据使用场合和要求来选择定时器。

定时器的刷新方式：

(1)1 ms 定时器。1 ms 定时器采用的是中断刷新方式,由系统每隔 1 ms 刷新一次,与扫描周期及程序处理无关。对于大于 1 ms 的程序扫描周期,在一个扫描周期内,定时器位和当前值刷新多次。其当前值在一个扫描周期内不一定保持一致。

(2)10 ms 定时器。10 ms 定时器由系统在每个扫描周期开始时自动刷新,在每个扫描周期的开始会将一个扫描累计的时间间隔加到定时器当前值上。由于每个扫描周期只刷新一次,故在一个扫描周期内定时器位和定时器的当前值保持不变。

(3)100 ms 定时器。100 ms 定时器在定时器指令执行时被刷新,因此 100 ms 定时器被激活后,如果不是每个扫描周期都执行定时器指令或在一个扫描周期内多次执行定时器指令,都会造成计时失准。100 ms 定时器仅用在定时器指令在每个扫描周期执行一次的程序中。

4)定时器指令工作原理

三种定时器指令的 LAD 和 STL 格式如表 3-3 所列。

表 3-3　定时器指令的 LAD 和 STL 格式

格式	名称		
	接通延时定时器	有记忆接通延时定时器	断开延时定时器
LAD	IN　TON PT	IN　TONR PT	IN　TOF PT
STL	TON T×××, PT	TONR T×××, PT	TOF T×××, PT

下面我们将从原理应用等方面分别叙述通电延时型、有记忆接通延时型、断开延时三种定时器的使用方法。

a. 通电延时定时器 TON(On-delay Timer)

通电延时定时器用于单一时间间隔的定时。上电周期或首次扫描时,定时器位为 OFF,当前值为 0。输入端接通时,定时器位为 OFF,当前值从 0 开始计时,当前值达到设定值时,定时器位为 ON,当前值仍继续计数,直到 32 767 为止。输入端断开,定时器自动复位,即定时器位为 OFF,当前值为 0。

程序及时序,如图 3-9 所示。当 I1.0 接通时,定时器 T37 开始定时,500 ms 后 T37 常开触点闭合,常闭触点断开。当 I1.0 断开时,当前值被清零,T37 常开触点断开,常闭触点闭合。

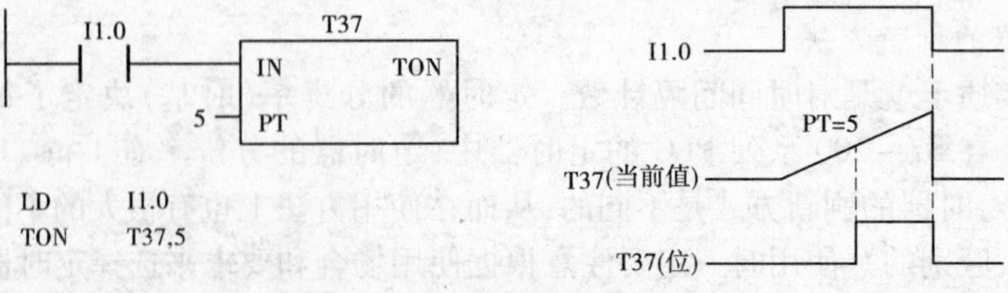

图 3-9　TON 定时器工作情况

b. 记忆接通延时定时器 TONR(Retentive On-Delay Timer)

记忆接通延时定时器对定时器的状态具有记忆功能,它用于对许多间隔的累计定时。首次扫描或复位后上电周期,定时器位为 OFF,当前值为 0。当输入端接通时,当前值从 0 开始计时。当输入端断开时,当前值保持不变。当输入端再次接通时,当前值从上次的保持值继续计时,当前值累计达到设定值时,定时器位为 ON 并保持,只要输入端继续接通,当前值可继续计数到 32 767。

需要注意的是,断开输入端或断开电源都不能改变 TONR 定时器的状态,只能用复位指令 R 对其进行复位操作。

程序及时序,如图 3-10 所示。

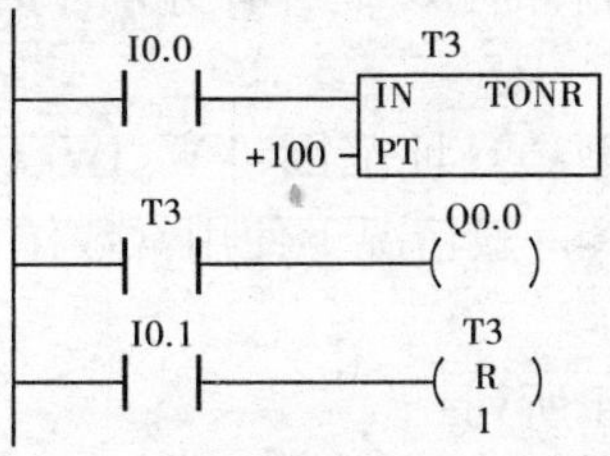

(a)梯形图

```
LD      I0.0
TONR    T3,+100
LD      T3
=       Q0.0
LD      I0.1
R       T3,1
```

(b)语句表

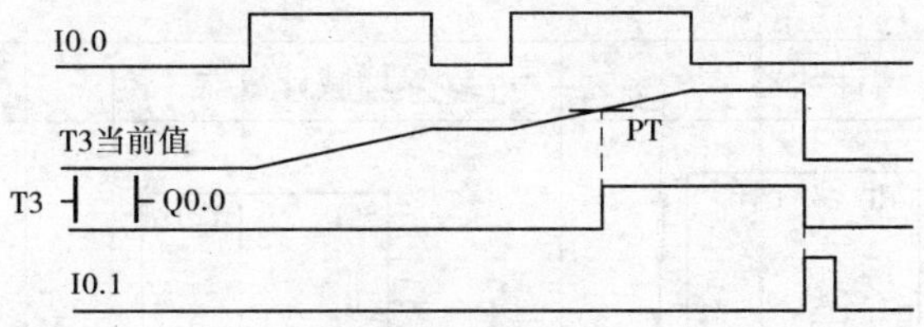

(c)时序图

图 3-10　保持型通电延时定时器的应用

c. 断开延时定时器 TOF(Off-Delay Timer)

断开延时定时器用来在输入断开后延时一段时间断开输出。上电周期或首次扫描,定时器位为 OFF,当前值为 0。输入端接通时,定时器位为 ON,当前值为 0。当输入端由接通到断开时,定时器开始计时。当达到设定值时定时器位为 OFF,当前值等于设定值,停止计时。输入端再次由 OFF→ON 时,TOF 复位;如果输入端再从 ON→OFF,则 TOF 可实现再次启动。

2. 计数器指令

1)概述

S7－200 系列 PLC 的计数器分为一般用途计数器和高速计数器两大类。一般用途计数器用来累计输入脉冲的个数,其计数速度较慢,其输入脉冲频率必须要小于 PLC 程序扫描频率,一般最高为几百赫兹,所以在实际应用中主要用来对产品进行计数等控制任务。高速计数器主要用于对外部高速脉冲输入信号进行计数,例如在定位控制系统中,位置编码器的位置反馈脉冲信号一般高达几千赫兹,有时甚至达几万赫兹,远远高于 PLC

程序扫描频率,这时一般的计数器已经无能为力,PLC 对于这样的高速脉冲输入信号计数采用的是与程序扫描周期无关的中断方式来实现的。本章只介绍一般用途计数器。

2)计数器种类和编号

S7 – 200 系列 PLC 的计数器有 3 种:增计数器 CTU、增减计数器 CTUD 和减计数器 CTD。

计数器的编号用计数器名称和数字(0 ~ 255)组成,即 C × × ×,如 C6。

计数器的编号包含两方面的信息:计数器的位和计数器当前值。

计数器位和继电器一样是一个开关量,表示计数器是否发生动作的状态。当计数器的当前值达到设定值时,该位被置位为 ON。

计数器当前值是一个存储单元,它用来存储计数器当前所累计的脉冲个数,用 16 位符号整数来表示,最大数值为 32 767。

计数器的设定值输入数据类型为 INT 型。寻址范围:VW、IW、QW、MW、SW、SMW、LW、AIW、T、C、AC、* VD、* AC、* LD 和常数。一般情况下使用常数作为计数器的设定值。

3)计数器指令使用说明

计数器指令的 LAD 和 STL 格式如表 3-4 所列。

表 3-4　计数器指令的 LAD 和 STL 格式

格式	名称		
	增计数器	增减计数器	减计数器
LAD	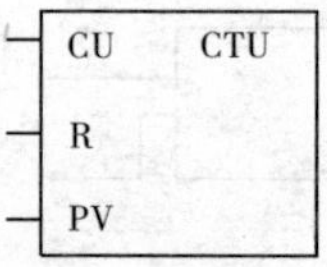	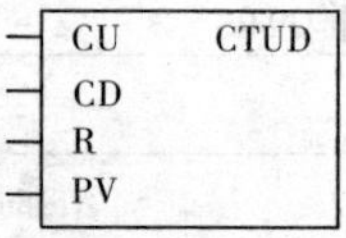	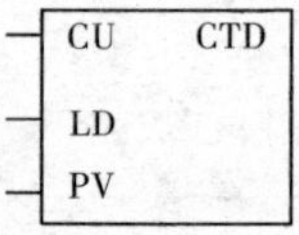
STL	CTU C × × ×, PV	CTUD C × × ×, PV	CTD C × × ×, PV

4)计数器工作原理

a. 增计数器 CTU(Count Up)

首次扫描时,计数器位为 OFF,当前值为 0。在计数脉冲输入端 CU 的每个上升沿,计数器计数 1 次,当前值增加一个单位。当前值达到设定值时,计数器位为 ON,当前值可继续计数到 32 767 后停止计数。复位输入端有效或对计数器执行复位指令,计数器复位,即计数器位为 OFF,当前值为 0。图 3-11 所示为增计数器的用法。需要注意:在语句表中,CU、R 的编程顺序不能错误。

b. 减计数器 CTD(Count Down)

首次扫描时,计数器位为 OFF,当前值为预设定值 PV。对 CD 输入端的每个上升沿计数器计数 1 次,当前值减少一个单位,当前值减小到 0 时,计数器位为 ON,当前值停止计数保持为 0。复位输入端有效或对计数器执行复位指令,计数器复位,即计数器位为 OFF,当前值复位为设定值。图 3-12 所示为减计数器的用法。

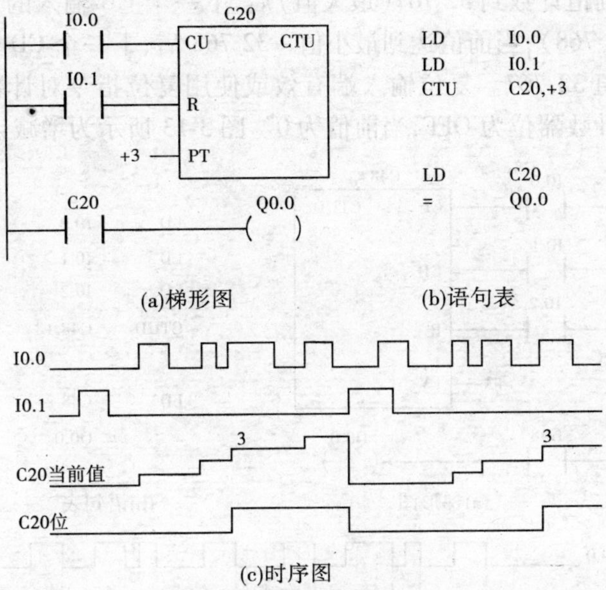

图 3-11 增计数器的用法

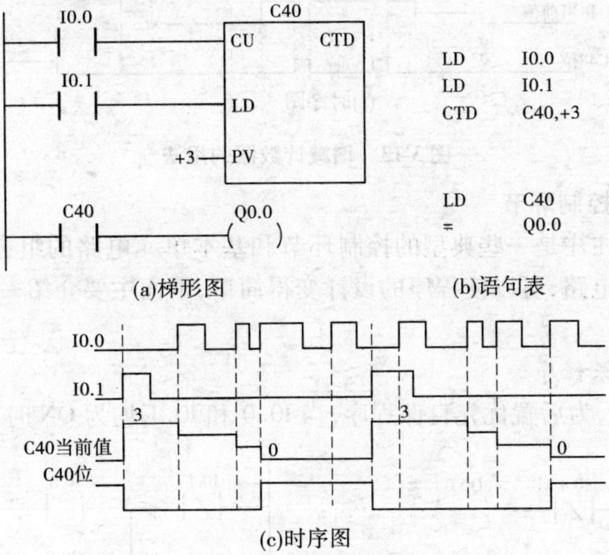

图 3-12 减计数器的用法

c. 增减计数器 CTUD(Count Up/Down)

增减计数器有两个计数脉冲输入端:CU 输入端用于递增计数,CD 输入端用于递减计数。首次扫描时,定时器位为 OFF,当前值为 0。CU 输入的每个上升沿,计数器当前值增加 1 个单位;CD 输入的每个上升沿,都使计数器当前值减小 1 个单位,当前值达到设定值时,计数器位为 ON。

增减计数器当前值计数到 32 767（最大值）后，下一个 CU 输入的上升沿将使当前值跳变为最小值（ –32 768）；当前值达到最小值 –32 768 后，下一个 CD 输入的上升沿将使当前值跳变为最大值 32 767。复位输入端有效或使用复位指令对计数器执行复位操作后，计数器复位，即计数器位为 OFF，当前值为 0。图 3-13 所示为增减计数器的用法。

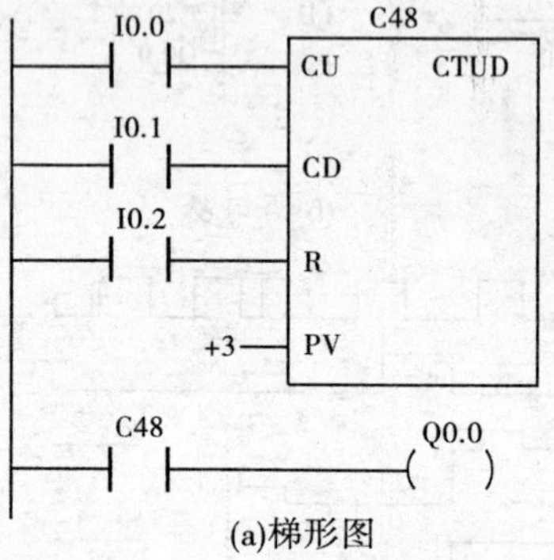

(a)梯形图

LD	I0.0
LD	I0.1
LD	I0.2
CTUD	C48,+3
LD	C48
= 、	Q0.0

(b)语句表

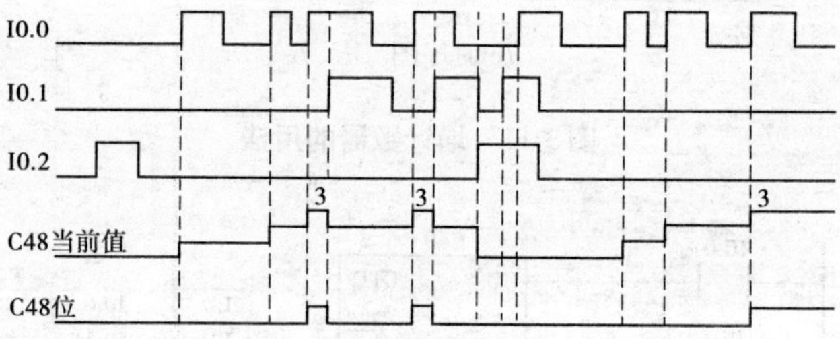

(c)时序图

图 3-13　增减计数器的用法

（二）PLC 典型控制环节

PLC 应用程序往往是一些典型的控制环节和基本单元电路的组合，熟练掌握这些典型环节和基本单元电路，可以使程序的设计变得简单，下面主要介绍一些常见的典型单元梯形图。

1. 后置优先自保程序

如图 3-14 所示，为后置优先自保程序，当 I0.0 和 I0.1 均为 ON 时，Q0.0 为 OFF。

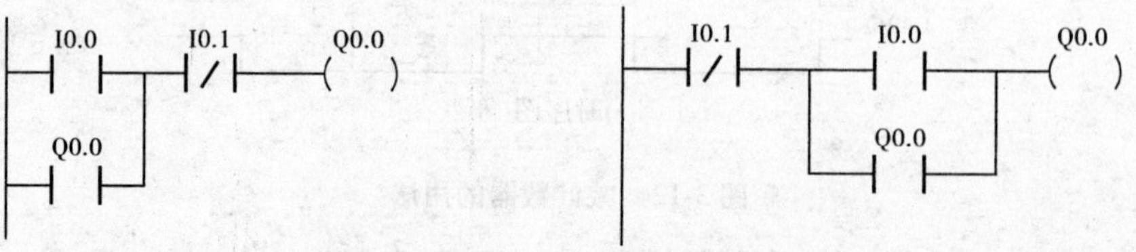

图 3-14　后置优先自保程序梯形图

2. 动作优先自保程序

如图 3-15 所示，为动作优先自保程序，当 I0.0 和 I0.1 均为 ON 时，Q0.0 为 ON。

3. 两个并联回路串联程序

如图 3-16 所示，为两个并联回路串联程序。

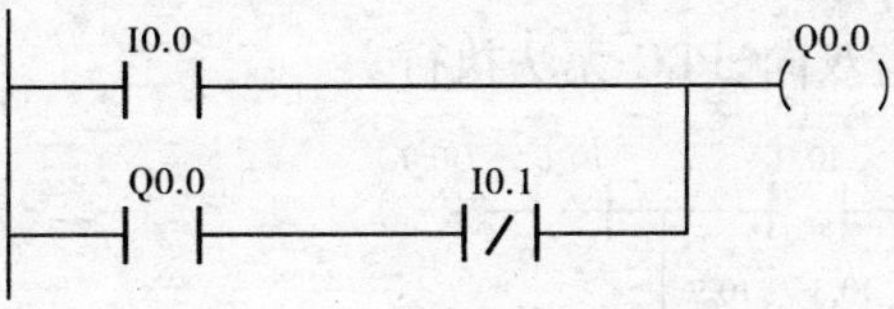

图 3-15　动作优先自保程序梯形图

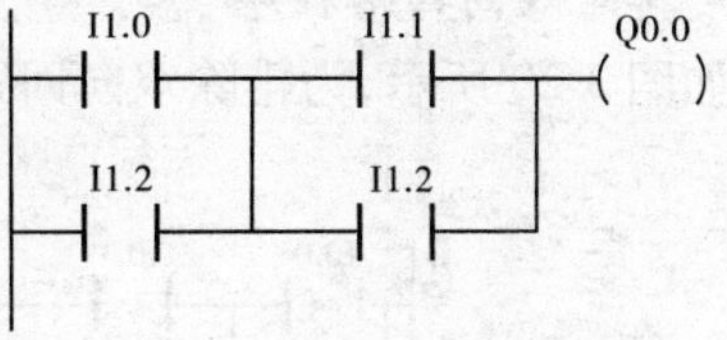

图 3-16　两个并联回路串联程序梯形图

4. 电气连锁回路程序

如图 3-17 所示，为电气连锁回路程序，应用：两输出禁止同时动作，如电动机正反转、两队按铃抢答。

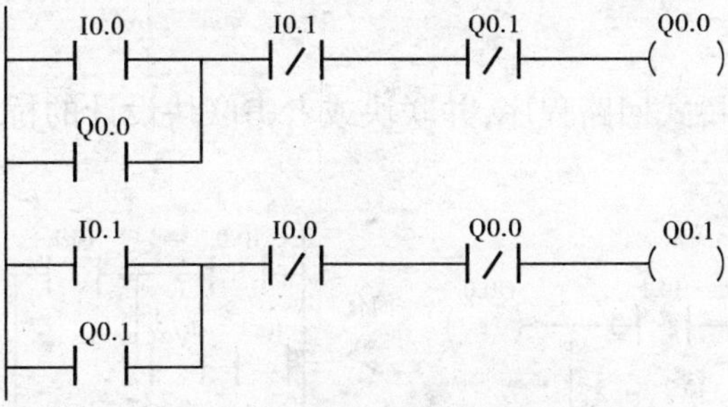

图 3-17　电气连锁回路程序梯形图

5. 机械与电气连锁程序

如图 3-18 所示，为机械与电气连锁程序。

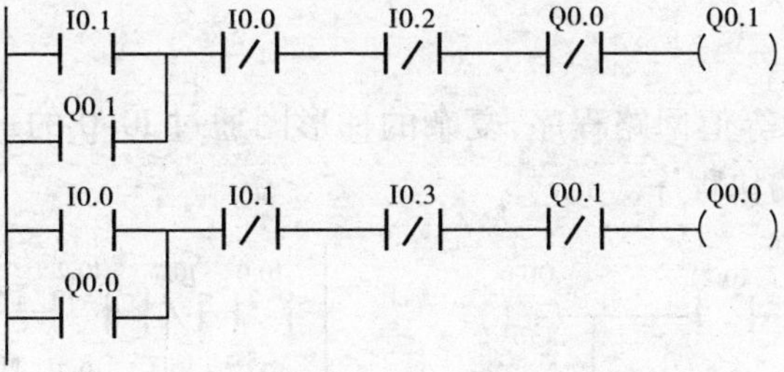

图 3-18　机械与电气连锁程序梯形图

6. 互斥回路程序

如图 3-19 所示，为互斥回路程序，用于预防两输入信号同时为 ON 时而输出的场合。

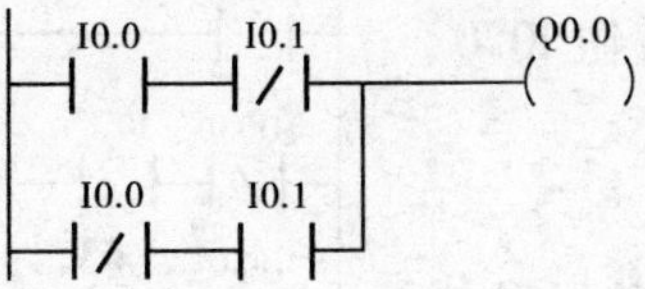

I0.0	I0.1	Q0.0
0	0	0
1	0	1
0	1	1
1	1	0

图 3-19　互斥回路程序梯形图

7. 排除双向回路程序

如图 3-20 所示，为排除双向回路程序，I0.2 为双向，PLC 无法执行。

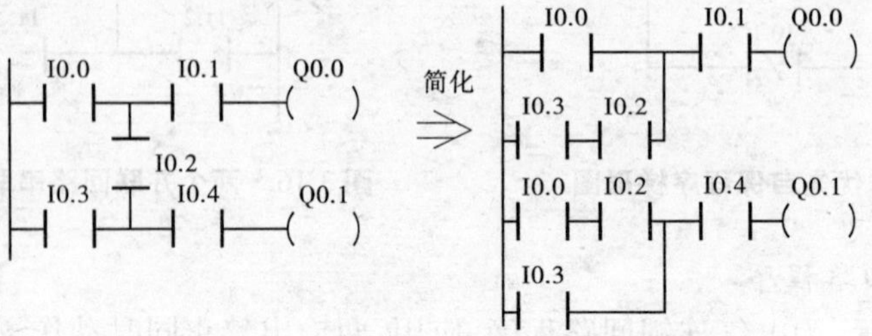

图 3-20 排除双向回路程序梯形图

8. 桥式回路程序

如图 3-21 所示，为桥式回路程序，并联块或者串联块设计的桥式电路，必须简化后再入 PLC 图。

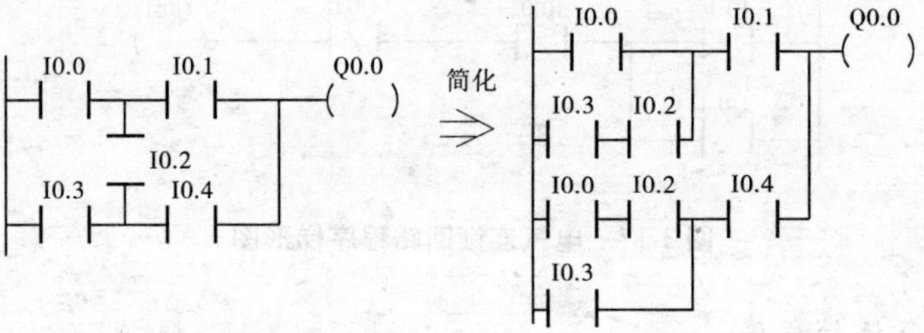

图 3-21 桥式回路程序梯形图

9. 等值回路程序

如图 3-22 所示，为等值回路程序，复杂的梯形图通过 I0.0 的重复使用，把原梯形图简化为 PLC 能够并联的块程序。

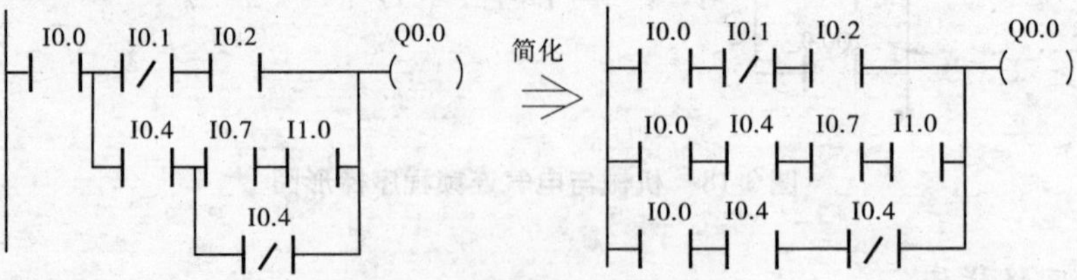

图 3-22 等值回路程序梯形图

10. 前端优先回路程序

如图 3-23 所示，为前端优先回路程序，三个按钮 I0.0、I0.1、I0.2 中以 I0.0 优先顺序最高，I0.1 次之。

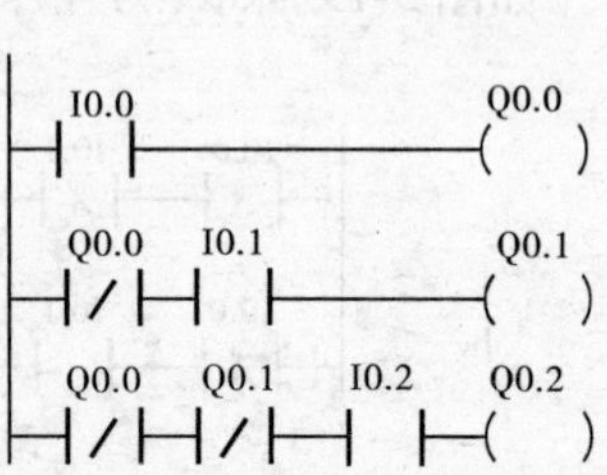

图 3-23 前端优先回路程序梯形图

11. 先通优先动作回路程序

如图 3-24 所示，三个按钮 I0.0、I0.1、I0.2 中以 I0.0 优先顺序最高，I0.1 次之。

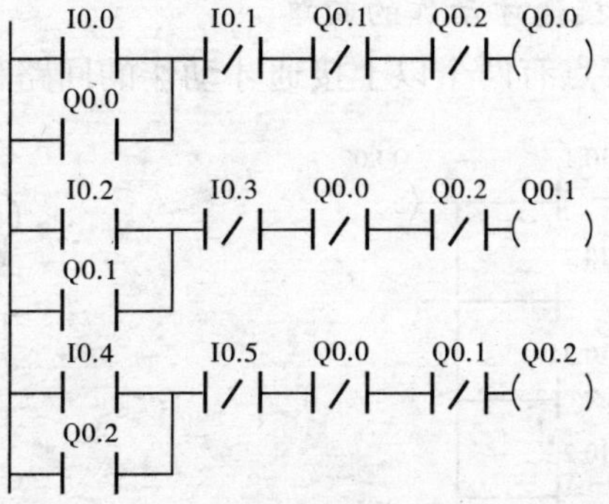

图 3-24　先通优先动作回路程序梯形图

12. 后通优先动作回路程序

如图 3-25 所示，为后通优先动作回路程序，先按后放，可实现最后放的动作。

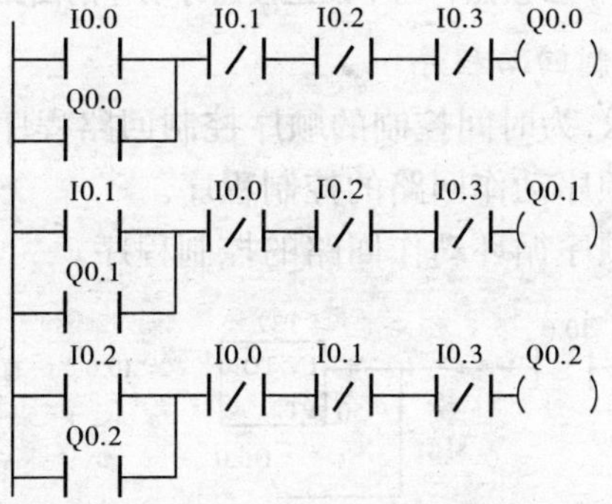

图 3-25　后通优先动作回路程序梯形图

13. 少量接点控制大量输出回路程序

如图 3-26 所示，为少量接点控制大量输出回路程序的梯形图。

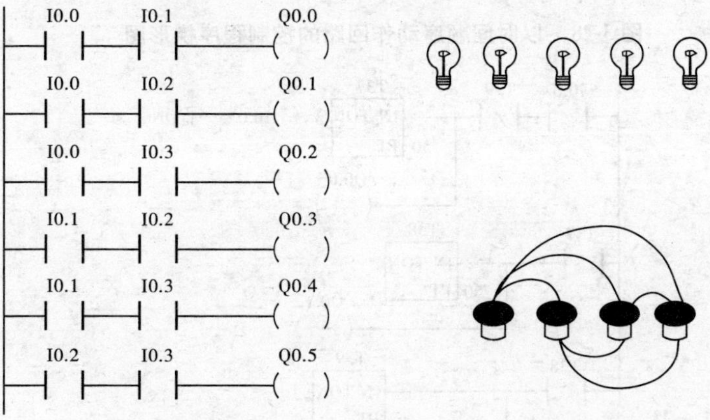

图 3-26　少量接点控制大量输出回路程序梯形图

14. 多接点有两个以上接通才动作的回路

如图3-27所示，为多接点有两个以上接通才动作的回路程序。

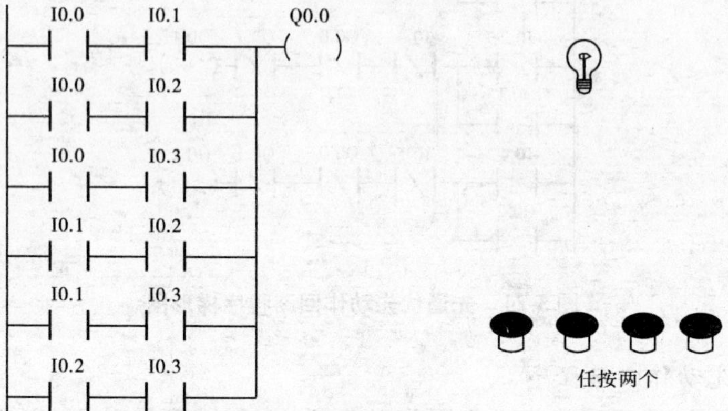

图3-27　多接点有两个以上接通才动作的回路梯形图

15. 时间控制的顺序控制回路程序

如图3-28、图3-29所示，为时间控制的顺序控制回路程序。

(1)图3-28是以时间顺序动作回路的控制程序。

(2)图3-29是以时间顺序循环动作回路的控制程序。

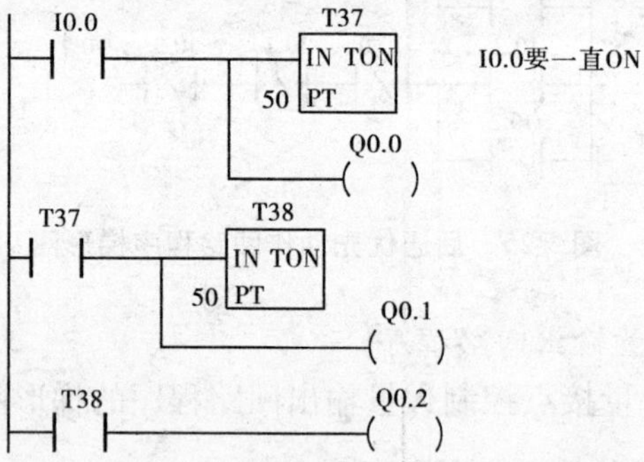

图3-28　以时间顺序动作回路的控制程序梯形图

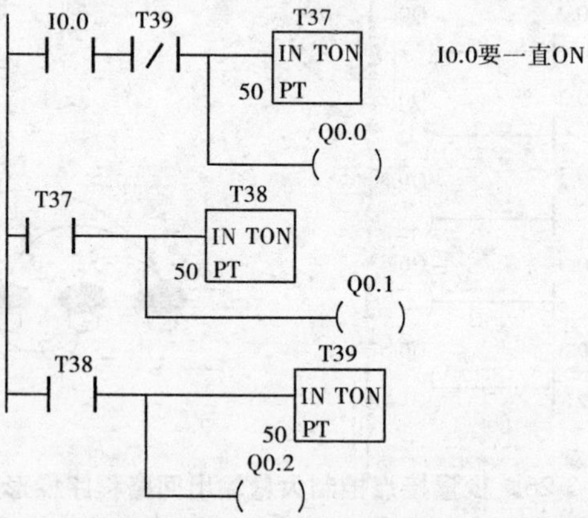

图3-29　以时间顺序循环动作回路的控制程序梯形图

16. 交换回路

如图 3-30 所示,为交换回路程序。按下 I0.0、Q0.0 就 ON,再按下 I0.0、Q0.0 就 OFF。

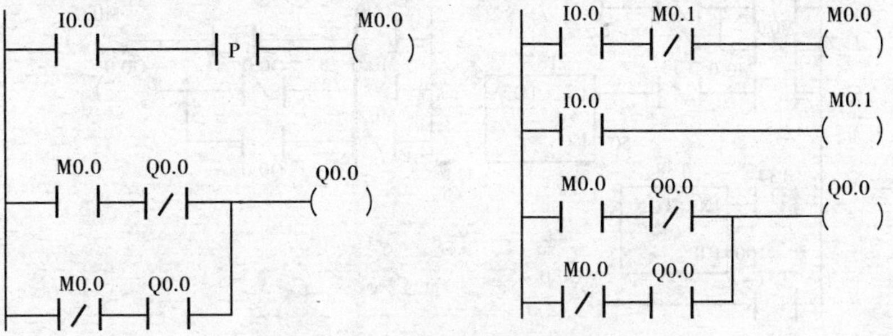

图 3-30　交换回路程序梯形图

17. 瞬时导通、延时断开回路程序

如图 3-31 所示,为瞬时导通、延时断开回路程序,不论 I0.0 ON 多久、Q0.0 只 ON 5 s。

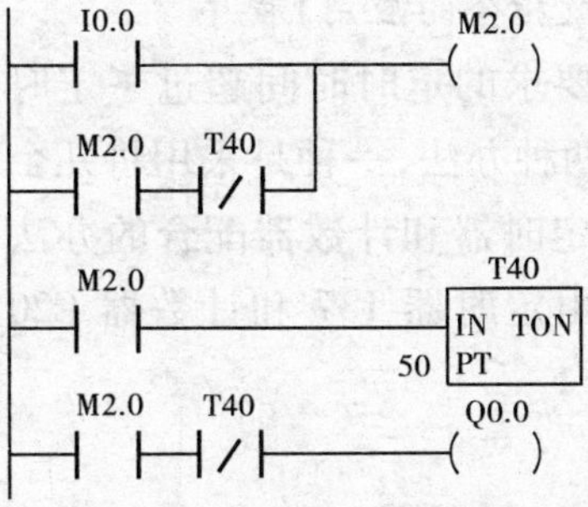

图3-31　瞬时导通、延时断开回路程序梯形图

18. 延时通、断定时器程序

(1)如图 3-32 所示,按下 I0.0,Q0.0、T37 通;T37 延时时间到,Q0.0、T37 断开的程序。

(2)如图 3-33 所示,按下 I0.0,T37 通;T37 延时时间到,Q0.0 通,T38 通;T38 延时时间到,Q0.0、T38 断开的程序。

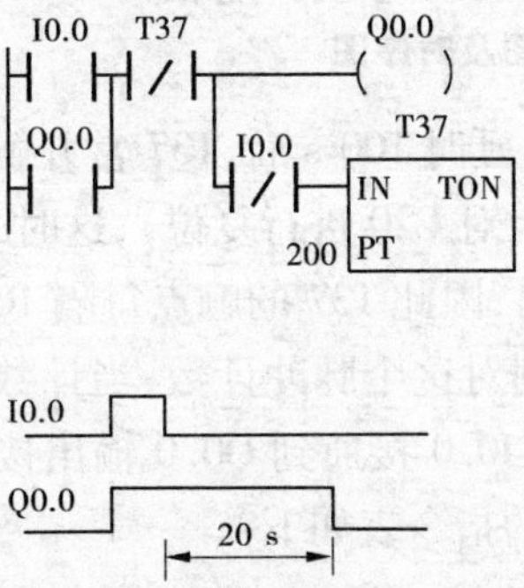

图 3-32　断电延时时序、程序梯形图

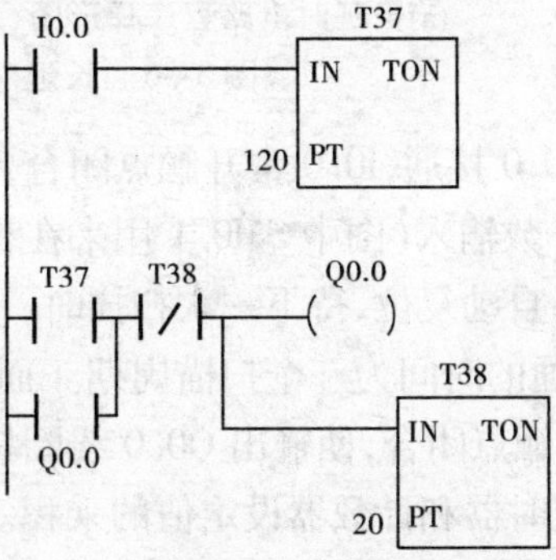

图 3-33　通/断电延时程序梯形图

19. 闪烁回路程序

如图 3-34 所示,为闪烁回路程序,I0.0 接通一次,M0.0 产生导通脉冲,Q0.0 接通,随

时又断开；Q0.0 的接通受脉冲控制。

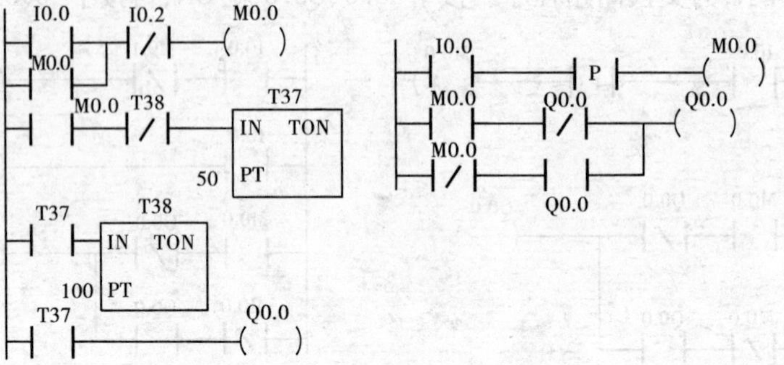

图 3-34　闪烁回路程序梯形图

如图 3-35 所示，为闪烁器程序实例。

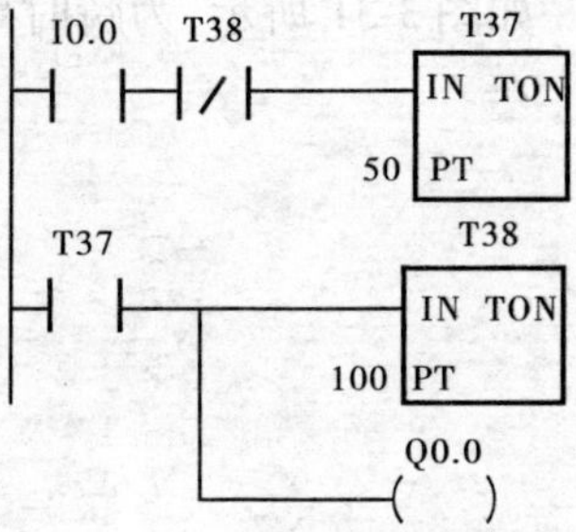

图 3-35　闪烁器程序梯形图

20. 长延时电路(定时、计数指令的应用)程序

在实际的系统中，如果所要求的定时时间超过了定时器的最大定时范围，往往采取两种办法，一种是采用将几个定时器串联的办法，再就是用定时器和计数器配合的办法来扩充定时范围。图 3-36 是由定时器 T37 和计数器 C20 组合而成的长延时电路。

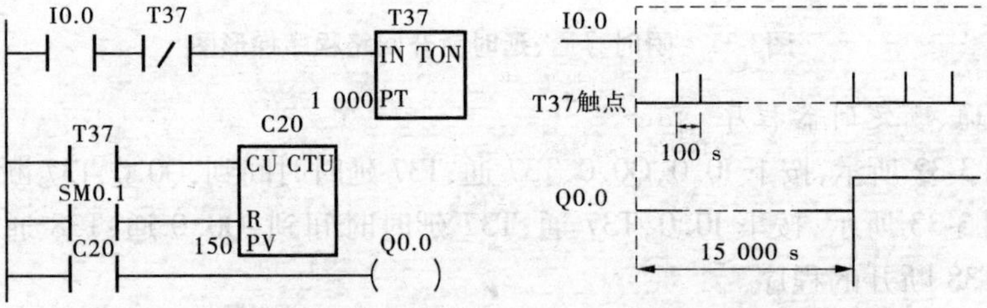

(a)长延时电路程序梯形图　　(b)长延时电路时序图

图 3-36　长延时电路程序梯形图及时序图

输入 I0.0 接通，I0.0 常开触点闭合，T37 开始计时，延时 100 s 后，T37 常开触点闭合，作为 C20 的计数输入(图中 SM0.1 用来在程序运行开始时对 C20 进行复位)，这时 T37 的常闭触点使 T37 自动复位，待下一次扫描时，T37 又接通定时，因此 T37 的触点每隔 100 s 闭合一次，每次接通的时间为一个扫描周期。而计数器 C20 则对这个脉冲计数，当计数 150 次时，C20 的常开触点闭合，使输出 Q0.0 线圈接通。因此，从 I0.0 接通到 Q0.0 输出接通，总的延时时间为定时器和计数器设定值的乘积。长延时电路的指令表如下：

LD	I0.0	LD	T37
ANI	T37	CTU	C20　150
TON	T37　100	LD	C20
LD	SM0.1	OUT	Q0.0

项目一　电动机启动、保持、停止电路

一、继电器控制电路

(一)电动机启动、保持、停止继电器控制电路

如图 3-37 所示,为电动机启动、保持、停止继电器控制电路。变压器左边的电路为主电路,变压器右边的电路为控制线路,由启动按钮 SB2、停止按钮 SB1、接触器 KM 的线圈及其辅助常开触点组成。

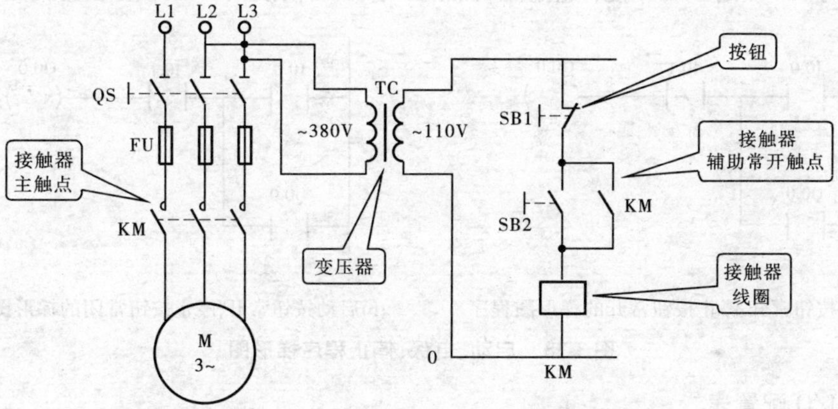

(a)主电路　　　　(b)控制电路

图 3-37　电动机启动、保持、停止继电器控制电路

(二)继电器控制工作原理

电路的工作过程如下。

(1)首先合上电源开关 QS。按下启动按钮 SB2,接触器 KM 的线圈通电,其主触点闭合,电动机启动运行。同时与 SB2 并联的 KM 辅助常开触点闭合,将 SB2 短接。KM 辅助常开触点的作用是,当松开启动按钮 SB2 后,仍可使 KM 线圈通电,电动机继续运行。简要分析如下:

按下SB2→KM线圈通电→KM主触点闭合　M旋转
　　　　　　　　　　→KM自锁触点闭合

这种依靠接触器自身的辅助触点来使其线圈保持通电的电路称为自锁或自保电路。带有自锁功能的控制线路具有欠压保护作用,起自锁作用的辅助触点称为自锁触点。

(2)按停止按钮 SB1,接触器 KM 线圈断电,电动机 M 停止转动。此时 KM 的自锁常开触点断开,松手后 SB1 虽又闭合,但 KM 的线圈不能继续通电。简要分析如下:

按下SB1→KM线圈断电→KM主触点断开　M停转
　　　　　　　　　　→KM自锁触点断电

二、PLC 控制程序

（一）启动、自保、停止的梯形图程序

启动、自保、停止的梯形图程序，如图 3-38 所示。

（1）启动按钮常开，停止按钮常开的梯形图程序。

图 3-38（a）和图 3-39（a）所示为启动、自保、停止梯形图和接线图，其中 SB1 是启动按钮、常开，与 I0.0 相接；SB2 是停止按钮、常开，与 I0.1 相接；Q0.0 与接触器线圈相接。

（2）启动按钮常开，停止按钮常闭的梯形图程序。

图 3-38（b）和图 3-39（b）所示为启动、自保、停止梯形图和接线图，其中 SB1 是启动按钮、常开，与 I0.0 相接；SB2 是停止按钮、常闭，与 I0.1 相接；Q0.0 与接触器线圈相接。

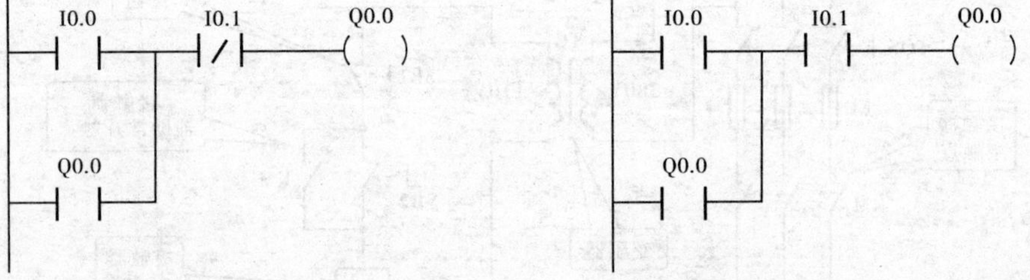

(a)启动按钮常开,停止按钮常开的梯形图程序　(b)启动按钮常开,停止按钮常闭的梯形图程序

图 3-38　启动、自保、停止程序梯形图

（二）I/O 配置表

启动、自保、停止程序梯形图的 I/O 配置表，见表 3-5。

表 3-5　I/O 配置表

序号	代号	I/O 端子	电气符号
1	A	I0.0	启动按钮 SB1
2	B	I0.1	停止按钮 SB2
3	C	Q0.0	接触器 KM

（三）I/O 接线图

启动、自保、停止电路的 I/O 接线图，如图 3-39 所示。

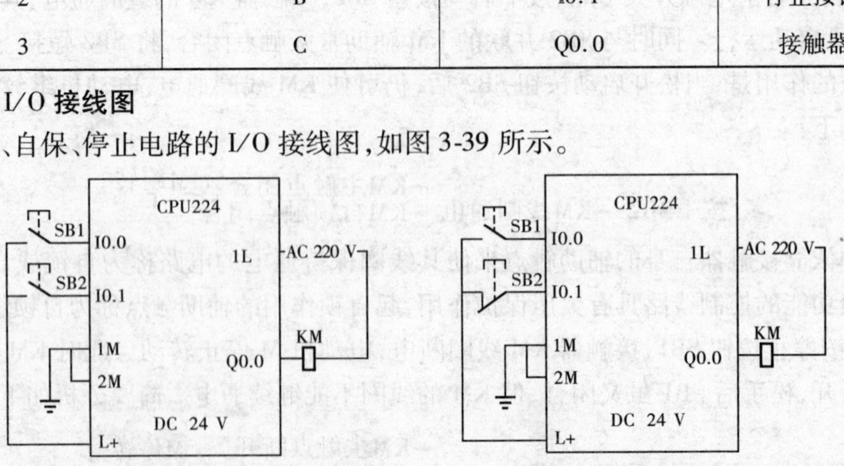

(a)启动按钮常开,停止按钮常开的I/O接线图　(b)启动按钮常开,停止按钮常闭的I/O接线图

图 3-39　启动、自保、停止电路的 I/O 接线图

(四)PLC 程序工作原理

启动、保持和停止电路(简称为"起保停"电路),其梯形图和对应的 PLC 外部接线图如图 3-38(a)、图 3-39(a)所示。在外部 I/O 接线图中,按钮 SB1 和 SB2 分别接在输入端 I0.0 和 I0.1,负载接在输出端 Q0.0。因此,输入映像寄存器 I0.0 的状态与启动常开按钮 SB1 的状态相对应,输入映像寄存器 I0.1 的状态与停止常开按钮 SB2 的状态相对应。而程序运行结果写入输出映像寄存器 Q0.0,并通过输出电路控制负载。图中的启动信号 I0.0 和停止信号 I0.1 是由启动常开按钮和停止常开按钮提供的信号,持续 ON 的时间一般都很短,这种信号称为短信号。起保停电路最主要的特点是具有"记忆"功能,按下启动按钮,I0.0 的常开触点接通,如果这时未按停止按钮,I0.1 的常闭触点接通,Q0.0 的线圈"通电",它的常开触点同时接通。放开启动按钮,I0.0 的常开触点断开,"能流"经 Q0.0 的常开触点和 I0.1 的常闭触点流过 Q0.0 的线圈,Q0.0 仍为 ON,这就是所谓的"自锁"或"自保持"功能。按下停止按钮,I0.1 的常闭触点断开,使 Q0.0 的线圈断电,其常开触点断开,以后即使放开停止按钮,I0.1 的常闭触点恢复接通状态,Q0.0 的线圈仍然"断电"。在实际电路中,启动信号和停止信号可能由多个触点组成的串、并联电路提供。

(1)每一个传感器或开关输入对应一个 PLC 确定的输入点;每一个负载,PLC 确定对应一个输出点。

(2)为了使梯形图和继电器接触器控制的电路图中的触点的类型相同,外部按钮一般用常开按钮。

项目二　电动机正反转电路

一、继电器控制电路

(一)继电器控制电路图

生产设备常常要求具有上下、左右、前后等正、反方向的运动,这就要求电动机能正、反向工作。交流感应电动机的正、反向运动,可借助接触器改变定子绕组相序来实现。如图 3-40 所示的电路可以实现不按停止按钮,直接按反向按钮就能使电动机反向转动。

(二)继电器控制工作原理

如图 3-40 所示,将启动按钮 SB2、SB3 换成复合按钮,用复合按钮的常闭触点来断开转向相反的接触器线圈的通电回路。当按下 SB2(或 SB3)时,首先是按钮的常闭触点断开,使 KM2(或 KM1)线圈断电,同时按钮的常开触点闭合,使 KM1(或 KM2)线圈通电吸合,电动机反方向运转。此电路由于在电动机运转时可按反转启动按钮直接换向,因此常称为"正—反—停"控制线路。简要分析如下:

按SB2 → KM1通电自锁 → M正转运行
　　　 → 断开KM2

　　　 → 断开KM1
按SB3 → KM2通电自锁 → M反转运行

按SB1 → KM1、KM2断电 → M停转

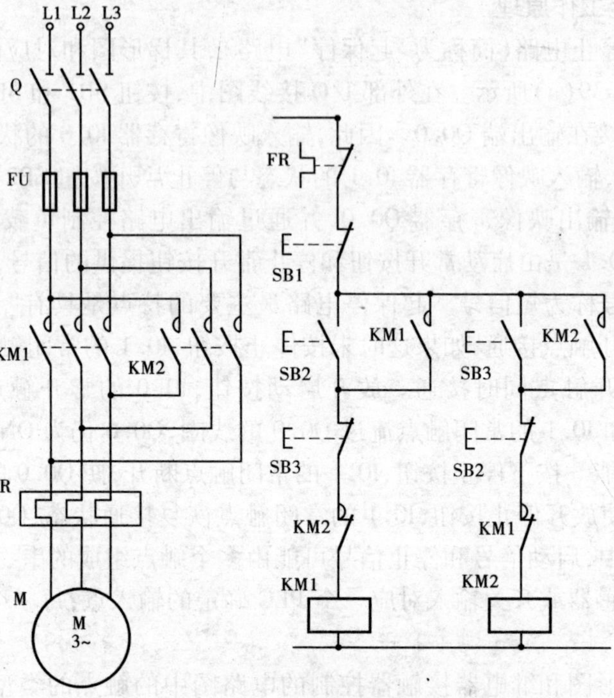

图 3-40　电动机正反转继电器控制电路

虽然采用复合按钮也能起到互锁作用，但只靠按钮互锁而不用接触器常闭触点进行互锁是不可靠的。因为当接触器主触点被强烈的电弧“烧焊”在一起或者接触器机构失灵时，会使衔铁卡在吸合状态，此时，如果另一只接触器动作，就会造成电源短路事故。有接触器常闭触点互锁，则只要一个接触器处在吸合状态位置时，其常闭触点必然将另一个接触器线圈电路切断，故能避免电源短路事故的发生。

二、电动机正反转电路的 PLC 控制程序

（一）电动机正反转电路的 PLC 控制程序梯形图

电动机正反转电路的 PLC 控制程序梯形图，如图 3-41 所示。

(1)外接启动按钮常开、停止按钮为常开、热继电器为常闭的梯形图程序，见图 3-41(a)。

(2)外接启动按钮常开、停止按钮为常闭、热继电器为常闭的梯形图程序，见图 3-41(b)。

(3)外接启动按钮常开、停止按钮为常开、热继电器为常开的梯形图程序，见图 3-41(c)。

(4)外接启动按钮常开、停止按钮为常闭、热继电器为常开的梯形图程序，见图 3-41(d)。

（二）电动机正反转电路的 PLC 的 I/O 配置表

电动机正反转电路的 PLC 的 I/O 配置表，见表 3-6。

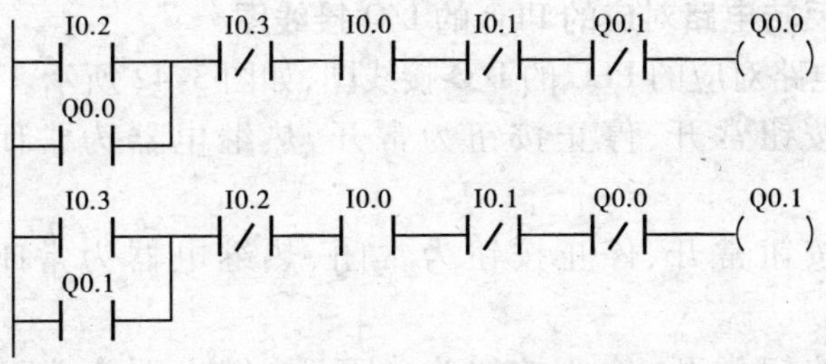

(a)外接启动按钮常开、停止按钮为常开、热继电器为常闭的梯形图程序

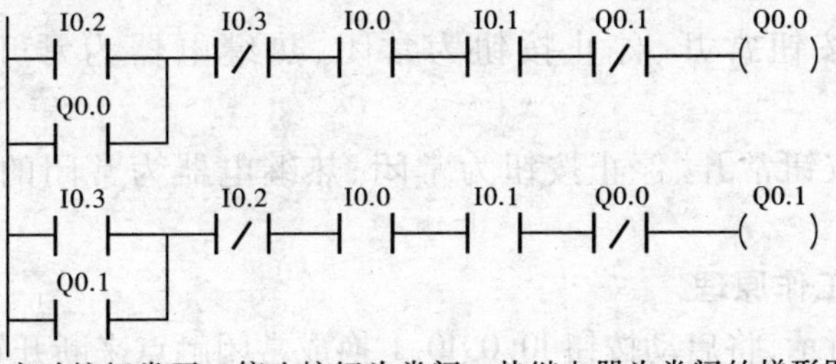

(b)外接启动按钮常开、停止按钮为常闭、热继电器为常闭的梯形图程序

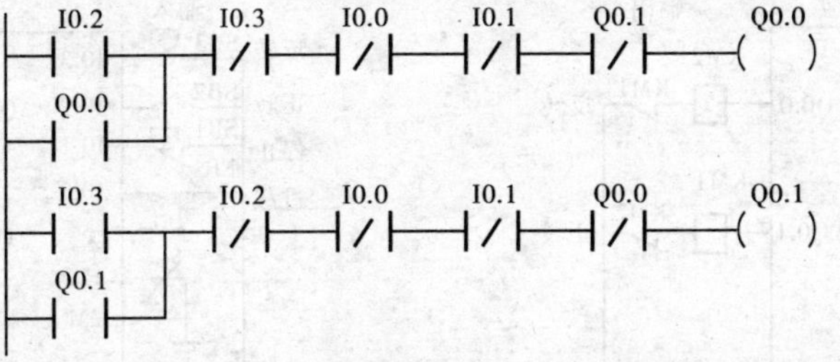

(c)外接启动按钮常开、停止按钮为常开、热继电器为常开的梯形图程序

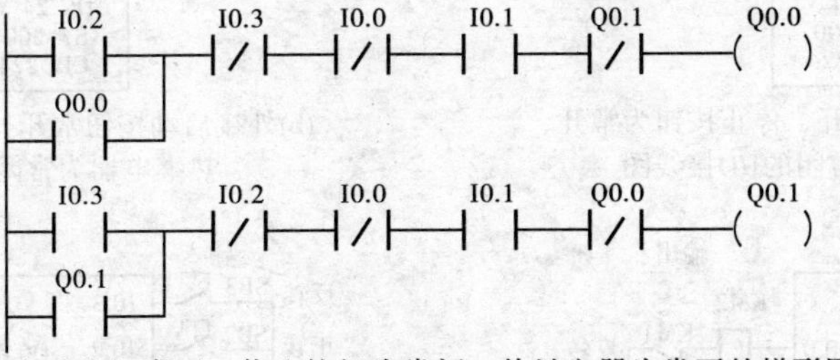

(d)外接启动按钮常开、停止按钮为常闭、热继电器为常开的梯形图程序

图 3-41　电动机正反转电路的 PLC 控制程序梯形图

表 3-6　电动机正反转 I/O 配置表

序号	代号	I/O 端子	电气符号	中文含义
1	A	I0.0	FR	热继电器
2	B	I0.1	SB1	停止按钮
3	C	I0.2	SB2	正转按钮
4	D	I0.3	SB3	反转按钮
5	E	Q0.0	KM1	电动机正转
6	F	Q0.1	KM2	电动机反转

（三）电动机正反转电路对应的 PLC 的 I/O 接线图

电动机正反转电路对应的 PLC 的 I/O 接线图，如图 3-42 所示。

（1）外接启动按钮常开、停止按钮为常开、热继电器为常闭的 I/O 接线图，见图 3-42（a）。

（2）外接启动按钮常开、停止按钮为常闭、热继电器为常闭的 I/O 接线图，见图 3-42（b）。

（3）外接启动按钮常开、停止按钮为常开、热继电器为常开的 I/O 接线图，见图 3-42（c）。

（4）外接启动按钮常开、停止按钮为常闭、热继电器为常开的 I/O 接线图，见图 3-42（d）。

（5）外接启动按钮常开、停止按钮为常闭、热继电器为常闭的主电路及 I/O 接线图，见图 3-42（e）。

（四）PLC 程序工作原理

如图 3-42（e）所示，将启动按钮 I0.0、I0.1 换成常闭触点来断开转向相反的接触器线

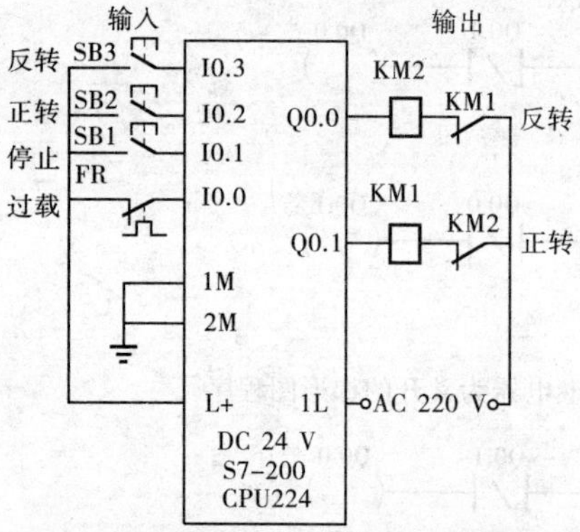

(a)外接启动按钮常开、停止按钮为常开、热继电器为常闭的I/O接线图

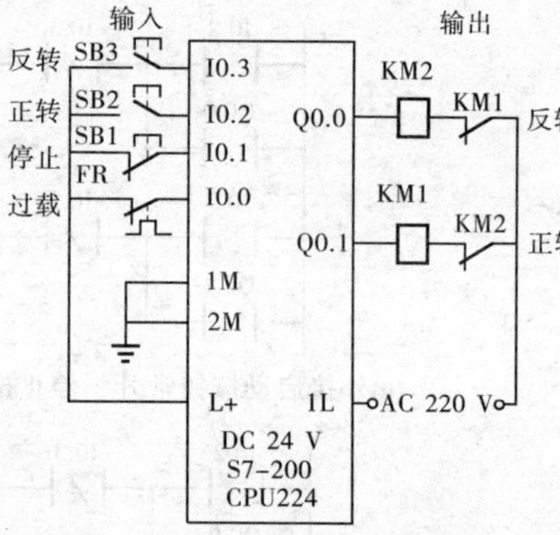

(b)外接启动按钮常开、停止按钮为常闭、热继电器为常闭的I/O接线图

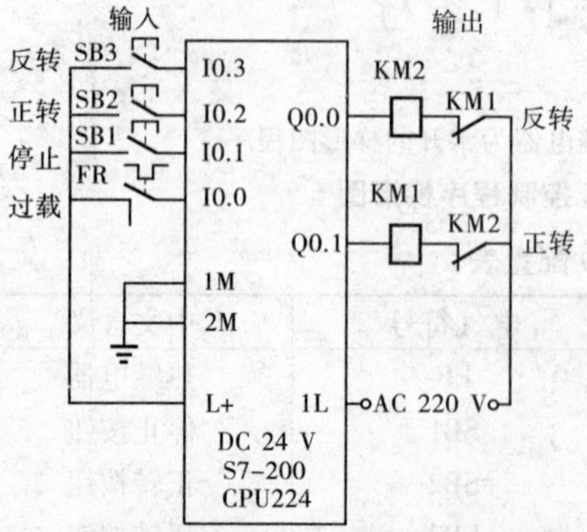

(c)外接启动按钮常开、停止按钮为常开、热继电器为常开的I/O接线图

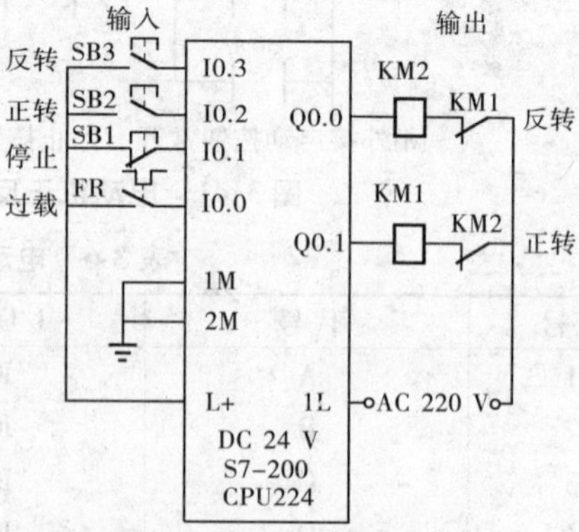

(d)外接启动按钮常开、停止按钮为常闭、热继电器为常开的I/O接线图

图 3-42　电动机正反转电路对应的 PLC 的 I/O 接线图

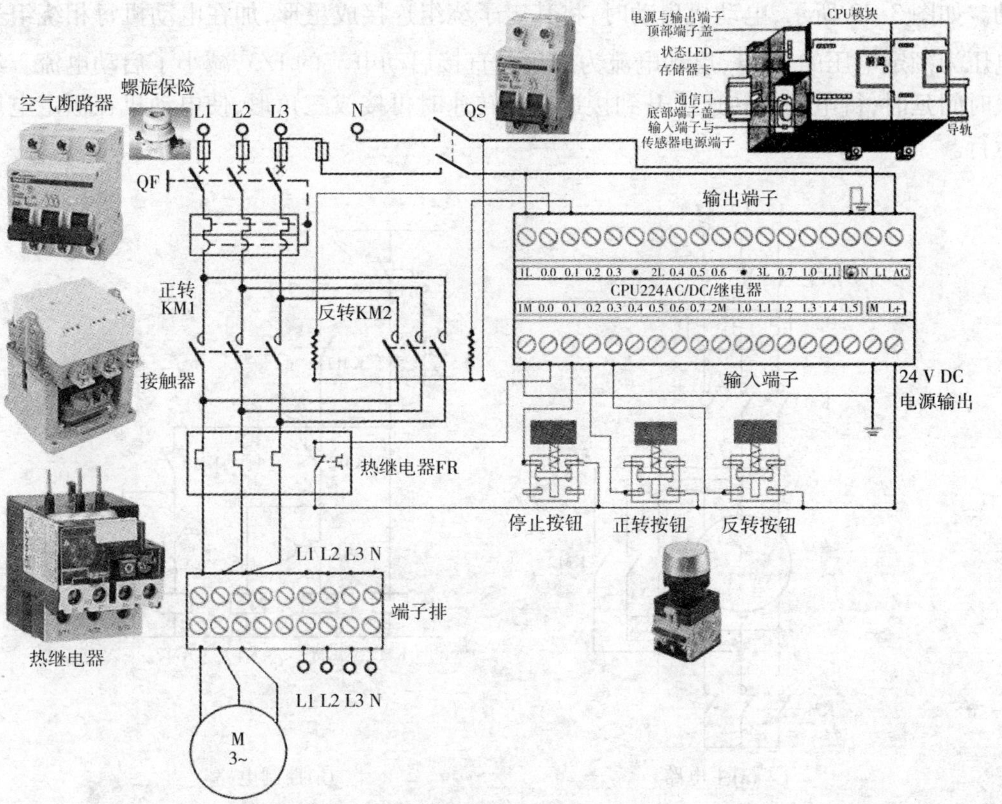

(e)外接启动按钮常开、停止按钮为常闭、热继电器为常闭的主电路及 I/O 接线图

续图 3-42

圈的通电回路。当按下 I0.0(或 I0.1)时,首先是按钮的常闭触点断开,使 Q0.1(或Q0.0)线圈断电,同时按钮的常开触点闭合,使 Q0.0(或 Q0.1)线圈通电吸合,电动机反方向运转。此电路由于在电动机运转时可按反转启动按钮直接换向,因此常称为“正—反—停”控制线路。

虽然采用常闭触点也能起到互锁作用,但只靠按钮互锁而不用接触器常闭触点进行互锁是不可靠的。因为当接触器主触点被强烈的电弧“烧焊”在一起或者接触器机构失灵时,会使衔铁卡在吸合状态,此时,如果另一只接触器动作,就会造成电源短路事故。有接触器常闭触点互锁,则只要一个接触器处在吸合状态位置时,其常闭触点必然将另一个接触器线圈电路切断,故能避免电源短路事故的发生。

项目三　电动机减压启动电路

一、电动机减压启动继电器控制电路

(一)电动机减压启动继电器控制电路

正常运行时定子绕组接成三角形的三相异步电动机,都可采用星形 - 三角形降压启动。如图 3-43 所示，电动机启动时，将其定子绕组连接成星形，加在电动机每相绕组上的电压为额定电压的 $1/\sqrt{3}$，启动电流为三角形直接启动电流的 1/3，减小了启动电流。经一段时间延时，待电动机转速上升到接近额定转速时再接成三角形，使电动机在额定电压下运行。

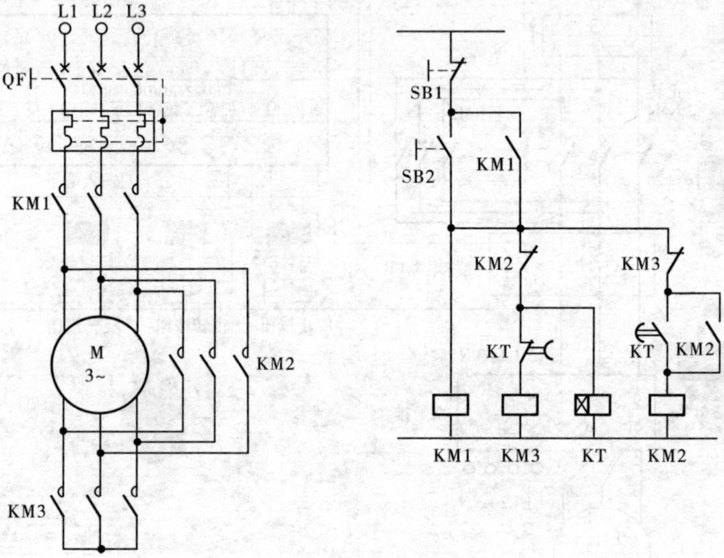

(a)主电路　　(b)控制电路

图 3-43　电动机减压启动继电器控制电路

(二)继电器控制工作原理

线路的工作过程如下：

首先合上自动开关 QF。按下启动按钮 SB2，接触器 KM1、KM3 线圈通电，其主触点使定子绕组接成星形，电动机降压启动（接触器 KM1 的自锁触点，使 KM1、KM3 保持通电），同时时间继电器 KT 线圈通电。经一段时间延时（2 s 左右）后，电动机已达到额定转速，KT 的延时断开常闭触点断开，使 KM3 断电；而 KT 的延时闭合常开触点闭合，接触器 KM2 线圈通电自锁，使电动机定子绕组由星形转换到三角形连接，实现全电压运行。

在图 3-43 所示的控制线路中，KM3 动作后，其常闭触点将 KM2 的线圈断电，这样可防止 KM2 的再动作。同样 KM2 动作后，它的常闭触点将 KM3 的线圈断电，也防止了 KM3 的再动作。这种利用两个接触器的辅助常闭触点互相控制的方式，称为电气互锁（或连锁）。起互锁作用的常闭触点叫互锁触点。这种互锁关系，可保证启动过程中 KM2 与 KM3 的主触点不能同时闭合，防止了电源短路。KM2 的常闭触点同时也使时间继电器 KT 断电。简要分析如下：

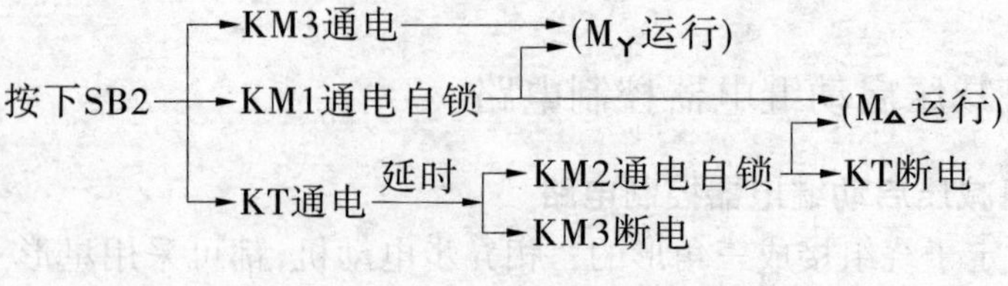

二、电动机减压启动电路的 PLC 控制程序

(一)PLC 控制梯形图程序

PLC 控制梯形图程序,如图 3-44 所示。

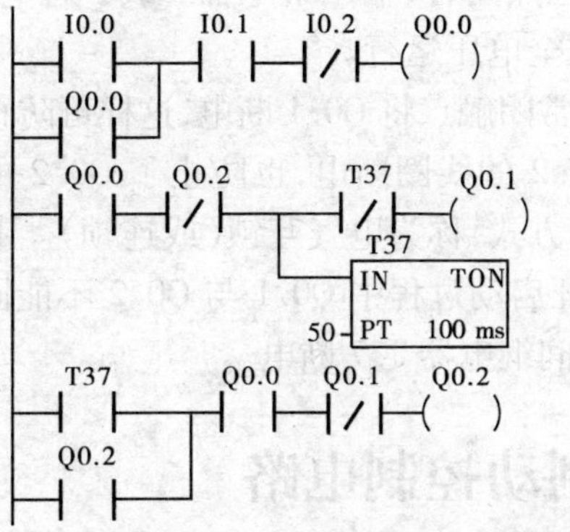

(a)外接停止按钮为常闭的减压启动梯形图

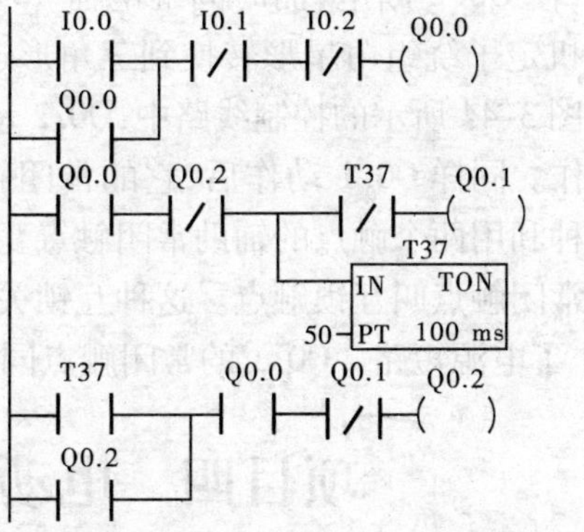

(b)外接停止按钮为常开的减压启动梯形图

图 3-44 电动机减压启动电路的 PLC 控制梯形图

(二)I/O 配置表

电动机减压启动正反转 I/O 配置表,如表 3-7 所示。

表 3-7 电动机减压启动正反转 I/O 配置表

序号	代号	I/O 端子	电气符号
1	A	Q0.0	KM1
2	B	Q0.1	KM3
3	C	Q0.2	KM2
4	D	I0.0	启动按钮
5	E	I0.1	停止按钮

(三)I/O 接线图

电动机减压启动 I/O 接线图,如图 3-45 所示。

(1)外接停止按钮为常闭的减压启动 I/O 接线图,如图 3-45(a)所示。

(2)外接停止按钮为常开的减压启动 I/O 接线图,如图 3-45(b)所示。

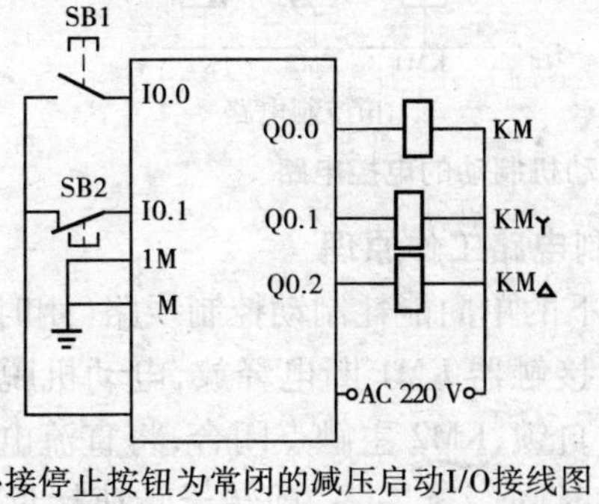

(a)外接停止按钮为常闭的减压启动I/O接线图

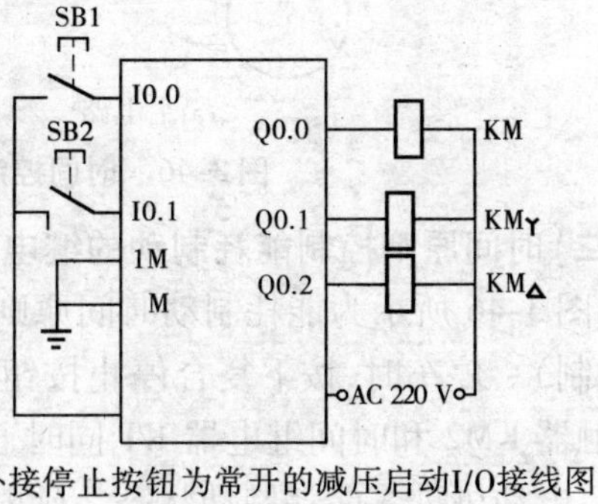

(b)外接停止按钮为常开的减压启动I/O接线图

图 3-45 电动机减压启动 I/O 接线图

(四)PLC 程序工作原理

按下启动按钮 I0.0,输出继电器 Q0.0、Q0.1 接通,其主触点使定子绕组接成星形,电动机降压启动(输出继电器 Q0.0 自锁,使 Q0.0、Q0.1 接通),同时时间继电器 T37 线圈通电。经一段时间延时(2 s 左右)后,电动机已达到额定转速,时间继电器 T37 的常闭触点断开,使 Q0.2 断电;而时间继电器 T37 的常开触点闭合,输出继电器 Q0.1 通电自锁,使电动机定子绕组由星形转换到三角形连接,实现全电压运行。

在图 3-44 所示的控制线路中,Q0.2 动作后,其常闭触点将 Q0.1 断电,这样可防止Q0.1 的再动作。同样 Q0.1 动作后,它的常闭触点将 Q0.2 的线圈断电,也防止了 Q0.2 的再动作。这种利用两个触点的辅助常闭触点互相控制的方式,称为电气互锁(或连锁)。起互锁作用的常闭触点叫互锁触点。这种互锁关系,可保证启动过程中 Q0.1 与 Q0.2 不能同时闭合,防止了电源短路。Q0.1 的常闭触点同时也使时间继电器 T37 断电。

项目四　电动机的制动控制电路

一、时间原则控制能耗制动的继电器电路

(一)时间原则控制能耗制动的继电器电路简介

能耗制动是在电动机按下停止按钮断开三相电源的同时,定子绕组任意两相接入直流电源,产生静止磁场,利用转子感应电流与静止磁场的作用,产生电磁制动力矩而制动的。如图 3-46 所示,为时间控制的电动机制动的电控电路。

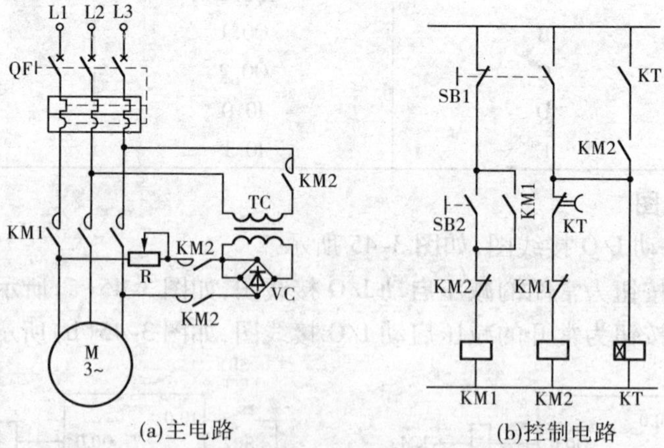

图 3-46　时间控制的电动机制动的电控电路

(二)时间原则控制能耗制动的继电器控制电路工作原理

如图 3-46 所示为能耗制动时间原则方式下的单向能耗制动控制线路(用时间继电器进行控制)。停车时,按下复合停止按钮 SB1,接触器 KM1 断电释放,电动机脱离三相电源,接触器 KM2 和时间继电器 KT 同时通电并自锁,KM2 主触点闭合,将直流电源接入定子绕组,电动机进入能耗制动状态。延时一段时间(2 s 左右,即转子转速接近零时),时间继电器延时常闭触点断开,KM2 线圈断电,断开能耗制动直流电源,KM2 常开辅助触点

复位,KT 线圈断电,电动机能耗制动结束。简要分析如下(假设电动机在正转,则 KM1 通电):

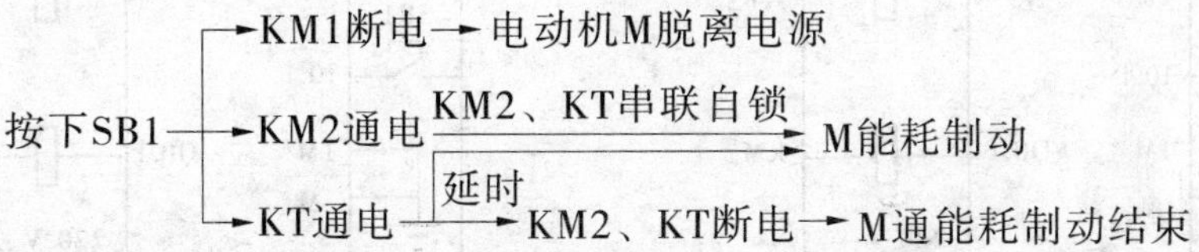

能耗制动的优点是制动准确、平稳、能量消耗少;缺点是需要一套整流设备。

(三)时间控制的 PLC 控制程序

1. 时间控制的 PLC 控制程序简介

如图 3-47 所示,为时间控制的电动机制动(能耗制动与反接制动相同)的 PLC 控制程序。

(1)外接停止按钮为常闭的 PLC 控制程序,如图 3-47(a)所示。

(2)外接停止按钮为常开的 PLC 控制程序,如图 3-47(b)所示。

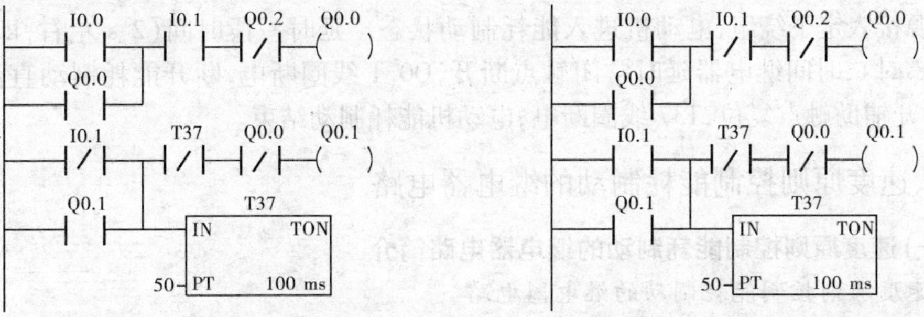

(a)外接停止按钮为常闭的PLC控制程序　(b)外接停止按钮为常开的PLC控制程序

图 3-47　时间控制的电动机制动的 PLC 控制程序

2. 时间控制的 PLC 控制程序 I/O 配置表

时间控制的 PLC 控制程序 I/O 配置表,如表 3-8 所示。

表 3-8　时间控制的 PLC 控制程序 I/O 配置表

序号	代号	I/O 端子	电气符号
1	A	Q0.0	KM1
2	B	Q0.1	KM2
3	C	T37	KT
4	D	I0.0	启动按钮 SB2
5	E	I0.1	停止按钮 SB1

3. 时间控制的 PLC 控制 I/O 接线图

时间控制的 PLC 控制程序 I/O 接线,如图 3-48 所示。

(1)外接停止按钮为常闭的 PLC 的 I/O 接线,如图 3-48(a)所示。

(2)外接停止按钮为常开的 PLC 的 I/O 接线,如图 3-48(b)所示。

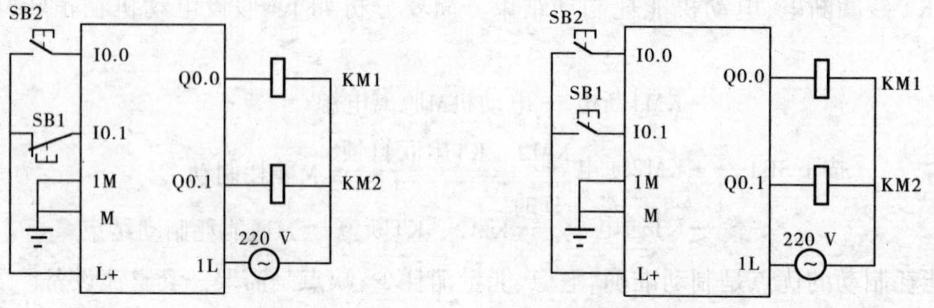

(a)外接停止按钮为常闭的 PLC 的 I/O 接线　　(b)外接停止按钮为常开的 PLC 的 I/O 接线

图 3-48　时间控制的 PLC 控制程序 I/O 接线图

(四)PLC 程序工作原理

如图 3-48 所示为能耗制动时间原则方式下的单向能耗制动控制线路(用时间继电器进行控制)。停车时,按下停止按钮 SB1,I0.1 输出,输出继电器 Q0.0 断电释放,电动机脱离三相电源,输出继电器 Q0.1 和时间继电器 T37 同时通电并自锁,Q0.1 触点闭合,将直流电源接入定子绕组,电动机进入能耗制动状态。延时一段时间(2 s 左右,即转子转速接近零时),时间继电器延时常闭触点断开,Q0.1 线圈断电,断开能耗制动直流电源,Q0.1 常开辅助触点复位,T37 线圈断电,电动机能耗制动结束。

二、速度原则控制能耗制动的继电器电路

(一)速度原则控制能耗制动的继电器电路简介

1. 速度原则控制能耗制动的继电器电路

速度原则控制能耗制动的继电器电路见图 3-49。

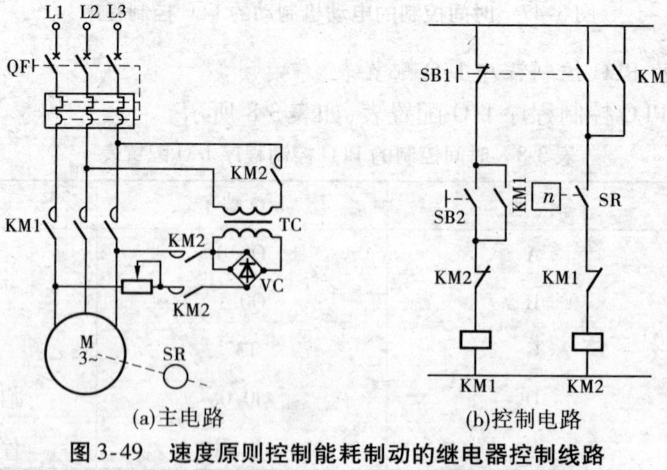

(a)主电路　　(b)控制电路

图 3-49　速度原则控制能耗制动的继电器控制线路

2. 速度原则控制的继电器电路工作原理

如图 3-49 所示,速度继电器 SR 安装在电动机轴端上,与电动机同步。电动机正常运转时,转速较高,速度继电器 SR 的常开触点闭合,为接触器 KM2 线圈通电做准备,即为能耗制动做准备。停车时,按下复合停止按钮 SB1,接触器 KM1 断电释放,电动机脱离三相

电源。此时,接触器 KM2 线圈通电并自锁,直流电源被接入定子绕组,电动机进入能耗制动状态。当电动机转子的惯性转速接近零时(低于 100 r/min),SR 常开触点复位,KM2 线圈断电,能耗制动结束。简要分析如下:

假设电动机在正转,则 KM1 通电,SR 动合触点闭合。

按下SB1—→KM1断电—→M断电
　　　　　→KM2通电自锁—→M通,能耗制动开始 $\xrightarrow{n\leqslant 100\ r/min}$ SR动合触点断开—→KM2断电—→制动结束

(二)速度原则控制的能耗制动的 PLC 控制电路

(1)速度原则控制的能耗制动 PLC 控制梯形图,如图 3-50 所示。

①外接停止按钮为常闭的 PLC 控制程序,如图 3-50(a)所示。

②外接停止按钮为常开的 PLC 控制程序,如图 3-50(b)所示。

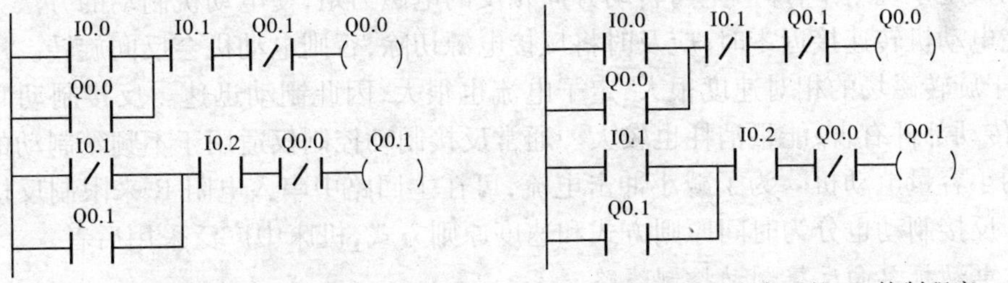

(a)外接停止按钮为常闭的PLC控制程序　(b)外接停止按钮为常开的PLC控制程序

图 3-50　速度原则控制的 PLC 控制梯形图

(2)速度原则控制的 PLC 控制程序 I/O 配置表,如表 3-9 所示。

表 3-9　速度原则控制的 PLC 控制程序 I/O 配置表

序号	代号	I/O 端子	电气符号
1	A	Q0.0	KM1
2	B	Q0.1	KM2
3	C	I0.2	SR 速度继电器
4	D	I0.0	启动按钮 SB2
5	E	I0.1	停止按钮 SB1

(3)速度原则控制的能耗制动 PLC 的 I/O 接线图,如图 3-51 所示。

①外接停止按钮为常闭的 PLC 的 I/O 接线图,如图 3-51(a)所示。

②外接停止按钮为常开的 PLC 的 I/O 接线图,如图 3-51(b)所示。

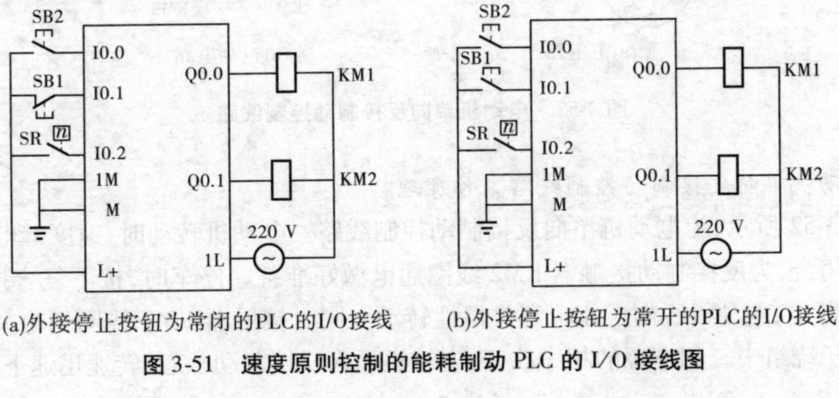

(a)外接停止按钮为常闭的PLC的I/O接线　(b)外接停止按钮为常开的PLC的I/O接线

图 3-51　速度原则控制的能耗制动 PLC 的 I/O 接线图

(4)PLC 程序工作原理如下：如图 3-49 所示为能耗制动速度原则方式下的单向能耗制动控制线路（用速度继电器进行控制）。停车时，按下停止按钮 SB1，I0.1 输出，输出继电器 Q0.0 断电释放，电动机脱离三相电源，输出继电器 Q0.1 通电并自锁，Q0.1 触点闭合，将直流电源接入定子绕组，电动机进入能耗制动状态。经过一段时间（即转子转速低于 100 r/min 时），速度继电器常开触点断开，Q0.1 线圈断电，断开能耗制动直流电源，Q0.1 常开辅助触点复位，电动机能耗制动结束。

三、反接制动控制

（一）反接制动控制电路

反接制动是在电动机被按下停止按钮，断开三相电源后，改变其三相电源的相序再接入电动机定子绕组中，即产生与转动方向相反的电磁力矩，使电动机制动的方法为反接制动。在电动机转速接近零时，应及时将反接电源切除，否则电动机会反向旋转。反接制动时，由于旋转磁场的相对速度很大，定子电流也很大，因此制动迅速。反接制动时冲击较大，对传动部件有害，能量消耗也较大。通常反接制动控制仅适用于不频繁制动的 10 kW 以下的小容量电动机。为了减小冲击电流，可在主回路中串入电阻 R 来限制反接制动的电流。反接制动也分为时间原则方式和速度原则方式，机床中广泛采用后者。

1. 电动机单向反接制动控制线路

如图 3-52 所示，为电动机单向反接制动控制线路。

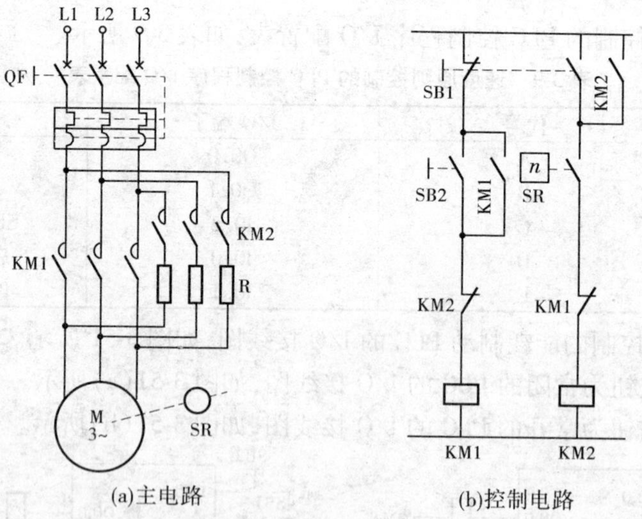

图 3-52　电动机单向反接制动控制线路

2. 电动机单向反接制动控制线路工作原理

如图 3-52 所示，为电动机单向反接制动控制线路。电动机转动时，速度继电器 SR 的常开触点闭合，为反接制动接触器 KM2 线圈通电做好准备。停车时，按下复合按钮 SB1，KM1 线圈断电，电动机脱离三相电源作惯性转动。同时接触器 KM2 线圈通电并自锁，使电动机定子绕组中三相电源的相序改变，电动机进入反接制动状态，转速迅速下降。当电动机转速接近零时(低于 100 r/min),速度继电器 SR 的常开触点复位,KM2 线圈断电,切断了电动机的反相序电源,反接制动结束。简要分析如下:

假设电动机在正转,则 KM1 通电,SR 动合触点闭合。

按下SB1→KM1断电→M断电

按下SB1→KM2通电自锁→M反接制动 $\xrightarrow{n\leqslant 100\ r/min}$ SR动合触点断开→KM2断电→制动结束

如图 3-52(a)所示的主电路中,三相绕组都串接了制动电阻。在实际应用中常采用只在其中任意两相绕组中串接电阻的方法进行制动。

(二)速度原则控制的反接制动的 PLC 控制电路

(1)速度原则控制的反接制动 PLC 控制梯形图,如图 3-53 所示。

①外接停止按钮为常开的速度原则控制的反接制动 PLC 控制梯形图,如图 3-53(a)所示。

②外接停止按钮为常闭的速度原则控制的反接制动 PLC 控制梯形图,如图 3-53(b)所示。

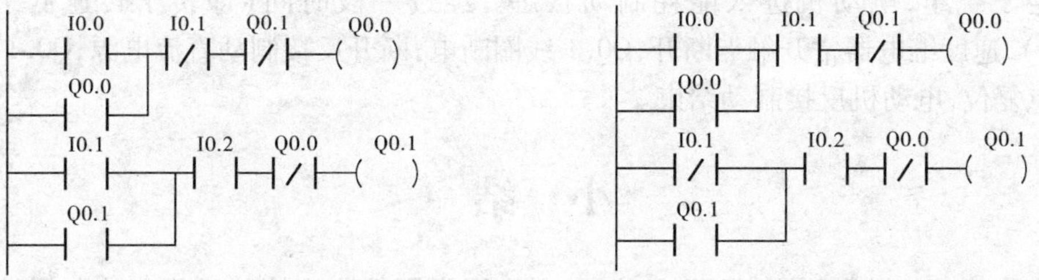

(a)外接停止按钮为常开的速度原则控制的反接制动PLC控制梯形图

(b)外接停止按钮为常闭的速度原则控制的反接制动PLC控制梯形图

图 3-53 速度原则控制的反接制动 PLC 控制梯形图

(2)速度原则控制的反接制动 PLC 控制程序 I/O 配置表,如表 3-10 所示。

表 3-10 速度原则控制的 PLC 控制程序 I/O 配置表

序号	代号	I/O 端子	电气符号
1	A	Q0.0	KM1
2	B	Q0.1	KM2
3	C	I0.2	SR 速度继电器
4	D	I0.0	启动按钮 SB2
5	E	I0.1	停止按钮 SB1

(3)速度原则控制的反接制动 PLC 的 I/O 接线图,如图 3-54 所示。

①外接停止按钮为常开的速度原则控制的反接制动 PLC 的 I/O 接线图,如图 3-54(a)所示。

②外接停止按钮为常闭的速度原则控制的反接制动 PLC 的 I/O 接线图,如图 3-54(b)所示。

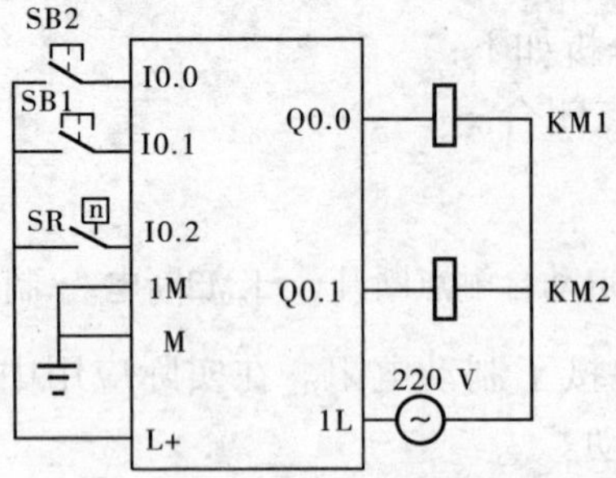

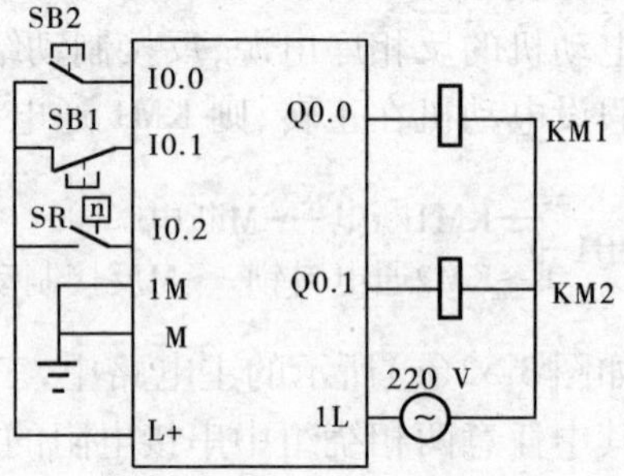

(a)外接停止按钮为常开的速度原则控制的反接制动 (b)外接停止按钮为常闭的速度原则控制的反接制动

图 3-54 速度原则控制的反接制动 PLC 的 I/O 接线图

(4)PLC 程序工作原理如下:如图 3-54 所示为速度原则方式下的反接制动控制线路(用速度继电器进行控制)。停车时,按下停止按钮 SB1,I0.1 输出,输出继电器 Q0.0 断电释放,电动机脱离三相电源,输出继电器 Q0.1 通电并自锁,Q0.1 触点闭合,将直流电源接入定子绕组,电动机进入能耗制动状态。经过一段时间(即转子转速低于 100 r/min 时),速度继电器常开触点断开,Q0.1 线圈断电,断开反接制动直流电源,Q0.1 常开辅助触点复位,电动机反接制动结束。

小 结

本模块通过对梯形图绘制原则的描述,引出了常用的典型控制环节和基本单元电路以及电动机的常用控制电路。

常用的典型控制环节包含后置优先自保程序、动作优先自保程序、电气连锁回路程序等控制环节;常用的基本单元电路有延时通、断定时器程序,闪烁电路,长延时电路。这些都是构成复杂控制电路的基础,应加以掌握。

在各项目中分别以继电接触器控制和 PLC 控制两种方式讲述了电动机的起保停控制、电动机的正反转控制、电动机的减压启动和制动控制。

习题三

1.设计周期为 10 s,占空比为 30% 的方波输出信号(输出点使用 Q0.0)。

2.编写 T37 断电 2 s 后,M0.0 置位的程序。

3.设计用定时器和计数器配合实现延时 6 h 的程序。

4.用两个计数器设计一个定时电路,在 I0.1 接通 6 000 s 后将 Q0.1 接通。

5.请设计电路,使按启动按钮,延时 15 s 接触器 KM1 才工作,KM1 工作 20 s 停止后,接触器 KM2 工作;按停止按钮 KM2 方可停止。

6.请设计电路,使按启动按钮,延时 15 s 接触器 KM1 才工作,KM1 工作 20 s 停止后,延时 15 s 后,接触器 KM2 工作,也使 KM2 工作 20 s 停止,延时 15 s 后,使 KM1 再次启动运行;这样反复循环3次后停止;按停止按钮使任意在运行的接触器停止。

7. 设计一个按钮控制正反转的程序,即按一下正转,再按一下反转。

8. 设计一个报警程序,当报警信号成立时,实现报警,要求如下:蜂鸣器鸣叫,警灯闪烁,闪烁为亮2 s,灭1 s,警灯闪烁15次后,自动结束报警。

9. 如图3-55所示,为电动机启动的工作时序图,试画出梯形图。

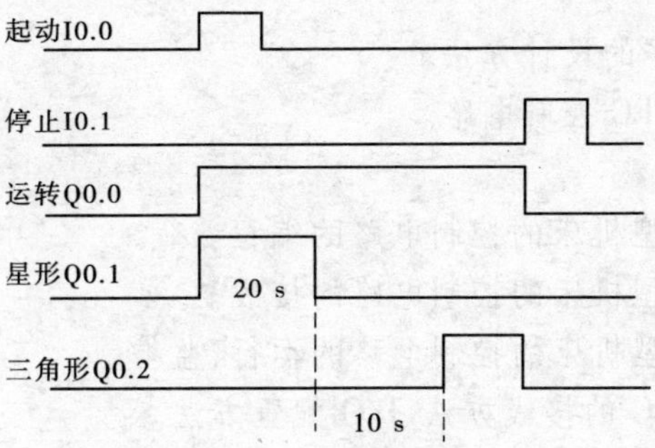

图3-55　习题9图

10. 设计一个程序,使按I0.1按钮,Q0.0延时2 s后点亮,再延时3 s后,Q0.1点亮。在Q0.1亮的前提下,按I0.2,进行10 s延时,在这10 s时间内,按I0.3 5次(10 s外操作无效),Q0.2点亮。在Q0.3点亮后,计数器开始按每秒1次计数,且每秒钟Q0.3闪亮一次,计数15次后,灯Q0.3点亮,按I0.3,灯全部熄灭。

模块四 PLC 在典型机床上的应用

一、知识目标

1. 掌握 PLC 控制程序的设计方法。

2. 掌握典型机床的 PLC 控制电路。

二、技能目标

1. 通过实训，掌握典型机床的控制电路的编程。

2. 通过实训，掌握典型机床的控制电路的接线。

3. 通过实训，掌握典型机床的控制电路的运行、监控。

4. 通过实训，掌握 PLC 的接线方法、I/O 配置方法。

预备知识

一、可编程序控制器的系统设计

（一）系统设计概述

PLC 应用系统的设计分为 PLC 控制系统的设计和人机界面的设计。控制系统的硬件由 PLC 及 I/O 设备构成。PLC 控制系统是实现控制的基础，一个好的控制系统对提高产品质量及生产效率起着非常重要的作用。

人机界面指的是介于人与 PLC 控制系统之间的一个界面。操作人员可以通过人机界面与 PLC 控制系统进行信息数据的处理和交流。人机界面可以看成是人与硬件（计算机、PLC 等）、控制软件的交叉部分，人可以通过人机界面与上位计算机、PLC 进行信息交换，向 PLC 控制系统输入数据、信息和控制命令，而 PLC 控制系统又可以通过人机界面，将可编程终端、计算机上回送控制系统的数据和有关信息传给用户。由此可知，人机界面充分地体现了 PLC 控制系统的 I/O 功能及用户对系统工作情况进行操作的控制功能。

（二）系统设计应遵循的基本原则

1. 最大限度地满足被控对象的控制要求

设计人员在设计前除应理解被控对象的各种技术要求外，还应深入现场进行实地调查研究，并收集资料，访问有关的技术人员和实际操作人员，然后拟定设计方案，并请有关专家论证，最后确定设计方案。

2. 系统结构力求简单

在满足控制要求的条件下，力求使 PLC 控制系统结构简单、经济实用且维护方便。

3. 系统工作要稳定、可靠

控制系统的稳定、可靠是提高生产效率和产品质量的必要保证，是衡量控制系统好坏的因素之一。

4. 控制系统能方便地进行功能扩展、升级

在选择 PLC 容量时,应适当留有裕量以达到发展生产和改进工艺的要求。

5. 人机界面友好

对于包含人机界面的 PLC 应用系统,设计的人机界面应使用户感到方便、更容易操作和使用 PLC 控制系统。

(三)PLC 控制系统设计步骤

(1)深入了解和分析被控对象的工艺条件和控制要求,如控制的基本方式、需要完成的动作(动作顺序、动作条件、必需的保护和连锁等)及操作方式(手动、自动、连续、单周期和单步等)。

(2)根据被控对象对 PLC 控制系统的功能要求和所需要的 I/O 信号的点数等选择合适类型的 PLC。如果需要网络控制系统,则还须选择网络通信系统的类型。

(3)根据控制要求所需的用户 I/O 设备,确定 PLC 的 I/O 点数,并设计 I/O 端子的接线图。

(4)对复杂的控制系统,根据生产工艺要求,画出工作循环图表,必要时画出详细的状态流程图表,它能清楚地表明动作的顺序和条件。

(5)根据工作循环图表或动态流程图表设计梯形图。如果被控对象已经有了继电器控制线路图,则可把线路图变换为梯形图。设计梯形图是程序的关键一步,也是比较困难的部分。要设计好梯形图,首先应熟悉控制要求,同时还要有电器设计的实践经验。

(6)根据梯形图编制程序清单。

(7)用 PLC 编程器将程序键入 PLC 的用户程序存储器,并检查键入的程序是否正确。如果控制系统是由几个部分组成的,则应先做局部测试,然后再进行整体调试;若控制程序的步序较多,则先进行分段调试,后连接起来总调。

(8)在进行 PLC 程序设计时,同时可进行控制台(柜)的设计和现场施工。待上述工作完成后,就可进行联机调试,直到满足要求为止。

(9)编制技术文件。

以上是一个 PLC 控制系统设计的一般步骤,根据控制系统的规模、控制要求的繁简、控制程序步序的多少,视情况上述步骤有的可以省略。PLC 控制系统设计流程框图,如图 4-1 所示。

二、PLC 控制系统的设计内容

PLC 控制系统的设计分为硬件选型及 PLC 软件编制两个方面。因此,PLC 控制系统设计的基本内容如下:

(1)选择 I/O 设备。通过输入设备(如按钮、操作开关、限位开关和传感器等)可以输入参数给 PLC 控制系统。输出设备(如继电器、接触器、信号灯等执行机构)是控制系统的执行机构,I/O 设备是 PLC 与控制对象连接的唯一桥梁。

(2)选择合适的 PLC。PLC 是该控制系统的核心部件,合理选择 PLC 对于保证整个控制系统的技术指标和质量是至关重要的。选择 PLC 应包括对机型、容量、I/O 模块和电源等的选择。

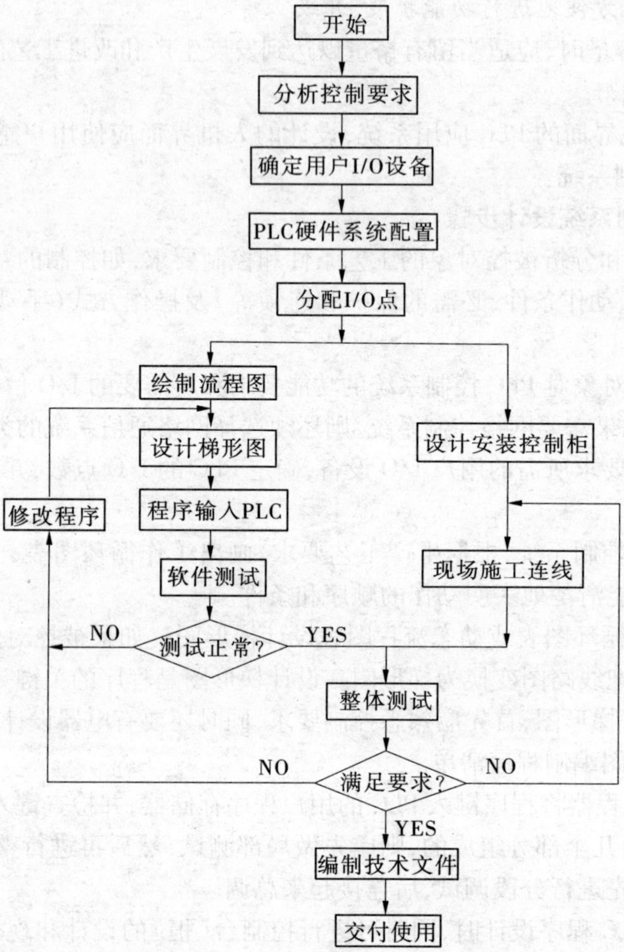

图 4-1　PLC 控制系统设计流程框图

(3)分配 I/O 点。绘制 I/O 端子连接图是合理分配 I/O 点的必要保证。

(4)设计控制台、电器柜。

(5)设计控制程序。控制程序是控制整个系统工作的指挥棒,是保证系统工作正常、安全、可靠的关键。因此,控制程序的设计必须经过反复调试、修改,直到满足要求为止。

(6)编制控制系统的技术文件。系统技术文件包括说明书、电气原理图、电气布置图、电器元件明细表及 PLC 梯形图等。

①传统的电气图包括电气原理图、电气布置图及电气安装图。在 PLC 控制系统中,这一部分图被统称为“硬件图”。它在传统电气图的基础上增加了 PLC 部分,因此在电气原理图中还应包括 PLC 的 I/O 连接图。

②梯形图是控制系统的软件部分,又称做“软件图”。向用户提供“软件图”,可便于用户生产发展或工艺改进时修改程序,并有利于用户在维护维修时分析和排除故障。

三、PLC 控制系统的硬件设计

PLC 控制系统的硬件设计是指对硬件的选型。近十几年来，国内外众多的生产厂家提供了多种系列、功能各异的 PLC 产品，已有几十个系列、几百种型号。PLC 品种繁多，其结构形式、性能、I/O 点数、用户程序存储器容量、运算速度、指令系统、编程方法和价格等各有不同，适用场合也各有侧重。因此，合理选择 PLC 对提高 PLC 控制系统的技术、经济指标起着重要作用。

（一）PLC 机型选择

机型选择的基本原则是在满足控制功能要求的前提下，保证系统工作可靠、维护使用方便及最佳的性能价格比。具体应考虑以下几个因素。

1. 结构合理

对于工艺过程比较固定、环境条件较好、维修量较小的场合，应选用整体式结构的 PLC，否则，选用模块式结构的 PLC。

2. 功能强、弱适当

对于开关量控制的工程项目，若控制速度要求不高，则一般选用低档的 PLC，如西门子公司的 S7－200 系列机或欧姆龙公司的 COM1。

对于以开关量控制为主、带少量模拟量控制的工程项目，则可选用带 A/D 转换的模拟量输入模块和带 D/A 转换的模拟量输出模块，具有加、减、乘、除运算，数据传送功能的低档 PLC，如西门子公司的 S7－300 或 S7－400。

对于控制比较复杂、控制功能要求更高的工程项目，如要求实现 PID 运算、闭环控制、通信联网等，可根据控制规模及复杂的程度，选用中档机或高档机。其中，高档机主要用于大规模过程控制、全 PLC 的分布式控制系统和整个工厂的自动化等。

当系统的各个控制对象分布在不同地域时，应根据各部分的具体要求来选择 PLC，以组成一个分布式的控制系统。

3. 机型统一

PLC 的结构分为整体式和模块式两种。整体式结构把 PLC 的 I/O 和 CPU 放在一块印刷电路板上，并封装在一个壳体内，省去插接环节，体积小，价格便宜；但由于整体式结构的 PLC 功能有限，只适用于控制要求比较简单的系统。一般大型的控制系统都使用模块式结构，这样功能易扩展，比整体式灵活。

大型企业选用 PLC 时，要尽量做到机型统一。由于同一机型 PLC 的模块可互为备用，故便于备件的采购和管理；另外，功能及编程方法统一，有利于技术力量的培训；其外部设备通用，有利于资源共享。若配备上位计算机，则可把各独立系统的多台 PLC 联成一个多级分布式控制系统，相互通信，集中协调管理。

4. 是否在线编程

PLC 的特点之一是使用灵活。当被控设备的工艺过程改变时，只需用编程器重新修改程序，就能满足新的控制要求，给生产带来很大方便。

PLC 的编程分为离线编程和在线编程两种。离线编程的 PLC，其主机和编程器共用一个 CPU，在编程器上有一个“编程/运行”选择开关或按键。当需要编程或修改程序时，将开关选择“编程”位置,PLC 的 CPU 将不再执行用户程序,失去对现场的控制,只为编程器服务,这就是“离线”编程。当程序编好后再把选择开关转到“运行”位置,CPU 则执行用户程序,对系统实施控制。由于编程器和主机共用一个 CPU,因此节省了大量的硬件和软件,编程器的价格也比较便宜。中、小型 PLC 多数采用离线编程方式。

在线编程的 PLC,如美国 GOULD 公司生产的 M84 型的 PLC 等,其特点是主机和编程器各有一个 CPU,编程器的 CPU 可随时处理由键盘输入的各种编程指令。主机的 CPU 主要完成对现场的控制,并在一个扫描周期的末尾与编程器通信,编程器把编好或修改好的程序发给 PLC,在下一个扫描周期,PLC 将按照新送入的程序控制现场,这就称为“在线”编程。这一类 PLC 由于增加了硬件和软件,所以价格较贵,但应用领域较宽。大型 PLC 多采用在线编程。

采取哪一种编程方式,应根据被控设备工艺要求的不同来选择。对于产品定型的设备和工艺不常变动的设备,往往选用离线编程的 PLC;反之,考虑选用在线编程的 PLC。

5. PLC 的环境适应性

由于 PLC 是直接用于工业控制的工业控制器,因此生产厂家都把它设计成能在恶劣的环境条件下可靠地工作。尽管如此,每种 PLC 都有自己的环境技术条件,用户在选用时,特别是在设计控制系统时,对环境条件要给予充分的考虑。

一般 PLC 及其外部电路(I/O 模块、辅助电源等)都能在下列环境条件下可靠工作:

温度:工作温度为 0 ~ 55 ℃,最高为 60 ℃。

储存温度:- 40 ~ + 85 ℃。

湿度:相对湿度为 5% ~ 95%(无凝结霜)。

震动和冲击:满足国际电工委员会标准。

电源:AC200 V,允许变化范围为 - 15% ~ + 15%,频率为 47 ~ 53 Hz,瞬间停电保持 10 ms。

环境:周围空气不能混有可燃性、爆炸性和腐蚀性气体。对于需要应用在特殊环境下的 PLC,要根据具体情况进行合理的选择。

(二)PLC 容量的选择

PLC 容量包括两个方面:一是 I/O 的点数;二是用户存储器的容量(字数)。

PLC 容量的选择除满足控制要求外,还应留有适当的裕量,以做备用。根据经验,在选择存储容量时,一般按实际需要的 10% ~ 25% 考虑裕量。对于开关量控制系统,所需存储器字数为开关量 FOX8;对于有模拟量控制功能的 PLC,所需存储器字数为模拟内存单元数 X100。通常,一条逻辑指令占存储器一个字。计时、计数、移位及算术运算、数据传送等指令占存储器两个字。各种指令所占存储器的字数可查阅 PLC 产品使用手册。

I/O 点数也应留有适当的裕量。由于目前 I/O 点数较多的 PLC 价格也较高,因此若备用的 I/O 点的数量太多,将使成本增加。根据被控对象的输入信号和输出信号的总点数,并考虑到今后的调整和扩充,通常 I/O 点数按实际需要的 10% ~ 15% 考虑备用量。

(三)I/O 模块的选择

PLC 是一种工业控制系统,其控制对象是工业生产设备或工业生产过程,工作环境是工业生产现场,与工业生产过程的联系是通过 I/O 接口模块来实现的。

通过 I/O 接口模块可以检测被控生产过程的各种参数，并以这些现场数据作为控制器对被控制对象进行控制的依据。同时，控制器又通过 I/O 接口模块将控制器的处理结果送给被控设备或工业生产过程，驱动各种执行机构来实现控制。外部设备或生产过程中的信号电平各种各样，各种机构所需的信息电平也是各种各样的，而 PLC 的 CPU 所处理的信息只能是标准电平，所以 I/O 接口模块还需实现这种转换。PLC 从现场收集的信息及输出给外部设备的控制信号都需经过一定的距离，为了确保这些信息的正确无误，PLC 的 I/O 接口模块都具有较好的抗干扰能力。根据实际需要，PLC 相应有许多种 I/O 接口模块，包括开关量输入模块、开关量输出模块、模拟量输入模块及模拟量输出模块，可以根据实际需要进行选择使用。

1. 确定 I/O 点数

I/O 点数的确定要充分考虑到裕量，能方便地对功能进行扩充。对一个控制对象，由于采用不同的控制方法或编程水平，故 I/O 点数就可能有所不同。

2. 开关量 I/O

标准的 I/O 接口用于同传感器和开关（如按钮、限位开关等）及控制（开/关）设备（如指示灯、报警器及电动机启动器等）进行数据传送。典型的交流 I/O 信号为 24 ~ 240 V（AC），直流 I/O 信号为 5 ~ 24 V（DC）。

选择开关量输入模块主要从下面两个方面考虑：一是根据现场输入信号与 PLC 输入模块距离的远近来选择电平的高低。一般，24 V 以下属低电平，其传输距离不宜太远，如 12 V 电压模块传输距离一般不超过 10 m。距离较远的设备选用较高电压模块比较可靠。二是高密度地输入模块，如 32 点输入模块，能允许同时接通的点数取决于输入电压和环境温度。一般同时接通的点数不得超过总输入点数的 60%。

选择开关量输出模块时，应从以下三个方面来考虑：一是输出方式的选择。输出模块有三种输出方式：继电器输出、晶闸管输出、晶体管输出。其中，继电器输出价格便宜，使用电压范围广，导通压降小，承受瞬时过电压和过电流的能力强，且有隔离作用。但继电器有触点，寿命较短，且响应速度较慢，适用于动作不频繁的交/直流负载。当驱动电感性负载时，最大开闭频率不得超过 1 Hz。晶闸管输出（交流）和晶体管输出（直流）都属于无触点开关输出，适用于通、断频繁的感性负载。感性负载在断开瞬间会产生较高的反电压，必须采取抑制措施。二是输出电流的选择。模块的输出电流必须大于负载电流的额定值，如果负载电流较大，则输出模块不能直接驱动时，应增加中间放大环节。对于电容性负载、热敏电阻负载，考虑到接通时有冲击电流，要留有足够的裕量。三是允许同时接通的输出点数。在选用输出点数时，不但要核算一个输出点的驱动能力，还要核算整个输出模块的满负荷负载能力，即输出模块同时接通点数的总电流值不得超过模块规定的最大允许电流值。

若 I/O 设备由不同电源供电，则应当使用带隔离公共线（返回线）的接口电路。

3. 模拟量 I/O

模拟量 I/O 接口是用于传送传感器产生的信号的。这些接口能测量流量、温度和压力等模拟量的数值，并用于控制电压或电流输出设备。PLC 的典型接口量程，对于双极性电压为 −10 ~ +10 V，单极性电压为 0 ~ +10 V，电流为 4 ~ 20 mA 或 10 ~ 50 mA。

一些制造厂家又提供了特殊模拟接口来接收低电平信号(如 RTD、热电偶等)。一般地说,这类接口模块能接收同一模块上的不同类型热电偶或 RTD 的混合信号。用户应就具体条件向供销厂商提出要求。

4. 特殊功能 I/O

在选择一台 PLC 时,用户可能会面临需要一些特殊类型的模型而不能用标准 I/O 实现(如定位、快速输入及频率等)的情况。用户应当考虑供销厂商是否提供一些特殊的有助于最大限度减小控制作用的模块。灵便模块和特殊接口模块都应考虑使用。有的模块自身能够处理一部分现场数据,从而使 CPU 从处理耗时的任务中解脱出来。

5. 智能式 I/O

当前,PLC 的生产厂家相继推出了一些智能式的 I/O 模块。所谓智能式 I/O 模块,就是模块本身带有处理器,对输入或输出信号做预先规定的处理,将其处理结果送入 CPU 或直接输出,这样可提高 PLC 的处理速度和节省存储器的容量。智能式 I/O 模块有温度控制模块、高速计数器(可做加法计数或减法计数)、凸轮模拟器(用做绝对编码输入)、带速度补偿的凸轮模拟器、单回路或多回路的 PID 调节器、ASCI 处理器、RS－232C/422 接口模块等。表 4-1 归纳了选择 I/O 模块的一般规则。

表 4-1　选择 I/O 模块的一般规则

I/O 模块类型	现场设备或操作(举例)	说　明
开关输入模块	选择开关、按钮、光电开关、限位开关、电路断路器、接近开关、液位开关、电动机启动器触点、继电器触点、拨盘开关	输入模块接收 ON/OFF 或 OPENED/CLOSED(开/关)信号。开关信号可以是直流的,也可以是交流的
开关输出模块	报警器、控制继电器、风扇、指示灯、扬声器、阀门、电动机启动器、电磁线圈	输出模块将信号传递到 ON/OFF 或 OPENED/CLOSED(开/关)设备。开关信号可以是交流或直流的
模拟量输入模块	温度变送器、压力变送器、湿度变送器、流量变送器、电位器	将连续的模拟量信号转换成 PLC 处理器可接受的输入值
模拟量输出模块	模拟量阀门、执行机构、图表记录器、电动机驱动器、模拟仪表	将 PLC 处理器的输出转为现场设备使用的模拟量信号(通常是通过变送器进行的)
特种 I/O 模块	编码器、流量计、I/O 通信、ASCⅡ处理器、RF 型设备、称重计、条形码阅读器、标签阅读器、显示设备	通常用做如位置控制、PID 和外部设备通信等专门用途

四、PLC 程序设计步骤

根据 PLC 系统硬件结构和生产工艺要求，在软件规格说明书的基础上，用相应的编程语言指令，编制实际应用程序并形成程序说明书的过程就是程序设计。

（一）程序设计步骤

PLC 程序设计一般分为以下几个步骤。

1. 程序设计前的准备工作

程序设计前的准备工作大致可分为 3 个方面。

（1）了解系统概况，形成整体概念。

这一步的工作主要是通过系统设计方案和软件规格说明书了解控制系统的全部功能、控制规模、控制方式、输入输出信号种类和数量、是否有特殊功能接口、与其他设备的关系、通信内容与方式等。没有对整个控制系统的全面了解，就不能对各种控制设备之间的关联有真正的理解，闭门造车和想当然地编程序，编出的程序拿到现场去运行，肯定问题百出，不能使用。

（2）熟悉被控对象，编出高质量的程序。

这一步的工作是通过熟悉生产工艺说明书和软件规格说明书来进行的。可对控制对象和控制功能分类，按响应要求、信号用途或者控制区域划分，确定检测设备和控制设备的物理位置，深入细致地了解每一个检测信号和控制信号的形式、功能、规模、其间的关系和预见以后可能出现的问题，使程序设计有的放矢。

在熟悉被控对象的同时，还要认真借鉴前人在程序设计中的经验和教训，总结各种问题的解决方法，哪些是成功的？哪些是失败的？为什么？总之，在程序设计之前，掌握的东西越多，对问题思考得越深入，程序设计就会越得心应手。

（3）充分利用手头的硬件和软件工具。

例如，硬件工具有编程器、GPC（图形编程器）、FIT（工厂智能终端）。编程软件有西门子 STEP7、LSS、CPT、CX－Programmer 等。利用计算机编程，可以大大提高编程的效率和质量。

2. 程序框图设计

这一步的主要工作是根据软件设计规格书的总体要求和控制系统具体情况，确定应用程序的基本结构，按程序设计标准绘制出程序结构框图，然后再根据工艺要求，绘制出各功能单元的详细功能框图。如果有人已经做过这步工作，最好拿来借鉴一下。有些系统的应用软件已经模块化，那就要对相应程序模块进行定义，规定其功能，确定各模块之间的连接关系，然后再绘制出各模块内部的详细框图。框图是编程的主要依据，要尽可能地详细。如果框图是别人设计的，则一定要设法弄清楚其设计思想和方法。这步完成之后，就会对全部控制程序功能的实现有一个整体概念。

3. 编写程序

编写程序就是根据设计出的框图逐条地编写控制程序，这是整个程序设计工作的核心部分。如果有编程支持软件，如 STEP7、SSS、CPT，则应尽量使用。梯形图语言是最普遍使用的编程语言，对初学者来讲，应熟悉并掌握了“指令系统及简单编程”后，再来编写用户应用程序。在编写程序的过程中，可以借鉴现成的标准程序，但必须弄懂这些程序段，否则将会给后续工作带来困难和损失。另外，编写程序过程中要及时地对编出的程序进行注释，以免忘记其间的相互关系，要随编随注。注释要包括程序的功能、逻辑关系说明、设计思想、信号的来源和去向，以便阅读和调试。

4. 程序测试

程序测试是整个程序设计工作中一项很重要的内容，它可以初步检查程序的实际效果。程序测试和程序编写是分不开的，程序的许多功能是在测试中修改和完善的。测试时先从各功能单元入手，设定输入信号，观察输出信号的变化情况，必要时可以借用某些仪器仪表。各功能单元测试完成后，再贯通全部程序，测试各部分的接口情况，直到满意为止。程序测试可以在实验室进行，也可以在现场进行。如果是在现场进行程序测试，那就要将可编程序控制器系统与现场信号隔离，可以使用暂停输入、输出服务指令，也可以切断输入、输出模板的外部电源，以免引起不必要的、甚至可能造成事故的机械设备动作。

5. 程序调试

程序调试与程序测试不同，它是在成功地进行了程序测试之后才开始的工作。软件测试的目的是尽可能多地发现软件中的错误。软件调试的任务是进一步诊断和改正软件中潜在的错误。

程序调试又叫程序纠错，测试只是提供出错的迹象，剩下的工作就是纠错，包括错误的定位、定性及改正。经验证明，纠错工作中 95% 的时间花在错误定位和定性上，而改正错误只是水到渠成的事情，花费不了很多时间。另外，最合理的安排是先测试，最后统一纠错。测出一个错误就改一个往往会顾此失彼，有时还会发现前面刚改过的错误并未改好，需要反过来再改。而集中改错，则可以通盘考虑，改错的质量要高一些。还有，必须要牢记一点：纠错过程中引入新错误的可能性是存在的，因此纠错之后，必须再一次进行测试，直到所有测试方案全部失败为止。

6. 编写程序说明书

程序说明书是对程序的综合说明，是对整个程序设计工作的总结。编写程序说明书的目的是便于程序的使用者和现场调试人员使用。对于编程人员本人，程序说明书也是不可缺少的，它是整个程序文件的一个重要组成部分。在程序说明书中，通常可以对程序的依据，即控制要求、程序的结构、流程图等给予必要的说明，并且给出程序的安装操作使用步骤等。

（二）程序设计流程图

根据以上的步骤，现给出 PLC 不同形式的程序设计流程图，如图 4-2（a）、图 4-2（b）所示。

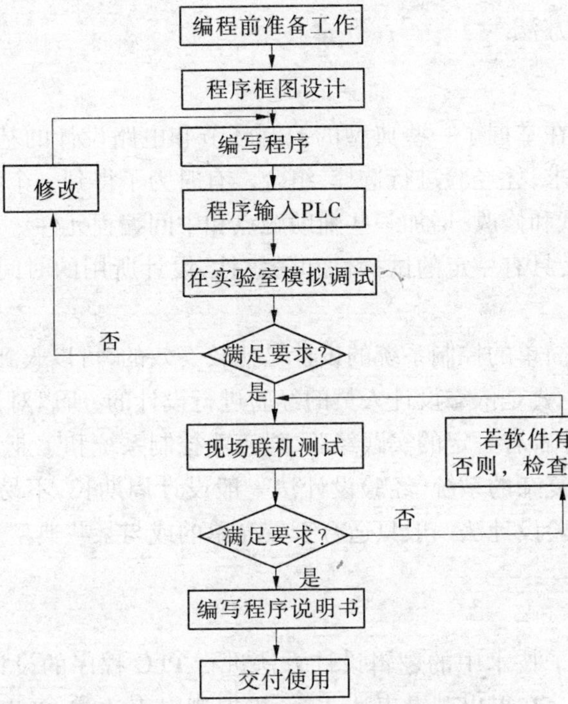

(a)程序设计流程图说明

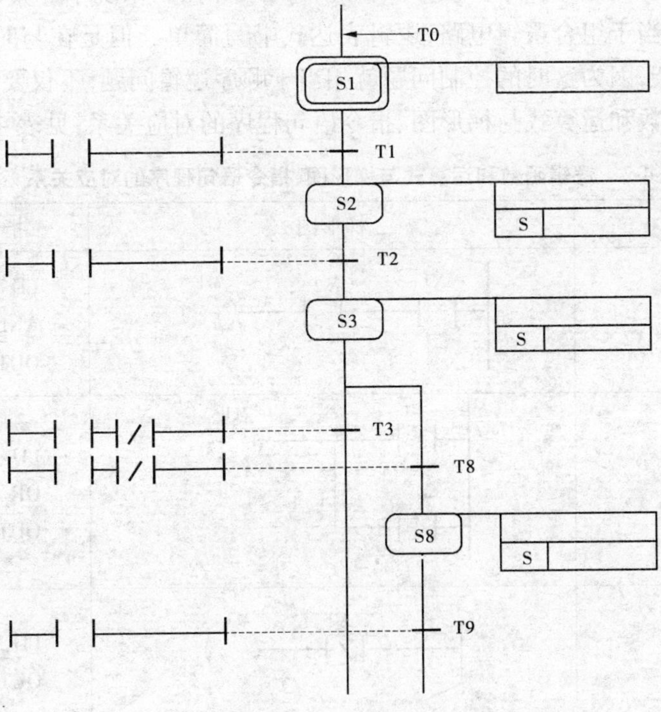

(b)程序设计流程图步骤

图4-2　PLC程序设计流程图

五、PLC 程序设计常用方法

(一)经验设计法

经验设计法也叫试凑法。在掌握了一些典型的控制环节和电路设计的基础上,根据被控对象对控制系统的具体要求,凭经验进行选择、组合。有时为了得到一个满意的设计结果,需要进行多次反复的调试和修改,增加一些辅助触点和中间编程元件。这种设计方法没有一个普遍的规律可遵循,具有一定的试探性和随意性,设计所用的时间、设计的质量与设计者经验的多少有关。

经验设计法对于一些比较简单的控制系统的设计是比较奏效的,可以收到快速、简单的效果。但是,由于这种方法主要是依靠设计人员的经验进行设计的,所以对设计人员的要求也比较高,特别是要求设计者有一定的实践经验,对工业控制系统和工业上常用的各种典型环节比较熟悉。对于较复杂的系统,经验设计法一般设计周期长,不易掌握,系统交付使用后,维护困难,所以经验设计法一般只适合于较简单的或与某些典型系统相类似的控制系统的设计。

(二)逻辑设计法

逻辑设计法是根据数字电子技术中的逻辑设计方法进行 PLC 程序的设计。该方法使用逻辑表达式描述实际问题。在得出逻辑表达式后,根据逻辑表达式,画出梯形图,或直接用逻辑表达式写助记符程序。该方法在纯粹的条件控制系统中非常好用,因为纯粹的条件控制系统相当于组合逻辑电路,逻辑表达式书写简单。但是在与时间有关的控制系统中,就显得复杂,因为这时的控制问题就相当于顺序逻辑问题,不仅要考虑条件,还要考虑时间。逻辑函数和运算式与梯形图、指令语句程序的对应关系,见表 4-2。

表 4-2　逻辑函数和运算式与梯形图、指令语句程序的对应关系

函数和运算式	梯形图	指令语句程序
逻辑"与" $f_{M1}(X1,X2)=X1\times X2$	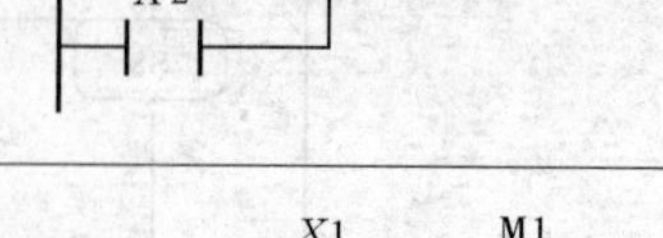	LD　X1 AND　X2 OUT　M1
逻辑"或" $f_{M1}(X1,X2)=X1+X2$	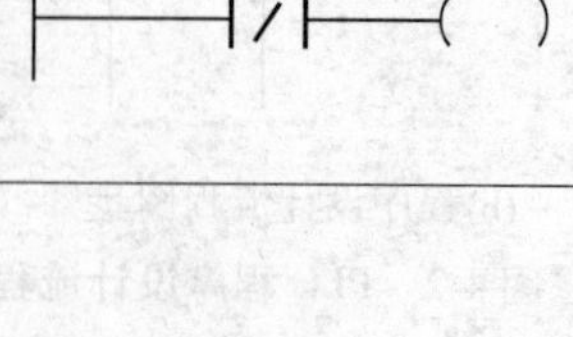	LD　X1 OR　X2 OUT　M1
逻辑"非" $f_{M1}(X_1)=\overline{X1}$		LD NOT　X1 OUT　M1

续表 4-2

函数和运算式	梯形图	指令语句程序
“与”运算表达式 $f_{M1}=\prod_{i=0}^{n\to\infty}Xi=X1\times X2\times\cdots Xn$	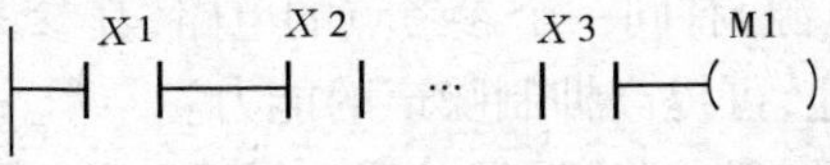	LD X1 AND X2 ⋮ ⋮ AND Xn OUT M1
“或/与”运算式 $f_{Y1}=(M1+M2)\times M3\times\overline{M4}$	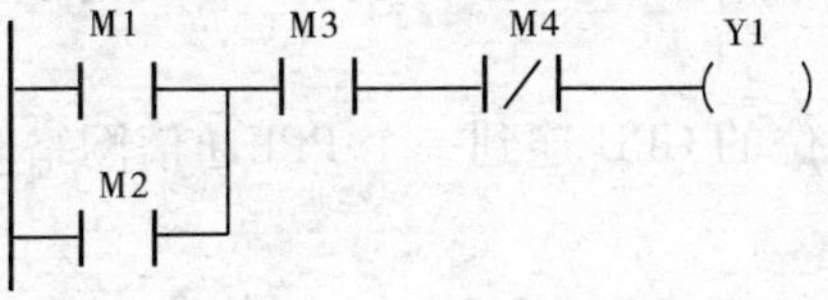	LD M1 OR M2 AND M3 AND NOT M4 OUT Y1
“与/或”运算式 $f_{Y1}=X1\times M0+X2\times M1$	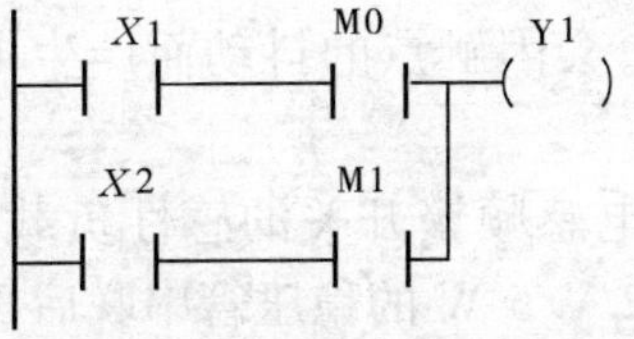	LD X1 AND M0 LD X2 AND M1 OR LD OUT Y2

由表 4-2 可知，当一个逻辑函数用逻辑变量的基本运算式表达出来后，实现这个逻辑函数的线路也就确定了。这种方法使用熟练后，甚至梯形图程序也可省略，直接写出与逻辑函数和表达式对应的指令语句程序。

用逻辑设计法设计 PLC 应用程序的一般步骤如下：

(1) 做好编程前的准备工作；

(2) 列出执行元件动作节拍表；

(3) 绘制电气控制系统的状态转移图；

(4) 进行系统的逻辑设计；

(5) 编写程序；

(6) 对程序检测、修改和完善。

(三) 时序图设计法

如果 PLC 各输出信号的状态变化有一定的时间顺序，则可用时序图法设计程序。因为在画出各输出信号的时序图后，容易理清各状态转换的时刻和转换的条件，从而建立清晰的设计思路。

六、PLC 的安装、I/O 接线图、配线、维护、检修

(一) PLC 的接线

1. 现场接线的要求

S7－200 采用 0.5～1.5 mm^2 的导线，导线要尽量成对使用，应将交流线、电流大且变化迅速的直流线与弱电信号线分隔开，干扰较严重时应设置浪涌抑制设备。

2. 使用隔离电路时的接地与电路参考点

直流电源的0 V是供电电路的参考点,有时将某些参考点接地。将相距较远的参考点连接在一起时,由于各参考点的电位不同,可能出现预想不到的电流,导致逻辑错误或损坏设备。使用同一个电源,有同一个参考点的电路,其参考点只能有一个接地点。将给传感器供电的M端子接地,可提高抑制噪声的能力。

S7－200产品内装有隔离电路,隔离电压小于1 500 V(AC)时只能作功能隔离,不能作安全隔离。下面三组电路之间的隔离电压为1 500 V(A):继电器输出、AC输出和输入与CPU逻辑电路之间;继电器输出组之间;AC电源线和零线与地、CPU逻辑电路及所有I/O之间。

将几个具有不同地电位的CPU连到一个PPI通信网络时,应使用隔离的RS－485中继器。

3. 对感性负载的处理

感性负载有储能作用,触点断开时,电路中的感性负载会产生高于电源电压数倍甚至数十倍的反电势;触点闭合时,会因触点的抖动而产生电弧,它们都会对系统产生干扰。对此可采取以下措施:

① 晶体管输出端接有大电感频繁开关的感性负载时,应在它两端并联续流二极管(见图4-3),或将二极管与8.2 V/5 W的稳压管串联后再与电感负载并联。

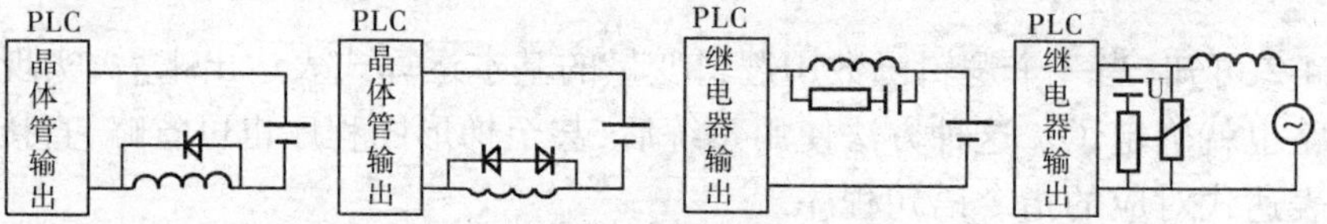

图4-3　输出电路的处理

② 继电器驱动直流负载时,可在电感负载两端并联RC串联电路,也可以用反接的二极管来抑制过电压,如果使用稳压管,其稳压值应大于36 V。

③继电器驱动交流负载时,应在继电器触点两端并联RC电路(见图4-3),也可以用压敏电阻来限制尖峰电压,压敏电阻的工作电压应比正常的电源电压的峰值高20%。当触点断开时,电容C为漏电流提供通道,应保证漏电流大小满足要求。

(二)S7－200系列PLC的装配、检测和维护

1. PLC的安装

(1)安装方式。S7－200的安装方法有两种:底板安装和DIN导轨安装。底板安装是利用PLC机体外壳4个角上的安装孔,用螺钉将其固定在底板上。DIN导轨安装是利用模块上的DIN夹子,把模块固定在一个标准的DIN导轨上。导轨安装既可以水平安装,也可以垂直安装。

(2)安装环境。PLC适用于工业现场,为了保证其工作的可靠性,延长PLC的使用寿命,安装时要注意周围环境条件:环境温度在0～55 ℃范围内;相对湿度在35%～85%范围内(无结霜),周围无易燃或腐蚀性气体、过量的灰尘和金属颗粒;避免过度的震动和冲击;避免太阳光的直射和水的溅射。

(3)安装注意事项。除了环境因素,安装时还应注意:PLC 的所有单元都应在断电时安装、拆卸;切勿将导线头、金属屑等杂物落入机体内;模块周围应留出一定的空间,以便于机体周围的通风和散热。此外,为了防止高电子噪声对模块的干扰,应尽可能将 S7-200 模块与产生高电子噪声的设备(如变频器)分隔开。

2. PLC 的配线

PLC 的配线主要包括电源接线、接地、I/O 接线及对扩展单元的接线等。

(1)电源接线与接地。PLC 的工作电源有 120/230 V 单相交流电源和 24 V 直流电源。系统的大多数干扰往往通过电源进入 PLC,在干扰强或可靠性要求高的场合,动力部分、控制部分、PLC 自身电源及 I/O 回路的电源应分开配线,用带屏蔽层的隔离变压器给 PLC 供电。隔离变压器的一次侧最好接 380 V,这样可以避免接地电流的干扰。输入用的外接直流电源最好采用稳压电源,因为整流滤波电源有较大的波纹,容易引起误动作。

良好的接地是抑制噪声干扰和电压冲击,保证 PLC 可靠工作的重要条件。PLC 系统接地的基本原则是单点接地,一般用单独的接地装置,单独接地,接地线应尽量短,一般不超过 20 m,使接地点尽量靠近 PLC。

(2)控制单元输入端子接线。

①输入线尽可能远离输出线、高压线及电动机等干扰源。

②不能将输入设备连接到带"〒"的端子上。

③交流型 PLC 的内藏式直流电源输出可用于输入;直流型 PLC 的直流电源输出功率不够时,可使用外接电源。

④切勿将外接电源加到交流型 PLC 的内藏式直流电源的输出端子上。

⑤切勿将用于输入的电源并联在一起,更不可将这些电源并联到其他电源上。

(3)控制单元输出端子接线。

①输出线尽可能远离高压线和动力线等干扰源。

②不能将输出设备连接到带"〒"的端子上。

③各"COM"端均为独立的,故各输出端既可独立输出,又可采用公共并接输出。当各个负载使用不同电压时,采用独立输出方式;而各个负载使用相同电压时,可采用公共输出方式。

④当多个负载连到同一电源上时,应使用型号为 AFP1803 的短路片将它们的"COM"端短接起来。

⑤若输出端接感性负载,需根据负载的不同情况接入相应的保护电路。在交流感性负载两端并接 RC 串联电路;在直流感性负载两端并接二极管保护电路;在带低电流负载的输出端并接一个泄放电阻以避免漏电流的干扰。以上保护器件应安装在距离负载 50 cm 以内。

⑥在 PLC 内部输出电路中没有保险丝,为防止因负载短路而造成输出短路,应在外部输出电路中安装熔断器或设计紧急停车电路。

上述接线的示意图,参 S7-200 系列可编程序控制器的用户手册。

(4)扩展单元接线。

若一台 PLC 的输入输出点数不够,还可将 S7-200 系列的基本单元与其他扩展单元连接起来使用。具体配置视不同的机型而定,当要进行扩展配置时,请参阅有关的用户手册。

(5)可编程序控制器的 A/D、D/A 转换单元接线。

A/D、D/A 转换单元的接线方法连接时的注意事项如下。

①A/D 模块:为防止输入信号上有电磁感应和噪声干扰,应使用两线双绞式屏蔽电缆。建议将屏蔽电缆接到框架接地端(F. G),若需将电压范围选择端短路,应直接在端子板上短接,不要拉出引线短接;应使主回路接线远离高压线;应确保使用同一组电源线对控制单元和 A/D 单元进行供电。

②D/A 模块:为防止输出信号上有电磁感应和噪声干扰,应使用两线双绞式屏蔽电缆。建议将屏蔽电缆接到负载设备的接地端;在同一通道上的电压输出和电流输出不能同时使用;没有使用的输出端子应开路;应使主回路接线远离高压线;应确保使用同一组电源线对控制单元和 D/A 单元进行供电。

(6)交流电源接线安装,如模块二中的图 2-16 所示。说明如下:

①用一个单极开关 a 将电源与 CPU 所有的输入电路和输出(负载)电路隔开。

②用一台过电流保护设备 b 以保护 CPU 的电源输出点以及输入点,也可以为每个输出点加上熔丝。

③当使用 Micro PLC 24 V DC 传感器电源 c 时,可以取消输入点的外部过电流保护,因为该传感器电源具有短路保护功能。

④将 S7 - 200 的所有地线端子同最近接地点 d 相连接以提高抗干扰能力。所有的接地端子都使用 14AWG 或 15 mm^2 的电线连接到独立接地点上(也称一点接地)。

⑤本机单元的直流传感器电源可用来为本机单元的直流输入 e、扩展模块 f,以及输出扩展模块 g 供电。传感器电源具有短路保护功能。

⑥在安装中如把传感器的供电 M 端子接到地 h,可以抑制噪声。

(7)直流电源安装,如模块二中图 2-17 所示。说明如下:

①用一个单极开关 a,将电源同 CPU 所有的输入电路和输出(负载)电路隔开。

②用过电流保护设备 b、c、d 来保护 CPU 电源、输出点,以及输入点,或在每个输出点加上熔丝进行过电流保护。当使用 Micro 24 V DC 传感器电源时,不用输入点的外部过电流保护,因为传感器电源内部具有限流功能。

③用外部电容 e 来保证在负载突变时得到一个稳定的直流电压。

④在应用中把所有的 DC 电源接地或浮地(即把全机浮空,整个系统与大地的绝缘电阻不能小于 50 MΩ)可以抑制噪声,在未接地 DC 电源的公共端与保护线 PE 之间串联电阻与电容的并联回路 g,电阻提供了静电释放通路,电容提供高频噪声通路。常取 $R = 1$ MΩ, $C = 4\ 700$ pF。

⑤将 S7 - 200 所有的接地端子同最近接地点 h 连接,采用一点接地,以提高抗干扰能力。

⑥24 V 直流电源回路与设备之间,以及 120/230 V 交流电源与危险环境之间,必须进行电气隔离。

(8)I/O 接线和对扩展单元的接线。

可编程序控制器的输入接线是指外部开关设备PLC的输入端口的连接线。输出接线是指将输出信号通过输出端子送到受控负载的外部接线。

I/O接线时应注意：

①I/O线与动力线、电源线应分开布线，并保持一定的距离，当需在一个线槽中布线时，须使用屏蔽电缆。

②I/O线的距离一般不超过300 m。

③交流线与直流线，输入线与输出线应分别使用不同的电缆；数字量和模拟量I/O应分开走线，传送模拟量的I/O线应使用屏蔽线，且屏蔽层应一端接地。

PLC的基本单元与各扩展单元的连接比较简单，接线时，先断开电源，将扁平电缆的一端插入对应的插口即可。PLC的基本单元与各扩展单元之间电缆传送的信号弱，频率高，易受干扰。因此，不能与其他连线敷设在同一线槽内。

(三)PLC的自动检测功能及故障诊断

PLC具有很完善的自诊断功能，如出现故障，借助自诊断程序可以方便地找到出现故障的部件，更换后就可以恢复正常工作。故障处理的方法可参看S7－200系统手册的故障处理指南。实践证明，外部设备的故障率远高于PLC，而发生这些设备故障时，PLC不会自动停机，这样会使故障范围扩大。为了及时发现故障，可用梯形图程序实现故障的自诊断和自处理。

1.超时检测

机械设备在各工步所需的时间基本不变，因此可以以时间为参考，在可编程序控制器上发出信号，相应的外部执行机构开始动作时，启动一个定时器开始计时，定时器的设定值比正常情况下该动作的持续时间长20%左右。如某执行机构在正常情况下运行10 s后，使限位开关动作，发出动作结束的信号。在该执行机构开始动作时，启动设定值为12 s的定时器定时，若12 s后还没有收到动作结束的信号，由定时器的常开触点发出故障信号，该信号停止正常的程序，启动报警和故障显示程序，使操作人员和维修人员能迅速判别故障的种类，及时采取排除故障的措施。

2.逻辑错误检查

在系统正常运行时，PLC的输入、输出信号和内部的信号(如存储器位的状态)相互之间存在着确定的关系，如出现异常的逻辑信号，则说明出了故障。因此，可以编制一些常见故障的异常逻辑关系，一旦异常逻辑关系为ON状态，就应按故障处理。如机械运动过程中先后有两个限位开关动作，这两个信号不会同时接通。若它们同时接通，说明至少有一个限位开关被卡死，应停机进行处理。在梯形图中，用这两个限位开关对应存储器的位的常开触点串联，来驱动一个表示限位开关故障的存储器的位，就可以进行检测。

(四)PLC的维护与检修

1.PLC的维护

虽然PLC的故障率很低，由PLC构成的控制系统可以长期稳定和可靠地工作，但对它进行维护和检查是必不可少的。一般每半年应对PLC系统进行一次周期性检查。检修内容包括：

(1)供电电源。查看PLC的供电电压是否在标准范围内。交流电源工作电压的范围应为 85 ~ 264 V,直流电源电压应为 24 V。

(2)环境条件。查看控制柜内的温度是否在 0 ~ 55 ℃范围内,相对湿度在 35% ~ 85% 范围内,以及无粉尘、铁屑等积尘。

(3)安装条件。连接电缆的连接器是否完全插入旋紧,螺钉是否松动,各单元是否可靠固定、有无松动。

(4)I/O 端电压。均应在工作要求的电压范围内。

(5)元器件寿命检查。经常检测电池、继电器元件、存储器的使用情况。

2. PLC 的检修

对于具体的 PLC 的故障检查可能有一定的特殊性。有关系列的 PLC 故障检查和处理方法见表 4-3 。

表 4-3　PLC 故障检查和处理方法

问题	故障原因	解决方法
输出不工作	输出的电气浪涌使被控设备损坏	当接到感性负载时,需要接入抑制电路
	程序错误	修改程序
	接线松动或不正确	检查接线,如果不正确,要改正
	输出过载	检查输出的负载
	输出被强制	检查 CPU 是否有被强制的 I/O
CPU(系统故障)灯亮	用户程序错误	对于编程错误,检查 FOR、NEXT、JMP、比较指令的用法
	电气干扰	对于电气干扰,应检查接线。控制盘良好接地和高电压与低电压不要并行引线是很重要的
	元器件损坏	把 DC 24 V 传感器电源的 M 端子接地,查出原因后,更换元器件
电源损坏	电源线引入过电压	把电源分析器连接到系统,检查过电压尖峰的幅值和持续时间,根据检查的结果给系统配置抑制设备
电子干扰问题	不合适的接地	纠正不正确的接地系统
	在控制柜内交叉配线	纠正控制盘不良接地及高电压和低电压不合理的布线
	对快速信号配置输入滤波器	把 DC 24 V 传感器电源的 M 端子接地,增加系统数据存储器中的输入滤波器的延迟时间

续表 4-3

问题	故障原因	解决方法
当连接一个外部设备时通信网络损坏(计算机接口、PLC 的接口或 PC/PPI 电缆损坏)	如果所有的非隔离设备(例如 PLC、计算机和其他设备)连到一个网络,而该网络没有一个共同的参考点,通信电缆提供了一个不期望的电流,可以造成通信错误或损坏电路	检查通信网络 更换隔离型 PC/PPI 电缆 当连接没有共同电气参考点的机器时,使用隔离型中继器
通信问题		检查网络通信信息后处理
错误处理		检查错误代码信息后处理

应该说 PLC 是一种可靠性、稳定性极高的控制器。只要按照其技术规范安装和使用,出现故障的概率极低。但是,一旦出现了故障,一定要按上述步骤进行检查、处理。特别是检查由于外部设备故障造成的损坏。一定要查清故障原因,待故障排除以后再试运行。

(五)PLC 应用中若干问题的处理

在实际应用中,经常会遇到 I/O 点数不够的问题,可以通过增加扩展单元或扩展模块的方法解决,也可以通过对输入信号和输出信号进行处理,减少实际所需 I/O 点数的方法解决。

1. 减少输入点数的方法

(1)分时分组输入。一般系统中设有“自动”和“手动”两种工作方式,两种方式不会同时执行。将两种方式的输入分组,从而减少实际输入点,如图 4-4 所示,为分时分组输入程序;如图 4-5 所示,为硬件编码 PLC 内部软件译码接线图。在图 4-5(a)中,PLC 通过 I1.0 识别“手动”和“自动”,从而执行手动程序或自动程序。图中的二极管用来切断寄生电路。若图中没有二极管,转换开关在“自动”状态,S1、S2、S3 闭合,S4 断开,这时电流从L + 端子流出,经 S3、S1、S2 形成的寄生回路,电流流入 I0.1,使 I0.1 错误的变为 ON。各开关串入二极管后,则切断寄生回路。

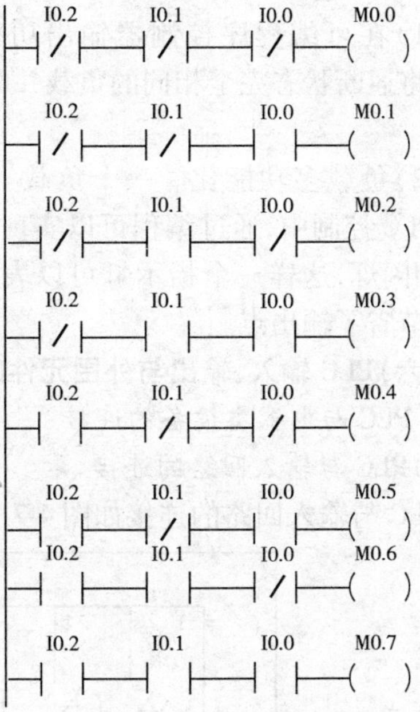

图 4-4 分时分组输入

(2)硬件编码,PLC 内部软件译码,如图 4-5 所示。

(3)输入点合并。将功能相同的常闭触点串联或将常开触点并联,就只占用一个输入点。一般多点操作的启动、停止按钮,保护、报警信号可采用这种方式,如图 4-6 所示。

(4)将系统中的某些输入信号设置在 PLC 之外。系统中某些功能单一的输入信号,如一些手动操作按钮、热继电器的常闭触点就没有必要作为 PLC 的输入信号,可直接将

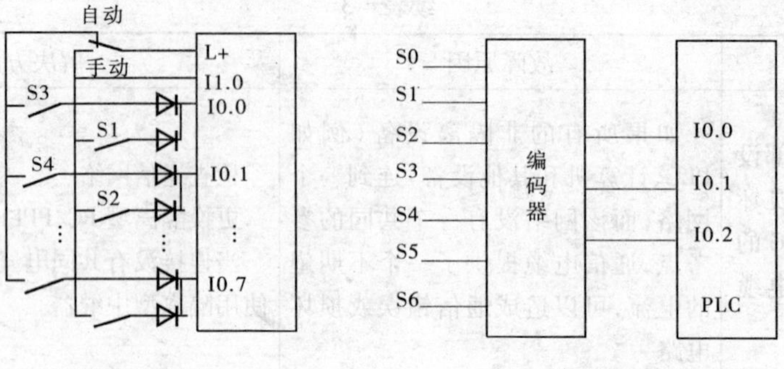

(a)外部电路图　　　　(b)内部软件译码梯形图

图 4-5　编码输入方式

其设置在输出驱动回路中。

2. 减少输出点数的方法

(1)在可编程序控制器输出功率允许的条件下,可将通断状态完全相同的负载并联,共用一个输出点。

(2)负载多功能化。一个负载实现多种用途,如在 PLC 控制中,通过编程可以实现一个指示灯的平光和闪烁,这样一个指示灯可以表示两种不同的信息,节省了输出点。

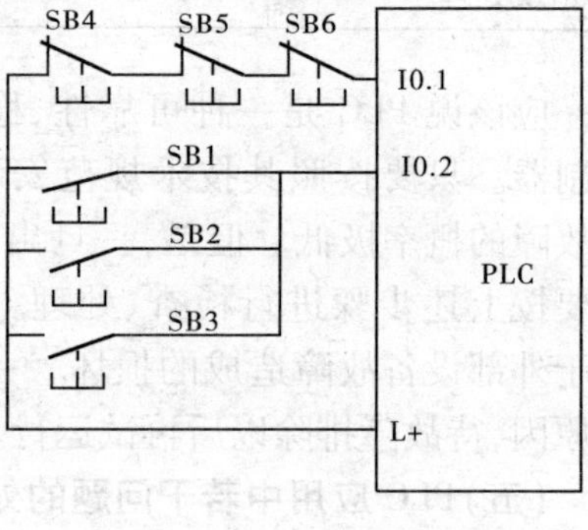

图 4-6　输入点合并

(六)PLC 输入、输出与外围元件的连接

1. PLC 与电器类设备的连接

1)PLC 与输入回路的连接

PLC 与输入回路的连接如图 4-7 所示。

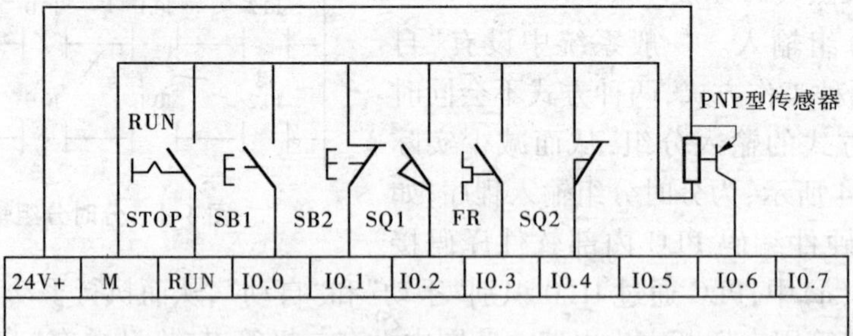

图 4-7　PLC 与输入回路的连接

2)PLC 与输出回路的连接

如图 4-8 所示,为 PLC 与输出回路的连接。

3)PLC 与拨码开关的连接

如图 4-9 所示,为 PLC 与拨码开关的连接。

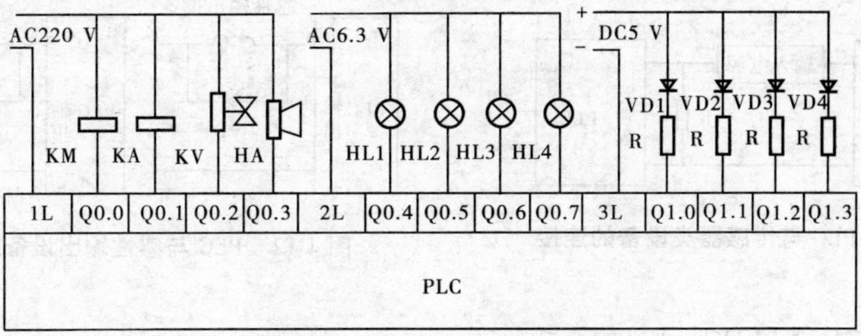

图 4-8　PLC 与输出回路的连接

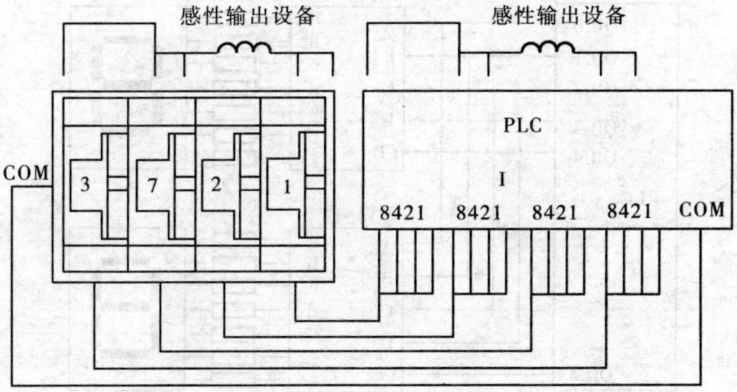

图 4-9　PLC 与拨码开关的连接

4)PLC 与旋转编码器的连接

如图 4-10 所示,为 PLC 与旋转编码器的连接。

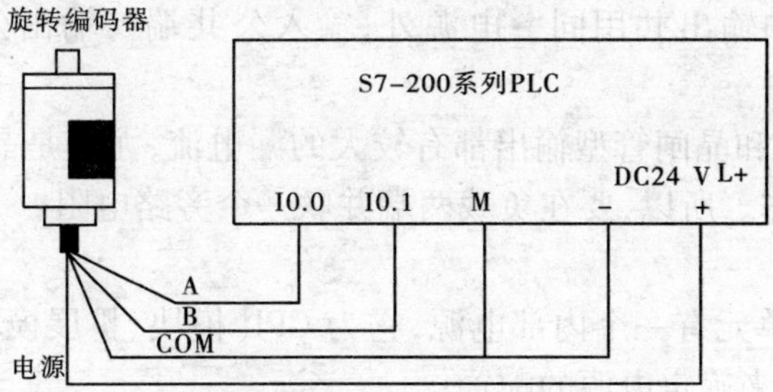

图 4-10　PLC 与旋转编码器的连接

5)PLC 与传感器类设备的连接

如图 4-11 所示,为 PLC 与传感器类设备的连接。

6)PLC 与感性输出设备的连接

如图 4-12 所示,为 PLC 与感性输出设备的连接,续流二极管的额定电流为 1 A、额定电压大于电源电压的 3 倍;电阻值可取 50～120 Ω,电容值可取 0.1～0.47 μF,电容的额定电压应大于电源的峰值电压。接线时要注意续流二极管的极性。

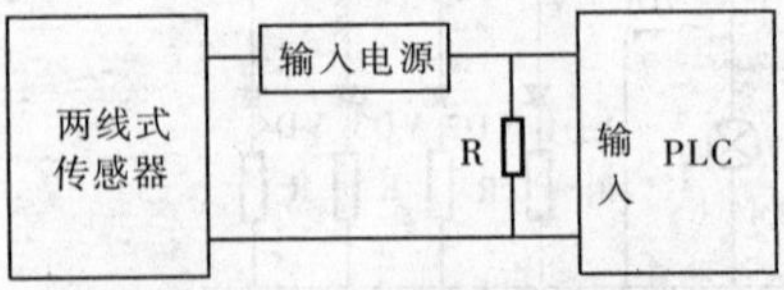

图 4-11　PLC 与传感器类设备的连接

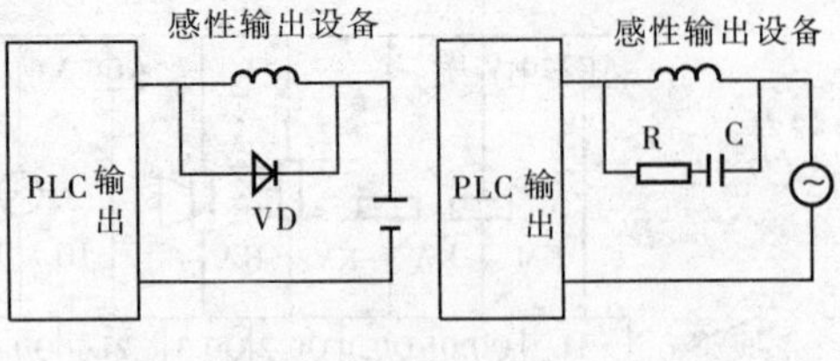

图 4-12　PLC 与感性输出设备的连接

7)PLC 与七段 LED 显示器的连接

如图 4-13 所示,为 PLC 与七段 LED 显示器的连接。

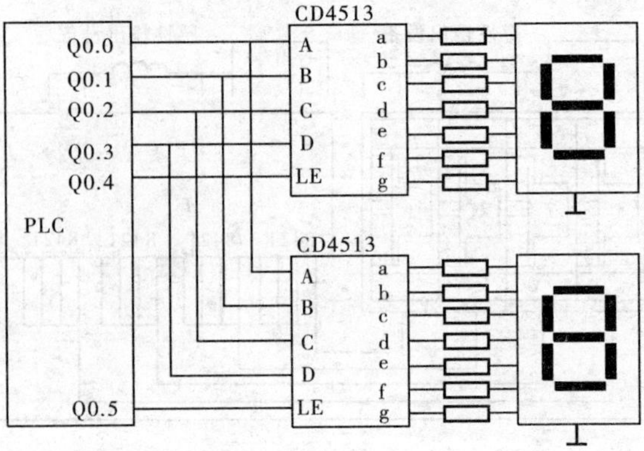

图 4-13　PLC 与七段 LED 显示器的连接

2. PLC 与输出设备连接的其他注意事项

(1)除 PLC 输入和输出共用同一电源外,输入公共端与输出公共端一般不能接在一起。

(2)PLC 的晶体管和晶闸管型输出都有较大的漏电流,尤其是晶闸管输出,将可能会出现输出设备的误动作。所以,要在负载两端并联一个旁路电阻。

3. 电源的选择

S7－200 的 CPU 单元有一个内部电源,它为 CPU 模块、扩展模块和 24 V DC 用户供电,应根据下述的原则来确定电源的配置:

(1)每一个 CPU 模块都有一个 24 V DC 传感器电源,它为本机的输入点或扩展模块的继电器线圈提供电源,如果要求的负载电流大于该电源的额定值,应增加一个 24 V DC 电源为扩展模块供电。

(2)CPU 模块为扩展模块提供 5 V DC 电源,如果扩展模块对 5 V DC 电源的需求超过其额定值,必须减少扩展模块。

(3)S7－200 的 24 V DC 传感器电源不能与外部的 24 V DC 电源并联,这种并联可能会使一个或两个电源失效,并使可编程控制器产生不正确的操作,上述两个电源之间只能有一个连接点。

项目一　PLC 在 C650 车床上的应用

一、C650 车床继电器控制电路

(一)继电器控制电路

继电器控制电路,如图 4-14 所示。

(二)继电器控制工作原理

1. 主电路分析

自动空气断路器 QF 将三相交流电源引入,FU1 为主电动机 M1 短路保护用熔断器,FR1 为 M1 过载保护用热继电器;R 为限流电阻,一方面限制反接制动的电流,另一方面在点动时实现降压启动,减小点动时启动电流造成的过载;通过电流互感器 TA 接入电流表来监视主电动机的线电流。KM1、KM2 分别为主电动机正、反转接触器。接触器 KM3 用于点动和反接制动时串入限流电阻 R;主电动机 M1 正、反转运行时短接限流电阻 R。KT 与电流表 A 用于检测运行电流;速度继电器 SR 在反接制动时,用于主电动机 M1 转速的检测。

冷却泵电动机 M2 通过接触器 KM4 的控制来实现单向连续运转,FU2 为 M2 的短路保护用熔断器,FR2 为其过载保护用热继电器。

快速移动电动机 M3 通过接触器 KM5 控制实现单向旋转短时工作,FU3 为其短路保护用熔断器。

2. 控制电路分析

控制变压器 TC 供给控制电路 110 V 的交流电源,同时还为照明电路提供 36 V 的交流电源,FU5 为控制电路短路保护用熔断器,FU6 为照明电路短路保护用熔断器,车床局部照明灯 EL 由开关 SA 控制。

1)主电动机 M1 的点动控制

SB2 为主电动机 M1 的点动控制按钮,按下点动按钮 SB2,电路 1－3－5－7－9－11－4－2(数字为线号,下同)接通,KM1 线圈通电吸合,其常开主触点闭合,主电动机 M1 定子绕组经限流电阻 R 与电源接通(电流表 A 被 KT 延时断开常闭触点短接),M1 正转降压启动。若 M1 转速大于速度继电器 SR 的动作值 120 r/min,SR－1 常开触点闭合,为点动停止时的反接制动做准备。松开点动按钮 SB2,KM1 线圈断电释放,KM1 常开主触点断开;若 M1 转速大于 120 r/min,SR－1 常开触点仍闭合,使 KM2 线圈通电吸合,其常开主触点闭合,M1 接入反相序三相交流电源,并串入限流电阻 R 进行反接制动;当转速小于 100 r/min 时,SR－1 常开触点断开、KM2 线圈断开,反接制动结束,电动机停止。

2)主电动机 M1 的正、反转控制

主电动机的正反转分别由正向、反向启动按钮 SB3 与 SB4 控制。正转时,按下启动按钮 SB3,电路 1－3－5－7－15－4－2 接通,KM3、KT 线圈通电吸合,其 KM3 常开主触点闭合,将限流电阻 R 短接。同时电路 1－3－5－27－4－2 接通,使中间继电器 KA 线圈通电吸合;电路 1－3－5－7－13－9－11－4－2 接通,使接触器 KM1 线圈通电吸合,其常开

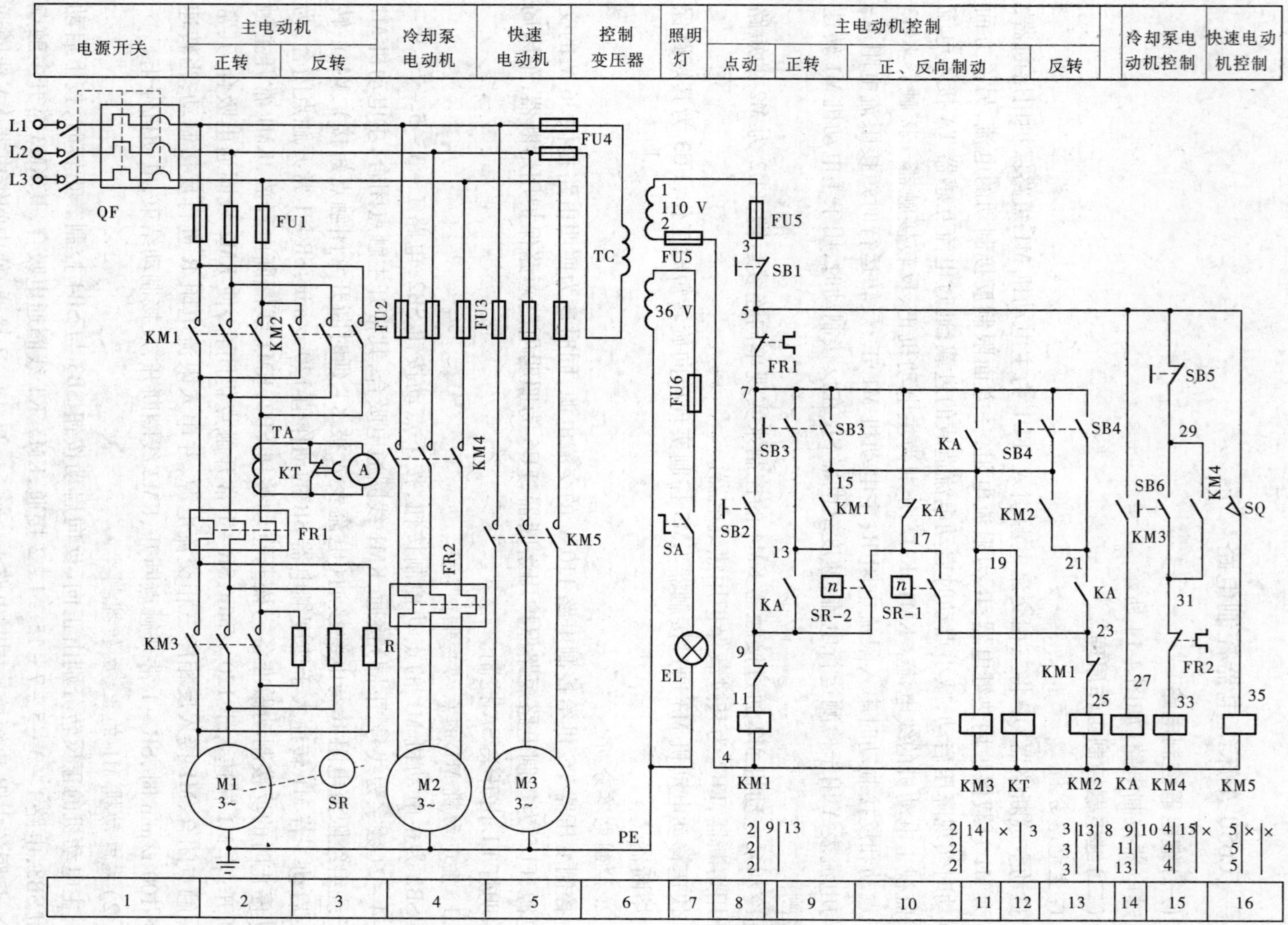

图 4-14　继电器控制电路

主触点闭合,主电动机 M1 在全电压下正向直接启动。由于 KM1、KA 常开触点闭合,使 KM1 和 KM3 线圈自锁,M1 正向连续旋转。启动完毕,KT 延时时间到(2 s 左右),A 接入主电路并检测运行电流。

反转与正转控制相类似。按下反向启动按钮 SB4,电路 1－3－5－7－15－4－2 接通,KM3、KT、KA 线圈通电闭合,电路 1－3－5－7－21－23－25－4－2 接通,KM2 线圈通电吸合,KM2 主触点使电动机 M1 反相序接入三相交流电源,电动机 M1 在全电压下反向直接启动。同时,由于 KM2 和 KA 的常开触点闭合,使 KM3、KM2 线圈自锁,获得反向连续旋转。

接触器 KM1 与 KM2 的常闭触点互相串接在对方线圈电路中,实现电动机 M1 正反转的互锁。

3)主电动机 M1 的停车制动控制

主电动机停车时采用反接制动。反接制动电路由正反转可逆电路和速度继电器组成。

a. 正转制动

当 M1 正转运行时,接触器 KM1、KM3 和中间继电器 KA 线圈通电吸合,当电动机转速大于 120 r/min 时,速度继电器 SR－1 常开触点闭合,为正转制动作好准备。如需停车,按下停止按钮 SB1,KM1、KT、KM3、KA 线圈同时断电释放。此时电动机以惯性高速旋转,SR－1 常开触点仍处于闭合状态。当松开停止按钮 SB1 时,使电路1－3－5－7－17－23－25－4－2 接通,反转接触器 KM2 线圈通电吸合,电动机定子串入电阻 R 接入反相序三相交流电源,主电动机进入反接制动状态,电动机转速迅速下降。当电动机转速小于 100 r/min 时,SR－1 常开触点断开,使 KM2 线圈断电释放,电动机脱离反相序三相交流电源,反接制动结束,电动机自然停车。

b. 反转制动

反转制动与正转制动相似,电动机反转时,速度继电器 SR－2 常开触点闭合。

停车时,按下停止按钮 SB1,KM3、KT、KM2、KA 线圈同时断电释放。当电动机转速大于 120 r/min 时,速度继电器 SR－2 常开触点(闭合)使 KM1 线圈通电吸合,电动机 M1 进入反接制动状态,当电动机 M1 转速小于 100 r/min 时,SR－2 触点断开,KM1 线圈断电释放,电动机脱离三相交流电源,反接制动结束,电动机自然停车。

4)冷却泵电动机 M2 的控制

由停止按钮 SB5、启动按钮 SB6 和接触器 KM4 构成冷却泵电动机 M2 单向旋转启动停止控制电路。按下 SB6,KM4 线圈通电并自锁,M2 启动旋转;按下 SB5,KM4 线圈断电释放,M2 断开三相交流电源,自然停车。

5)刀架快速移动电动机 M3 的控制

刀架快速移动是通过转动刀架手柄压动行程开关 SQ 来实现的。当手柄压下行程开关 SQ 时,接触器 KM5 线圈通电吸合,其常开主触点闭合,电动机 M3 启动旋转,拖动溜板箱与刀架作快速移动;松开刀架手柄,行程开关 SQ 复位,KM5 线圈断电释放,M3 停止转动,刀架快速移动结束。刀架移动电动机为单向旋转,而刀架左、右移动由机械传动实现。

6)辅助电路

为了监视主电动机的负载情况,在电动机 M1 的主电路中,通过电流互感器 TA 接入电流表。为防止电动机启动、点动时启动电流和停车制动时制动电流对电流表的冲击,线路中接入一个时间继电器 KT,且 KT 线圈与 KM3 线圈并联。启动时,KT 线圈通电吸合,其延时断开的常闭触点将电流表短接,经过一段延时(2 s 左右)后,启动过程结束,KT 延时断开的常闭触点断开,正常工作电流流经电流表,以便监视电动机在工作中电流的变化情况。

二、PLC 控制

(一)PLC 控制程序

C650 卧式车床的主电路,参见图 4-14,其中有 3 台电动机:主电动机 M1、冷却泵电动机 M2、快速电动机 M3,有 5 个接触器:KM1、KM2 控制主电动机正反转,KM3 控制短路限流电阻 R,KM4 控制冷却泵电动机,KM5 控制快速移动电动机。FR1、FR2 为主电动机 M1、冷却泵电动机 M2 的热保护元件,SR－1、SR－2 为主电动机 M1 正向动合及反向动合速度继电器触点。

PLC 控制程序,如图 4-15 所示。

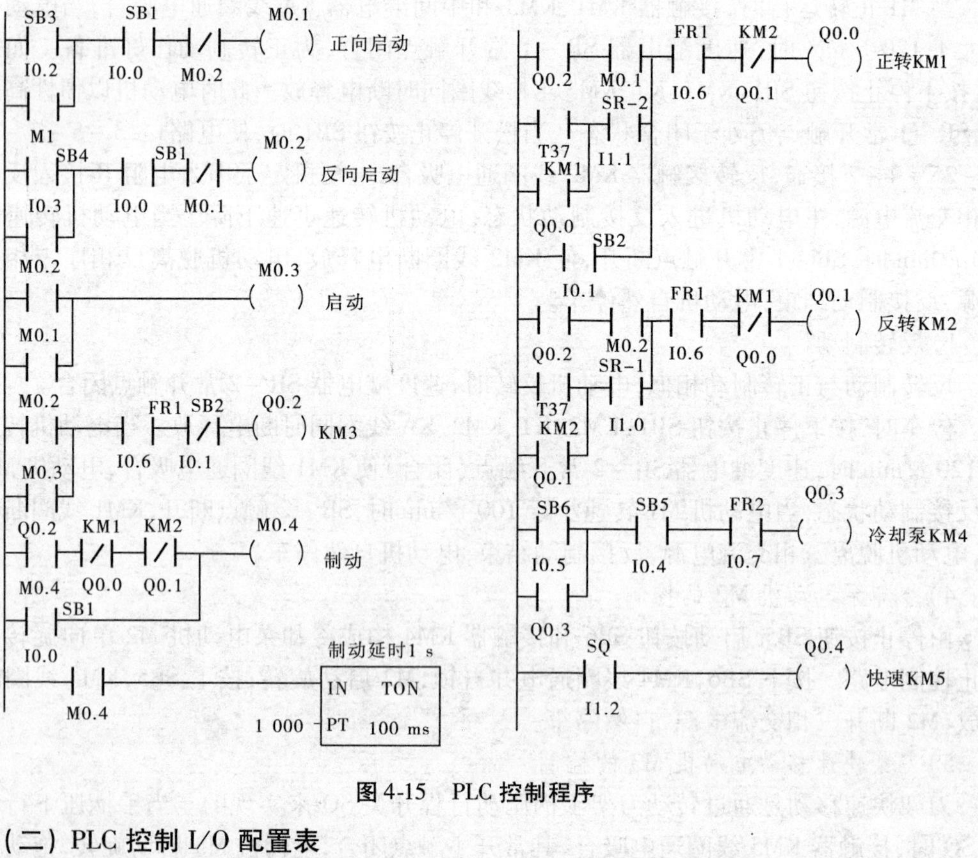

图 4-15　PLC 控制程序

(二) PLC 控制 I/O 配置表

PLC 控制 I/O 配置表见表 4-4。

(三) PLC 控制的 I/O 接线图

根据 C650 卧式车床的控制要求,该机床的输入信号 11 个点,输出信号 5 个点,如表 4-4所示。输入元件中,按钮 SB1、SB5,热继电器 FR1、FR2,速度继电器 SR－1、SR－2

表 4-4 I/O 配置表

输 入 信 号	I 点	输 出 信 号	Q 点
M1 反接制动按钮 SB1	I0.0	主轴电动机 M1 正转接触器 KM1	Q0.0
M1 点动按钮 SB2	I0.1	主轴电动机 M1 反转接触器 KM2	Q0.1
M1 正转启动按钮 SB3	I0.2	短路限流电阻 R 接触器 KM3	Q0.2
M1 反转启动按钮 SB4	I0.3	冷却泵电动机启停接触器 KM4	Q0.3
冷却泵电动机停止按钮 SB5	I0.4	快速移动电动机启停接触器 KM5	Q0.4
冷却泵电动机启动按钮 SB6	I0.5		
M1 过载热继电器 FR1	I0.6		
M2 过载热继电器 FR2	I0.7		
SR－1 速度继电器(M1 正转动合)	I1.0		
SR－2 速度继电器(M1 反转动合)	I1.1		
快速移动的限位开关 SQ	I1.2		

这 6 个点接入常闭点，而其他接入的是常开点。输出元件中 KM1、KM2 接触器互锁。选用 I/O 点数为 24 点的 S7－200PLC CPU224 型 PLC 即能够满足要求，I/O 接线图如图 4-16 所示，输出电源为交流 110 V 或 220 V。

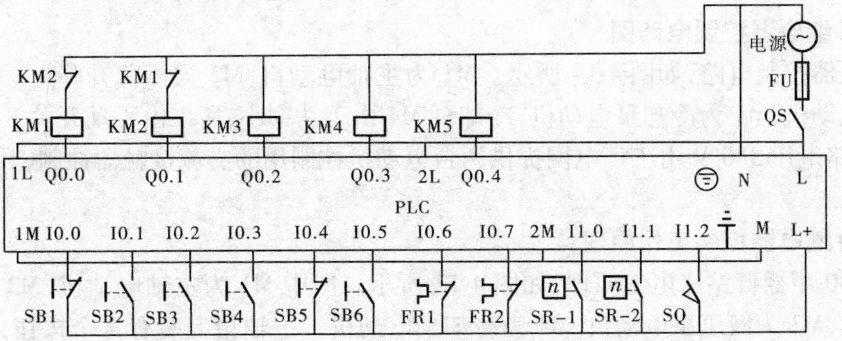

图 4-16 I/O 接线图

(四) PLC 程序工作原理

1. 主电动机控制 Q0.0(KM1)、Q0.1(KM2)、Q0.2(KM3)

该程序中，用了 4 个辅助继电器，即 M0.1、M0.2、M0.3、M0.4。M0.1、M0.2 分别为主电动机正、反转启动辅助继电器，具有保持(自锁)功能。M0.3 为正、反转辅助继电器(此继电器可以去掉，直接用 M0.1、M0.2 并联即可)。M0.4 为制动辅助继电器，在其自锁点中用了两个 Q0.0(KM1)、Q0.1(KM2)互锁，表示按停止按钮 I0.0(SB1)时，松手后能自锁(因为此时 KM1、KM2 都断电了，即 Q0.0、Q0.1 的常闭点使 M0.3 自锁保持)。用 M0.4 控制定时器 T37(反接制动延时)。反接制动开始后，当 KM1(或 KM2)接通时，M4 断掉。

例如，正转控制 Q0.0(KM1)，有 3 条支路：

(1)点动:由I0.1(SB2)的通断控制,无自锁。

(2)启动:由辅助继电器M0.1及Q0.2(KM3)共同控制。

(3)反转的反接制动:假设电动机原来反转运行,则I1.1(SR-2)闭合。当按下I0.0(SB1),制动辅助继电器M4接通,延时1 s后,此支路接通,使Q0.0接通并自锁。当主电动机转速降到100 r/min时,SR-2断开,I1.1断开,此时Q0.0(KM1)断开,反接制动结束。

Q0.1(KM2)导通,即反转时与正转相同,只是少了一个点动控制。

2. 冷却泵控制Q0.3(KM3)

启动用I0.5(SB5),停止用I0.4(SB6)。I0.7(FR2)起过载保护作用,可以将FR2硬件触点直接串入PLC硬件回路KM4、KM5的公共处,这样可以省去一个输入点。

3. 快速移动控制Q0.4(KM4)

I1.2(SQ)点动即可。

4. 其他

冷却、连锁和辅助控制过程分析略。

项目二　PLC在Z3040钻床上的应用

一、继电器控制电路

(一)继电器控制电路图

继电器控制电路,如图4-17所示。M1为主轴电动机,M2为摇臂升降电动机,M3为液压泵电动机,M4为冷却泵电动机,冷却泵M4由于功率小,所以由手动开关SA1直接控制,主电路电压380 V由工厂电网提供两台电动机控制用的交流接触器控制,其控制电压为220 V。

(二)继电器控制工作原理

Z3040型摇臂钻床电气原理,如图4-17所示。图中M1为主轴电动机,M2为摇臂升降电动机,M3为液压泵电动机,M4为冷却泵电动机。主轴箱上装有4个按钮,由上至下为SB1、SB2、SB3与SB4,它们分别是主轴电动机停止、启动按钮,摇臂上升与下降按钮。主轴箱移动手轮上装有2个按钮SB5、SB6,分别为主轴箱、立柱松开按钮和夹紧按钮。扳动主轴箱移动手轮,可使主轴箱作左右水平移动;主轴移动手柄则用来操纵主轴作上下垂直移动,它们均为手动进给。主轴也可采用机动进给。

1. 主电路分析

三相交流电源由自动空气断路器QF控制。主轴电动机M1旋转由接触器KM1控制。主轴的正、反转由机械机构完成。热继电器FR1为电动机M1的过载保护。摇臂升降电动机M2的正、反转由接触器KM2、KM3控制实现。液压泵电动机M3由接触器KM4、KM5控制实现正反转,由热继电器FR3作过载保护。冷却泵电动机M4容量为0.125 kW,由开关SA1根据需求控制其启动与停止。

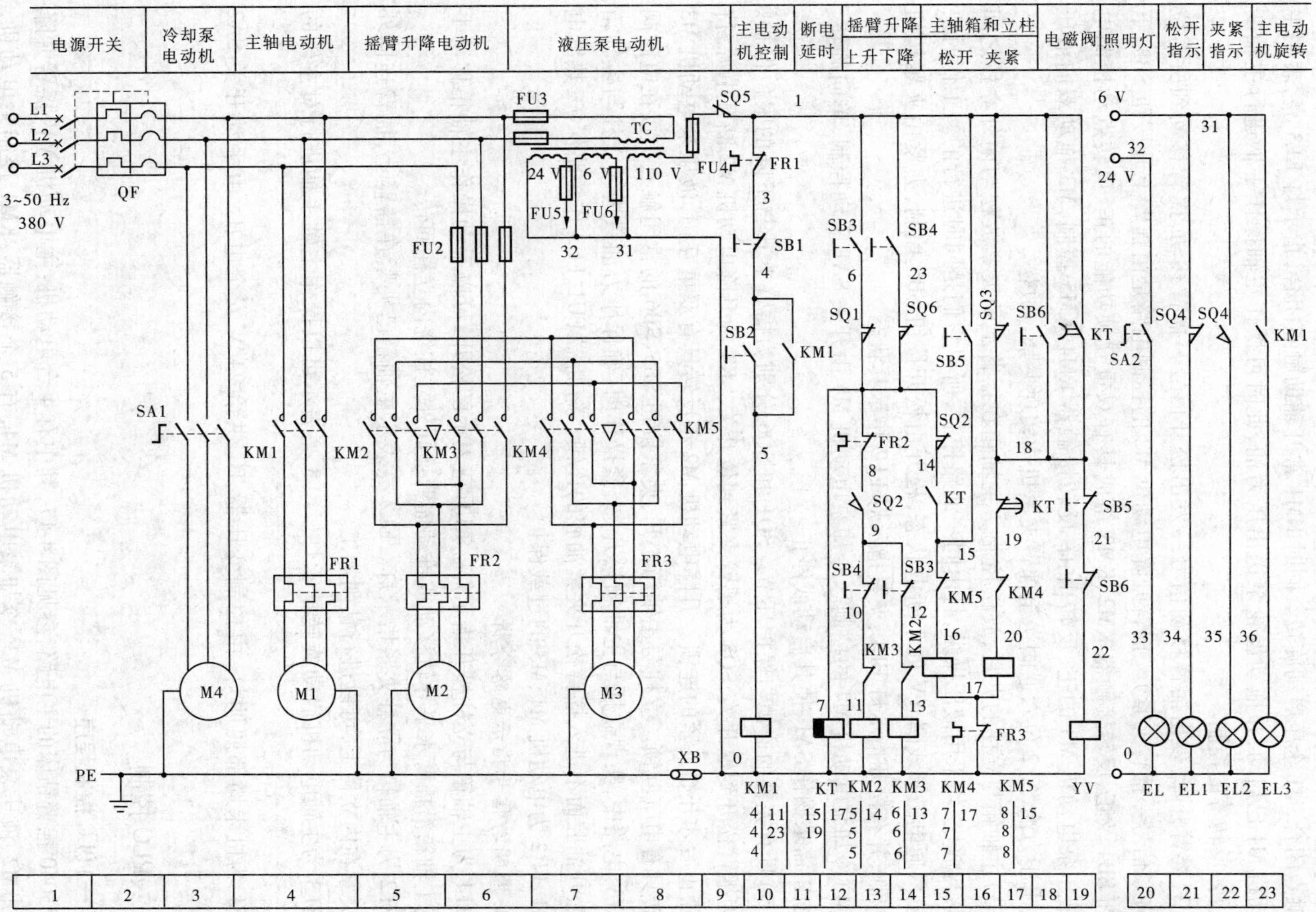

图 4-17　继电器控制电路

2. 控制电路分析

(1)主轴电动机 M1 的启动控制。按下启动按钮 SB2,KM1 线圈通电并自锁,KM1 常开主触点闭合,M1 全压启动旋转。同时 KM1 常开辅助触点闭合,指示灯 EL3 亮,表明主轴电动机 M1 已启动,并拖动齿轮泵送出压力油,此时可操作主轴操作手柄进行主轴变速、正转、反转等的控制。

(2)摇臂升降(发出摇臂移动信号→发出松开信号→摇臂移动,摇臂移动到所需位置→夹紧信号→摇臂夹紧)。摇臂升降电动机 M2 的控制电路是由摇臂上升按钮 SB3、下降按钮 SB4 及正、反转接触器 KM2、KM3 组成具有双重互锁功能的正、反转点动控制电路。液压泵电动机 M3 的正、反转由正、反转接触器 KM4、KM5 控制,M3 拖动双向液压泵,供出压力油,经 2 位六通阀送至摇臂夹紧机构实现夹紧与放松。

(3)主轴箱与立柱的夹紧、放松控制。主轴箱在摇臂上的夹紧放松与内外立柱之间的夹紧与放松,均采用液压操纵,且由同一油路控制,所以它们是同时进行的。工作时要求 2 位六通电磁阀线圈 YV 处于断电状态,松开由松开按钮 SB5 控制,夹紧由夹紧按钮 SB6 控制,并有松开指示灯 EL1、夹紧指示灯 EL2 指示其状态。

(4)冷却泵电动机 M4 的控制。冷却泵电动机 M4 由开关 SA1 手动控制,单向旋转,可视加工需求操作 SA1,使其启动或停止。

(5)具有完善的连锁与保护环节。SQ1 和 SQ6 分别为摇臂上升与下降的限位保护。SQ2 为摇臂松开到位开关,SQ3 为摇臂夹紧到位开关。KT 为升降电动机 M2 断开电源,待完全停止后才开始夹紧的连锁。升降电动机 M2 正反转具有双重互锁,液压泵电动机 M3 正反转具有电气互锁。立柱与主轴箱松开、夹紧按钮 SB5、SB6 的常闭触点串接在电磁阀线圈 YV 电路中,实现立柱与主轴箱松开、夹紧操作时,确保压力油只进入立柱与主轴箱夹紧松开油腔而不进入摇臂松开夹紧油腔的连锁。熔断器 FU1、FU3 作短路保护,热继电器 FR1、FR2 为电动机 M1、M3 的过载保护。

3. 照明与信号指示电路分析

EL1 为主轴箱与立柱松开指示灯。EL1 亮表示已松开,可以手动操作主轴箱移动手轮,使主轴箱沿摇臂水平导轨移动或推动摇臂连同外立柱绕内立柱回转。

EL2 为主轴箱与立柱夹紧指示灯。EL2 亮表示主轴箱已夹紧在摇臂上,摇臂连同外立柱夹紧在内立柱上,可以进行钻削加工。

EL3 为主轴电动机启动旋转指示灯。EL3 亮表示可以操作主轴手柄进行对主轴的控制。

EL 为机床局部照明灯,由控制变压器 TC 供给 24 V 安全电压,由手动开关 SA2 控制。

二、PLC 控制

(一)PLC 控制程序

Z3040 摇臂钻床的主电路,参见图 4-17,其中有 4 台电动机:主电动机 M1、摇臂升降电动机 M2、液压泵电动机 M3、冷却泵电动机 M4,有 5 个接触器:KM1 控制主电动机,KM2、KM3 控制摇臂上升,KM4、KM5 控制液压泵进出油。FR1、FR2、FR3 为主电动机

M1、摇臂升降电动机 M2、液压泵 M3 的热保护元件。

如图 4-18 所示，为 Z3040 摇臂钻床的控制程序梯形图。

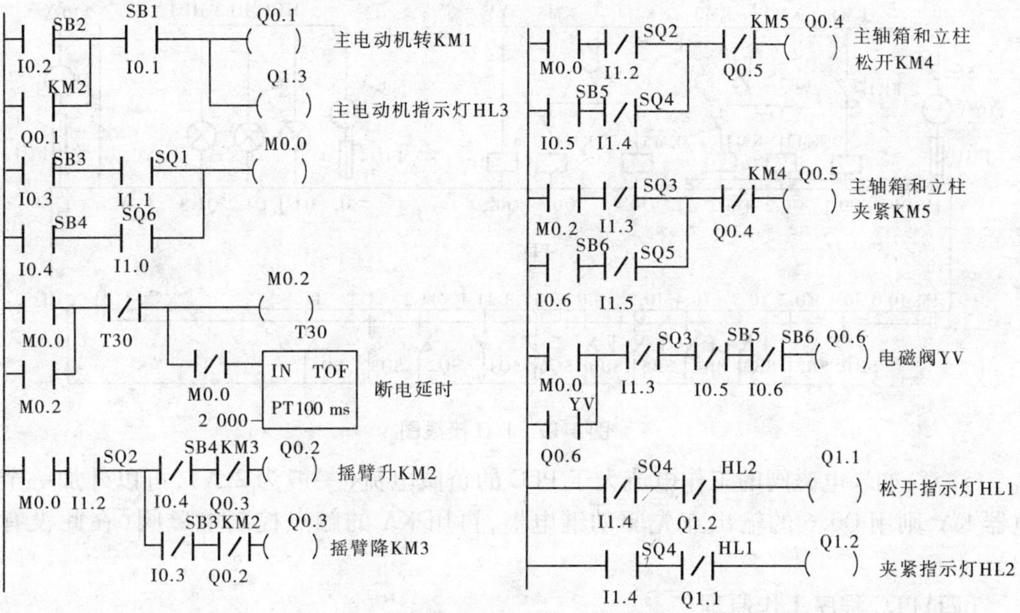

图 4-18　Z3040 摇臂钻床的控制程序梯形图

(二) PLC 控制的 I/O 配置表

根据 Z3040 摇臂钻床的控制要求，该机床的输入信号有 11 个点，输出信号有 9 个点，如表 4-5 所示，SQ1、SQ6 是限位开关。输出回路中，有两种电源，即控制接触器与电磁阀的交流 110 V 和控制指示灯的交流 6 V 电源。热继电器串接在其保护的电动机所对应的接触器硬件回路中，SQ5 也是起保护作用的。选用 I/O 点数为 40 点的 CPU226 型 PLC 即能够满足要求。

表 4-5　I/O 配置表

输入信号	I 点	输出信号	Q 点
M1 停止按钮 SB1	I0.1	主轴电动机 M1 启动接触器 KM1	Q0.1
M1 启动按钮 SB2	I0.2	摇臂上升接触器 KM2	Q0.2
摇臂上升按钮 SB3	I0.3	摇臂下降接触器 KM3	Q0.3
摇臂下降按钮 SB4	I0.4	主轴箱和立柱松开接触器 KM4	Q0.4
主轴箱和立柱松开按钮 SB5	I0.5	主轴箱和立柱夹紧接触器 KM5	Q0.5
主轴箱和立柱夹紧按钮 SB6	I0.6	电磁阀 YV	Q0.6
摇臂下降限位开关 SQ6	I1.0	松开指示灯 HL1	Q1.1
摇臂上升限位开关 SQ1	I1.1	夹紧指示灯 HL2	Q1.2
摇臂松开到位开关 SQ2	I1.2	主电动机运转指示灯 HL3	Q1.3
摇臂夹紧到位开关 SQ3	I1.3		
主轴箱和立柱夹紧到位开关 SQ4	I1.4		

（三）PLC 控制的 I/O 接线图

I/O 接线图，如图 4-19 所示。

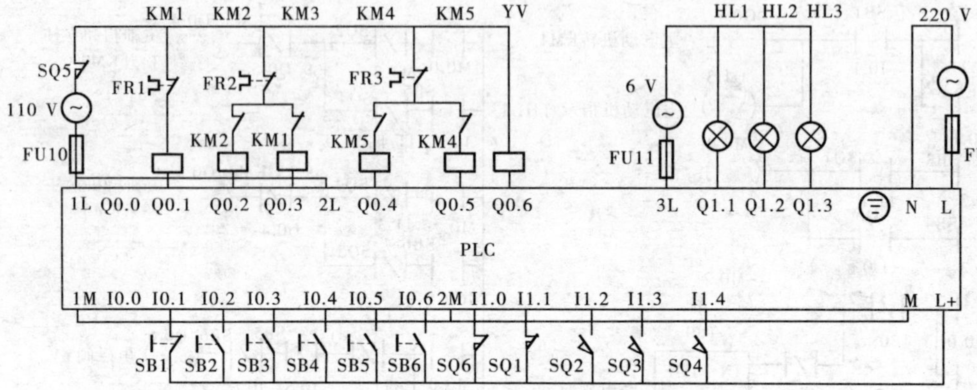

图 4-19　I/O 接线图

注意：如果电磁阀的工作电流大于 PLC 的负载电流（一般为 2 A），可以外加一个继电器 KA，则用 Q0.6 的输出点先驱动继电器，再用 KA 的触点控制电磁阀（在此没有画出）。

（四）PLC 程序工作原理

1. 主轴电动机控制 Q0.1（KM1）

启动用 I0.2（SB2），停止用 I0.1（SB1）。启动 I0.2 时，Q0.1（KM1）、Q1.3（HL3）接通，KM1 控制主轴电动机全压启动旋转，指示灯 HL3 亮。由于 FR1 串入 KM1 硬件回路中，省去了一个输入点。按下 SB1，I0.1 断开，Q0.1、Q0.3 断开，主轴电动机停转，灯灭。

2. 摇臂上升下降（Q0.2、Q0.3）及摇臂放松与夹紧（Q0.4、Q0.5）控制

辅助继电器 M0.0 是摇臂升降过程继电器，达极限或松开按钮时断开；辅助继电器 M0.2 起断电延时作用，即 M0.0 断开后，M0.2 会延时 2 s 再断掉，主要用于保证摇臂上升（或下降）时，升降电动机 M0.2 在断开电源依惯性旋转已经完全停止旋转后，才开始摇臂的夹紧动作。M0.2 电动机断开电源到完全停止所需时间应小于 2 s。

下面以摇臂上升为例，说明其设计思路。

摇臂上升条件 M0.0 接通（即按住 SB3 且没达到上极限）时，Q0.4（KM4）通，液压泵 M3 正转；Q0.6（YV）也通，摇臂松开，到位信号 I1.2（SQ2）通，断开 Q0.4（KM4），液压泵 M3 停止供油，Q0.2（KM2）通，升降电动机 M0.2 正转，摇臂上升。当松开按钮或到上极限时（辅助继电器 M0.0 断开），定时器 T30 计时，2 s 后，辅助继电器 M0.2 断开，接通 Q0.5（KM5），摇臂夹紧。夹紧到位信号 I1.3（SQ3）复位，则 I1.3 常闭点断开，使Q0.5（KM5）断开，液压泵 M3 停止，避免长期供油；此时 Q0.6（YV）也断开。工作时序如图 4-20所示。

此外，在选择主轴箱与立柱的放松、夹紧手动控制时，用 I0.5（SB5）按钮或 I0.6（SB6）实现。

摇臂下降控制过程类似，其程序分析省略。

3. 主轴箱与立柱放松、夹紧指示灯 Q1.1（HL1）、Q1.2（HL2）

主轴箱与立柱在平时是夹紧的，SQ4 被压，I0.4 通，夹紧指示灯 Q1.2（HL2）通（亮）；

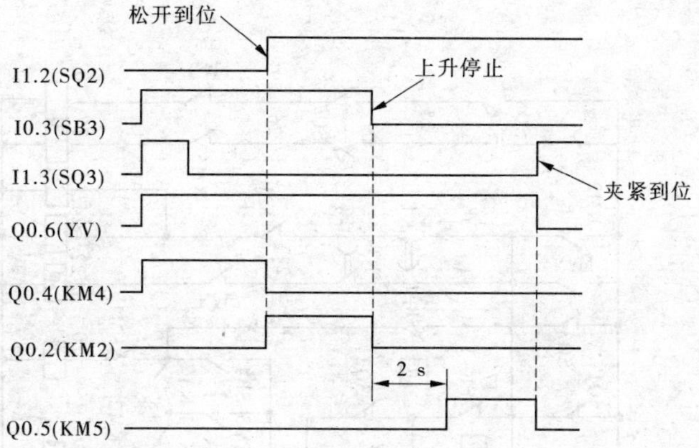

图 4-20　Z3040 摇臂钻床的工作时序图

松开到位时,SQ4 释放,Q1.1(HL1)通(亮);两者是互锁的。

冷却、连锁和辅助控制过程分析略。

项目三　PLC 在 T68 镗床上的应用

一、继电器控制电路

(一)继电器控制电路简介

T68 型卧式镗床的控制要求如下:

(1)主轴旋转与进给量都有较大的调速范围,主运动与进给运动由一台电动机拖动,为简化传动机构采用双速异步电动机拖动。

(2)由于各种进给运动都需正、反方向的运转,要求主电动机能正、反转。

(3)为满足加工过程中调整工作的需要,主电动机应能实现正、反转的点动控制。

(4)要求主轴停车迅速、准确,主电动机应有制动停车环节。

(5)为便于主轴变速和进给变速时齿轮啮合,应有变速低速冲动。

(6)为缩短辅助时间,使各进给方向均能快速移动,快速移动电动机应采用正、反转的点动控制方式。

(7)主电动机为双速电动机,有高、低两种速度供选择,高速运转时应先经低速再进入高速。

(8)由于卧式镗床运动部件多,应有必要的连锁和保护环节。

如图 4-21 所示,为 T68 镗床的继电器电气控制电路图。

(二)继电器控制工作原理

1. 主电路分析

T68 型卧式镗床由两台电动机拖动。

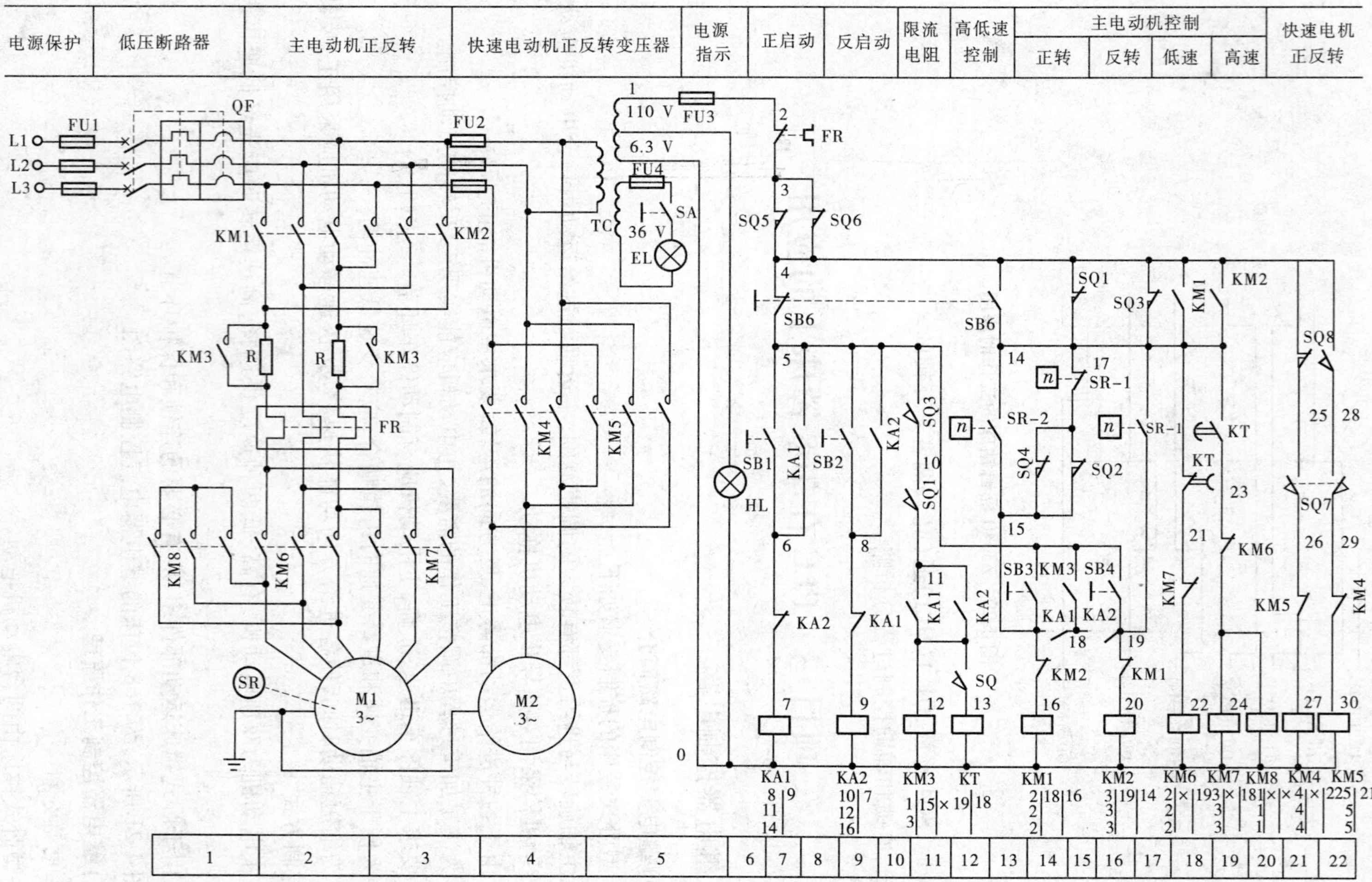

图 4-21　T68 镗床的继电器电气控制电路

三相电源由自动空气断路器 QF 引入，熔断器 FU1 为电路的总短路保护，也为主轴电动机 M1 的短路保护，熔断器 FU2 为进给电动机与变压器 TC 的短路保护。

主轴电动机 M1 为三角形－星形接法的双速笼型异步电动机，由接触器 KM1、KM2 控制它的正、反转电源的通断；低速时由接触器 KM6 控制，将定子绕组接成三角形；高速时由 KM7、KM8 控制，将定子绕组接成双星形。高、低速转换由行程开关 SQ 控制。

主轴箱、工作台与主轴由快速移动电动机 M2 拖动实现其快速移动，由接触器 KM4、KM5 控制它正、反转电源的通断。它们之间的机动进给有机械和电气连锁保护。由于快速进给电动机 M2 为短期工作，故不设过载保护。

2. 控制电路分析

三相交流电源由自动空气断路器 QF 经熔断器 FU1、FU2 加在变压器 TC 初级绕组上，经降压后输出 110 V 交流电压作为控制电路的电源，36 V 交流电压为机床工作照明灯电源。合上自动空气断路器 QF，6 区电源信号灯 HL 亮，表示控制电路电源电压正常。

行程开关 SQ 为主轴高低速转换开关，SQ 压下为高速。

1）主轴电动机正、反转控制

a. 主轴电动机 M1 低速正转控制

将高、低速变速手柄扳到“低速”挡，行程开关 SQ 断开。由于行程开关 SQ1、SQ3 首先是被压合的，故它们的常开触点闭合，常闭触点断开。按下启动按钮 SB1（主轴电动机 M1 正转），中间继电器 KA1 线圈通电吸合并自锁，其 11 区及 14 区常开触点闭合；KA1（11 区）常开触点闭合，接触器 KM3 线圈通电吸合，电路为 1—2—3—4—5—10—11—12—0（数字为线号，下同），KM3 主触点短接了主轴电动机 M1 中的制动电阻 R；KA1（14 区）常开触点闭合，接触器 KM1 线圈通电吸合，电路为 1—2—3—4—5—18—16—0，KA1 常开触点闭合（18 区），KM6 线圈通电吸合；接触器 KM1 接通 M1 正转电源、接触器 KM6 主触点将 M1 绕组接成三角形接法，主轴电动机 M1 低速正转启动运行。按下主轴电动机 M1 的停止按钮 SB6，KA1、KM3、KM1、KM6 线圈断电释放，主轴电动机 M1 制动停止。

b. 主轴电动机 M1 低速反转控制

将高、低速手柄扳到“低速”挡。按下反转启动按钮 SB2，中间继电器 KA2 得电吸合并自锁，其 10 区及 15 区的 KA2 常开触点闭合，分别使接触器 KM3、KM2、KM6 线圈得电吸合。KM3 主触点短接了制动电阻 R，接触器 KM2 接通 M1 反转电源、KM6 主触点把 M1 绕组接成三角形接法，主轴电动机 M1 低速反转启动运行。按下停止按钮 SB6，KA2、KM3、KM2、KM6 线圈断电释放，主轴电动机 M1 制动停止。

c. 主轴电动机 M1 高速正转控制

将高、低速变速手柄扳到“高速”挡，行程开关 SQ 闭合。按下启动按钮 SB1：中间继电器 KA1 得电闭合，11 区及 14 区的 KA1 常开触点闭合，使得接触器 KM3、KM1、KM6 及时间继电器 KT 得电吸合，主轴电动机 M1 绕组被接成三角形低速启动。经过一定时间后（3 s 左右），时间继电器 KT 在 18 区通电延时常闭触点断开，19 区通电延时常开触点闭合，接触器 KM6 线圈断开释放；同时接触器 KM7、KM8 线圈得电吸合，接触器 KM7、KM8 的主触点将主轴电动机 M1 绕组接成双星形接法高速正转。按下停止按钮 SB6，主轴电动机 M1 制动停止。

d. 主轴电动机 M1 高速反转控制

主轴电动机 M1 的高速反转控制原理及过程与主轴电动机 M1 高速正转控制相同，只不过是将正转启动按钮 SB1 换成反转启动按钮 SB2，中间继电器 KA1 换成 KA2，接触器 KM1 换成 KM2，其他的控制过程同正转控制过程类似，分析省略。

2）主轴电动机 M1 制动控制

a. 正转制动控制

当主轴电动机 M1 高、低速正向运行时，主轴转速大于 120 r/min 时，17 区速度继电器 SR－1 常开触点闭合，为主轴电动机 M1 的反接制动做好准备。当需要主轴电动机 M1 停止时，按下主轴电动机 M1 停止按钮 SB6，中间继电器 KA1、接触器 KM3、KM1 断电释放，接触器 KM2（KM6）线圈得电吸合，电路为 1—2—3—4—14—19—20—0。KM2 主触点接通了主轴电动机 M1 的低速反转电源，接触器 KM6 主触点将 M1 绕组接成三角形接法，电动机 M1 串电阻 R 反接制动，转速迅速下降。当转速下降到 100 r/min 时，16 区速度继电器 SR－1 常开触点断开，接触器 KM2、KM6 断电，主轴电动机 M1 完成正转反接制动控制。

b. 反转制动控制

当主轴电动机 M1 高、低速反转运转时，其转速达到 120 r/min 以上时，13 区的速度继电器 SR－2 常开触点闭合，为停车反接制动做好准备。其他的控制过程同正转制动控制类似，分析省略。

3）主轴电动机 M1 点动控制

按下主轴电动机 M1 正转点动按钮 SB3（14 区）：接触器 KM1、KM6 线圈得电吸合，KM1 主触点接通主轴电动机 M1 正转电源，KM6 主触点将 M1 绕组接成三角形接法，M1 串电阻 R 低速正转点动。同样，按下主轴电动机 M1 反转点动按钮 SB4（16 区）：接触器 KM2、KM6 线圈得电吸合，KM2 主触点接通了主轴电动机 M1 反转电源，KM6 主触点将 M1 绕组接成三角形接法，M1 串电阻 R 反转点动。

4）主轴与进给变速控制

由行程开关 SQ1、SQ2、SQ3、SQ4、KT、KM1、KM2、KM6 组成主轴与进给变速冲动控制电路。

主轴变速是通过转动变速操作盘，选择合适的转速来进行变速的。主轴变速时可直接拉出主轴变速操作盘的操作手柄进行变速，而不必按下主轴电动机的停止按钮。具体操作过程如下：当主轴电动机 M1 在加工过程中需要进行变速时，设电动机 M1 运行于正转状态（反转时的脉动控制与正转相似），当主轴转速大于 120 r/min 时，速度继电器 SR－1（17 区）常开触点闭合；将主轴变速操作盘的操作手柄拉出，此时 SQ1、SQ2 复位，其 SQ1 常开触点（11 区）断开，接触器 KM3 与时间继电器 KT 线圈断电，KM3 主触点断开，限流电阻 R 串入电动机回路；15 区 SQ1 常闭触点闭合，接触器 KM2 线圈得电吸合，回路为 1—2—3—4—14—19—20—0；KM2 常开触点（19 区）闭合，KM6 线圈得电，回路为 1—2—3—4—14—21—22—0；此时主轴电动机 M1 为三角形接法，串电阻 R 反转反接制动。主轴电动机速度迅速下降，当转速小于 100 r/min 时，速度继电器 SR－1（17 区）常开触点断开，接触器 KM2 线圈断电释放，主轴电动机 M1 停转；同时，接触器 KM1 线圈得电吸合,回路为 1—2—3—4—14—17—15—16—0;则 KM1 主触点接通主轴电动机 M1 电源,M1 低速正转启动。当转速达到 120 r/min 时,速度继电器 SR-1 常闭触点(15 区)断开,主轴电动机 M1 又停转。当转速小于 100 r/min 时,速度继电器 SR-1 常闭触点又复位闭合,主轴电动机 M1 又正转启动。如此反复,直到新的变速齿轮啮合好为止。此时转动变速操作盘,选择新的速度后,将变速手柄压回原位。

进给变速控制过程与主轴变速控制过程基本相似,只不过拉出的变速手柄是进给变速操作手柄,将主轴变速控制中的行程开关 SQ1、SQ2 换成 SQ3、SQ4。其工作过程分析省略。

5)快速移动进给电动机 M2 的控制

机床工作台的纵向和横向快速进给、主轴的轴向快速进给、主轴箱的垂直快速进给都是由电动机 M2 通过机械齿轮的啮合来实现的。将快速手柄扳至快速正向移动位置,行程开关 SQ7(21、22 区)被压下,21 区常开触点闭合,接触器 KM4 线圈得电闭合,进给电动机 M2 启动正转,带动各种进给正向快速移动。将快速手柄扳至反向位置时压下行程开关 SQ8,行程开关 SQ8(21、22 区)被压下,22 区常开触点闭合,接触器 KM5 线圈得电闭合,进给电动机 M2 反向启动运转,带动各种进给反向快速移动。当快速操作手柄扳回中间位置时,SQ7、SQ8 均不受压,M2 停车,快速移动结束。

6)连锁环节

(1)主轴箱或工作台机动进给与主机机动进给的连锁。为了防止工作台或主轴箱机动进给时出现将主轴或平旋盘刀具溜板也扳到机动进给的误操作,设置了与工作台、主轴箱进给操纵手柄有机械联动的行程开关 SQ5,在主轴箱上设置了与主轴、平旋盘刀具溜板进给手柄有机械联动的行程开关 SQ6。

(2)M1 主电动机正转与反转之间,高速与低速运行之间,快速移动电动机 M2 的正转与反转之间均设有互锁控制环节。

(三)辅助电路分析

T68 卧式镗床设有 36 V 安全电压局部照明灯 EL,由开关 SA 手动控制。电路还设有 6.3 V 电源指示灯 HL,表明电路电源电压是否正常。

二、PLC 控制

(一)PLC 控制程序

T68 卧式镗床的 PLC 控制程序,如图 4-22 所示。

T68 卧式镗床的主电路,参见图 4-21,其中有 2 台电动机:主电动机 M1 和快速电动机 M2。主电动机有高低速两挡,由变速手柄 I0.6(SQ)控制。低速时,Q0.6(KM6)导通(前提是正转 Q0.1(KM1)或反转 Q0.2(KM2)接通)。Q0.3(KM3)起短接限流电阻 R 的作用,在正转或反转时接通,在点动和反接制动时断开;点动和反接制动是在低速下进行的。快速电动机 M2 只有点动,没有自锁。FR 为主电动机 M1 的热保护元件;SR-1、SR-2 为速度继电器的正向动合触点及反向动合触点。

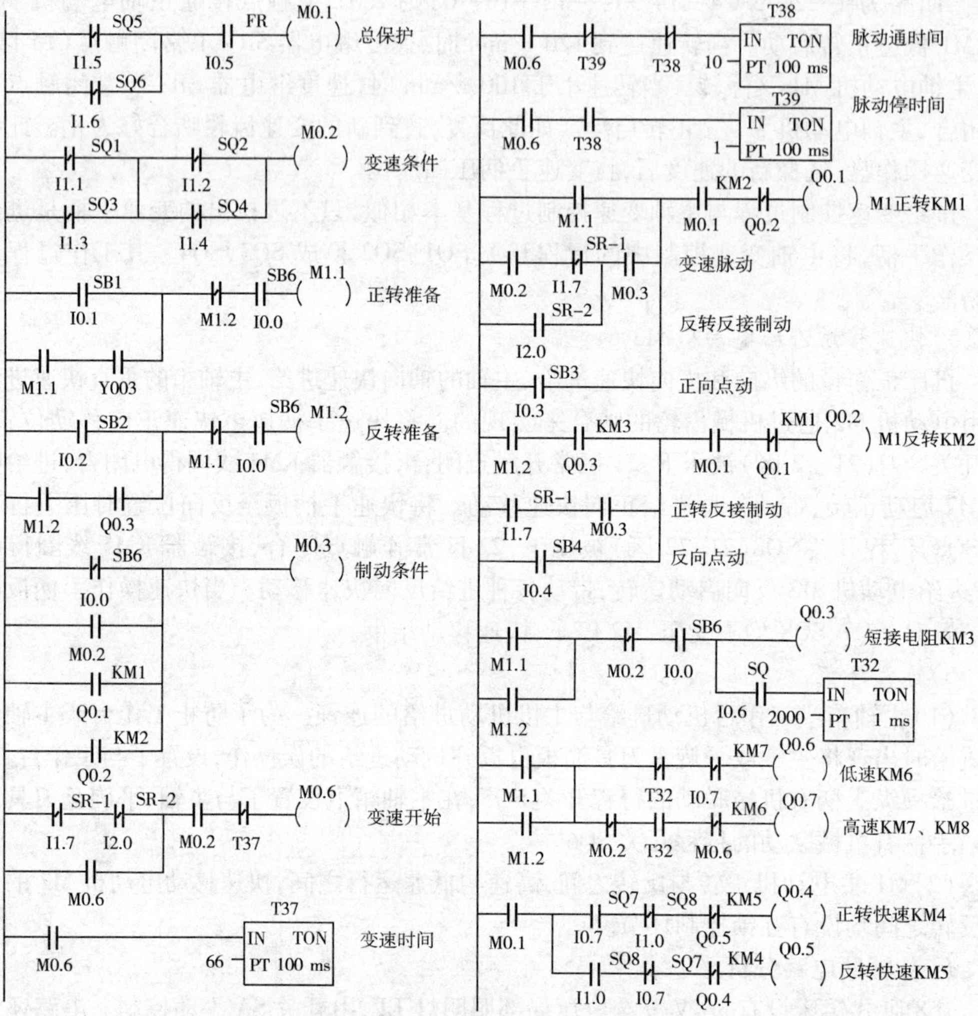

图 4-22　T68 卧式镗床的 PLC 控制程序

(二)PLC 控制的 I/O 配置表

根据 T68 卧式镗床的控制要求,该机床的输入信号有 17 个点,输出信号有 7 个点,如表 4-6 所示。Q0.7 输出点驱动 2 个负载电动机高速运转的接触器 KM7、KM8。I1.7、I2.0 接速度继电器的正转、反转动合触点,电动机正转时,I1.7 闭合,为正转反接制动作准备。选用 I/O 点数为 40 点的 CPU226 型 PLC 即能够满足要求。

(三)PLC 控制的 I/O 接线图

PLC 控制的 I/O 接线图,如图 4-23 所示。

(四)PLC 程序工作原理

T68 卧式镗床的动作复杂,互锁关系较多,因此在程序编制时要多用辅助继电器,其 PLC 控制程序梯形图,如图 4-21 所示。

表 4-6　I/O 配置表

输入信号	I 点	输出信号	Q 点
M1 反接制动按钮 SB6	I0.0	主轴电动机 M1 正转接触器 KM1	Q0.1
M1 正转启动按钮 SB1	I0.1	主轴电动机 M1 反转接触器 KM2	Q0.2
M1 反转启动按钮 SB2	I0.2	短路限流电阻 R 接触器 KM3	Q0.3
M1 正向点动按钮 SB3	I0.3	快速移动电动机正转接触器 KM4	Q0.4
M1 反向点动按钮 SB4	I0.4	快速移动电动机反转接触器 KM5	Q0.5
M1 过载热继电器 FR	I0.5	主电动机低速接触器 KM6	Q0.6
变速限位开关 SQ6	I0.6	主电动机高速接触器 KM7、KM8	Q0.7
M2 快速正转开关 SQ7	I0.7		
M2 快速反转开关 SQ8	I1.0		
主运动变速冲动开关 SQ1	I1.1		
主运动变速冲动开关 SQ2	I1.2		
进给运动变速冲动开关 SQ3	I1.3		
进给运动变速冲动开关 SQ4	I1.4		
主轴箱、工作台进给连锁开关 SQ5	I1.5		
主轴、平旋盘滑块进给连锁开关 SQ6	I1.6		
速度继电器(M1 正转动合)触点	I1.7		
速度继电器(M1 反转动合)触点	I2.0		

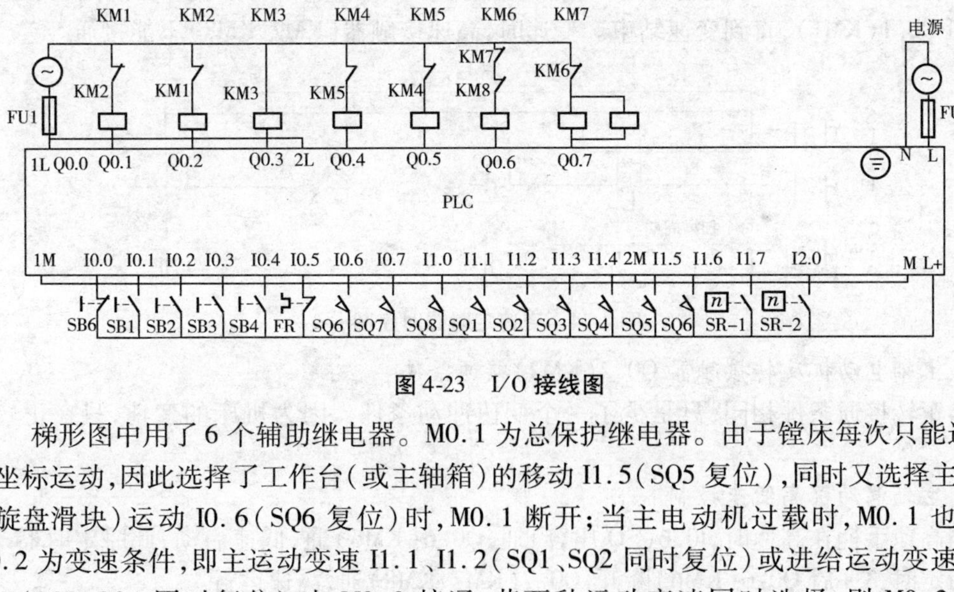

图 4-23　I/O 接线图

梯形图中用了 6 个辅助继电器。M0.1 为总保护继电器。由于镗床每次只能进行一个坐标运动,因此选择了工作台(或主轴箱)的移动 I1.5(SQ5 复位),同时又选择主轴(或平旋盘滑块)运动 I0.6(SQ6 复位)时,M0.1 断开;当主电动机过载时,M0.1 也断开。M0.2 为变速条件,即主运动变速 I1.1、I1.2(SQ1、SQ2 同时复位)或进给运动变速 I1.3、I1.4(SQ3、SQ4 同时复位)时,M0.2 接通;若两种运动变速同时选择,则 M0.2 断开。

M1.1、M1.2 分别为正、反转辅助继电器,具有自锁保持功能,其自锁点中串联了 Q0.3(KM3),使电动机在非长动情况下,用限流电阻 R 进行降压启动。M0.3 为制动辅助继电器,停车 I0.0(SB6 按下)时、选择变速(M0.2 通)时以及主电动机正、反转时接通,此点在主电动机反接制动时起作用。M0.6 为变速控制辅助继电器,由于电动机变速只能在电动机转速低于 100 r/min 或停止时进行,所以靠 I1.7(SR-1)、I2.0(SR-2)的常闭点接通,变速时间控制在一定时间内(如 T37 为 6.6 s,最多脉动 6 次),由 T37 控制。用了 4 个定时器,T32(2 s)为高精度延时定时器;T37 为变速时间定时器(6.6 s);T38(1 s)、T39(0.1 s)为主轴脉动时间控制定时器。

1. 主轴电动机正转接触器 Q0.1(KM1)接通条件

1)主轴电动机点动控制

I0.3(SB3)通,Q0.1(KM1)接通,电动机通过电阻 R 限流启动。

2)主轴电动机启动控制

I0.1(SB1)通,M1.1 通电(其本身自锁),电动机全压运转。

3)反转反接制动控制

主电动机反转时,速度继电器反向动合触点 I2.0(SR-2)通,M0.3 也通,但由于 Q0.2(KM2)的互锁,使 Q0.1(KM1)不能导通。当按下停止按钮 I0.6(SB6)时,Q0.3(KM3)断开,M1.2 断开,Q0.2(KM2)断开,使 I2.0(SR-2)、M0.3 这条支路接通,Q0.1(KM1)接通,与限流电阻 R 一起,使主轴电动机反接制动。转速低于 100 r/min 时,I2.0(SR-2)断开,制动结束。

4)变速冲动控制

变速时,M0.2 接通,反接制动开始。当主电动机转速低于 100 r/min 时,M0.6 接通,变速开始。T37、T38 接通,1 s 后 T39 通。0.1 s 后 T38 断,持续 6.6 s(由 T37 控制),此脉动结束,如图 4-24 所示。定时器 T38 的常开触点是一个通 0.1 s 断 1 s 的脉冲。变速时,用通断 Q0.1(KM1),直到变速结束。变速时,高速接触器(KM7、KM8)不能接通。

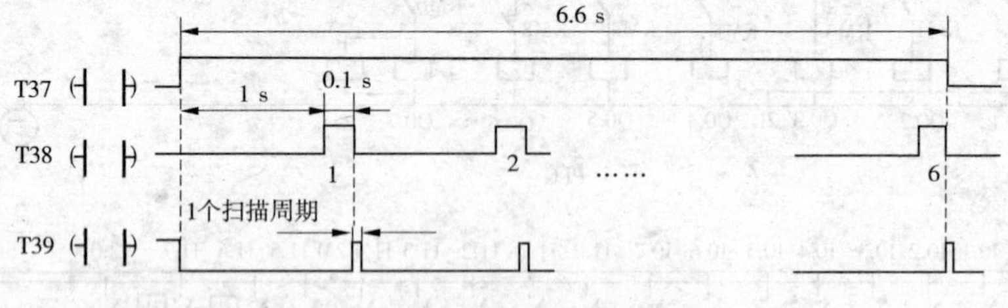

图 4-24　变速定时器时序图

2. 主轴电动机反转接触器 Q0.2(KM2)接通条件

与正转接通条件相同,只是少了一个变速冲动条件。因为机床的变速,只在正转时进行。

3. 主轴电动机高低速控制

当高速手柄在高速时,I0.6(SQ 压合)通,Q0.6(KM6)通,低速启动,此时定时器 T32 也开始定时,3 s 后 Q0.6(KM6)断开,Q0.7(KM7、KM8)通,高速运行。

4. 快速移动进给电动机 M2 的控制

快速移动进给电动机 M2 是由快速手柄 I0.7(SQ7)、I0.8(SQ8)控制的。

项目四　PLC 在 X62W 万能铣床上的应用

一、继电器控制电路

(一)继电器控制电路简介

X62W 万能铣床是一种通用的多用途机床,它可以进行平面、斜面、螺旋面及成型表面的加工,它采用继电接触器电路实现电气控制。PLC 专为工业环境应用而设计,其显著的特点之一就是可靠性高,抗干扰能力强。将 X62W 万能铣床电气控制线路采用可编程序控制器控制,可以提高整个电气控制系统的工作性能,减少维护、维修的工作量。

X62W 万能铣床共用 3 台异步电动机拖动,它们分别是主轴电动机 M1、进给电动机 M2 和冷却泵电动机 M3。X62W 万能铣床电气控制线路,如图 4-25 所示。该线路分为主电路、控制电路和照明电路三部分。

(二)继电器控制工作原理

1. 主电路分析

主轴电动机 M1 拖动主轴带动铣刀进行铣削加工,通过组合开关 SA3 来实现正反转;进给电动机 M2 通过操纵手柄和机械离合器的配合拖动工作台进行前后、左右、上下 6 个方向的进给运动和快速移动,其正反转由接触器 KM3、KM4 来实现;冷却泵电动机 M3 供应切削液,且当 M1 启动后,用手动开关 QS2 控制;3 台电动机共用熔断器 FU1 作短路保护,3 台电动机分别用热继电器 FR1、FR2、FR3 作过载保护。

2. 控制电路分析

控制电路的电源由控制变压器 TC 输出 110 V 电压供电。

1)主轴电动机 M1 的控制

主轴电动机 M1 的两地控制由启动停止按钮 SB1、SB2 与 SB5、SB6 完成。KM1 是主轴电动机启动接触器,YC1 是主轴制动用的电磁离合器,SQ1 是主轴变速时瞬时点动的位置开关。

2)进给电动机 M2 的控制

工作台的进给运动在主轴启动后方可进行。工作台的进给可在 3 个坐标的 6 个方向运动,进给运动是通过两个操作手柄和机械联动机构控制相应的位置开关使进给电动机 M2 正转或反转来实现的,并且 6 个方向的运动是连锁的,不能同时接通。

当需要圆形工作台旋转时,将开关 SA2 扳到接通位置,这时触头 SA2 - 1 和 SA2 - 3 断开,触头 SA2 - 2 闭合,电流经 10—13—14—15—20—19—17—18 路径,使接触器 KM3 得电,电动机 M2 启动,通过一根专用轴带动圆形工作台作旋转运动。转换开关 SA2 扳到断开位置,这时触头 SA2 - 1 和 SA2 - 3 闭合,触头 SA2 - 2 断开,以保证工作台在 6 个方向的进给运动,因为圆形工作台的旋转运动和 6 个方向的进给运动也是连锁的。

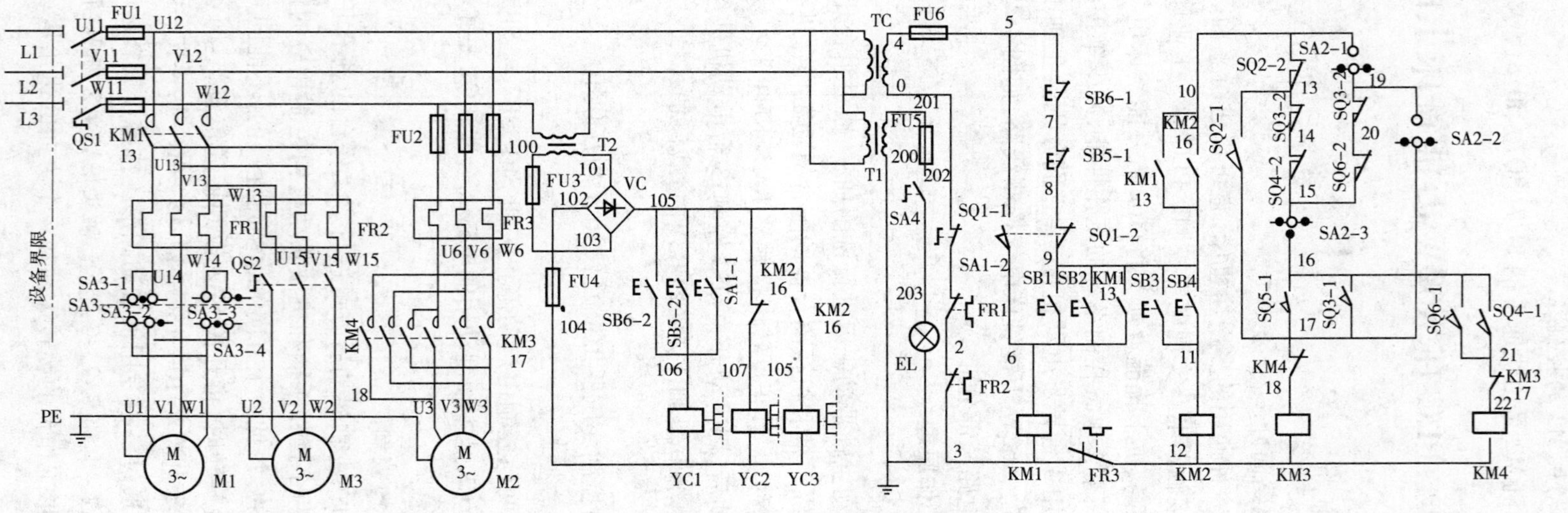

图 4-25　X62W 万能铣床电气原理图

二、X62W 万能铣床的 PLC 控制线路

X62W 万能铣床电气控制线路中的电源电路、主电路及照明电路保持不变，在控制电路中，将变压器 TC 的输出部分及整流器 VC 的输出部分去掉，用可编程序控制器实现，为了保证各种连锁功能，将 SQ1 ~ SQ6，SB1 ~ SB6 分别接入 PLC 的输入端，换刀开关 SA1 和圆形工作台转换开关 SA2 分别用其一对常开和常闭触头接入 PLC 的输入端子。输出器件分三个电压等级，一个是接触器使用的 110 V 交流电压，另一个是电磁离合器使用的 36 V 直流电，还有一个是照明使用的 24 V 交流电压，这样也将 PLC 的输出口分为三组连接点。

（一）PLC 控制程序

根据 X62W 万能铣床的控制要求，设计该电气控制系统的 PLC 控制梯形图，该程序共有 9 条支路，反映了原继电器电路中的各种逻辑内容。

X62W 万能铣床 PLC 控制程序，如图 4-26 所示。

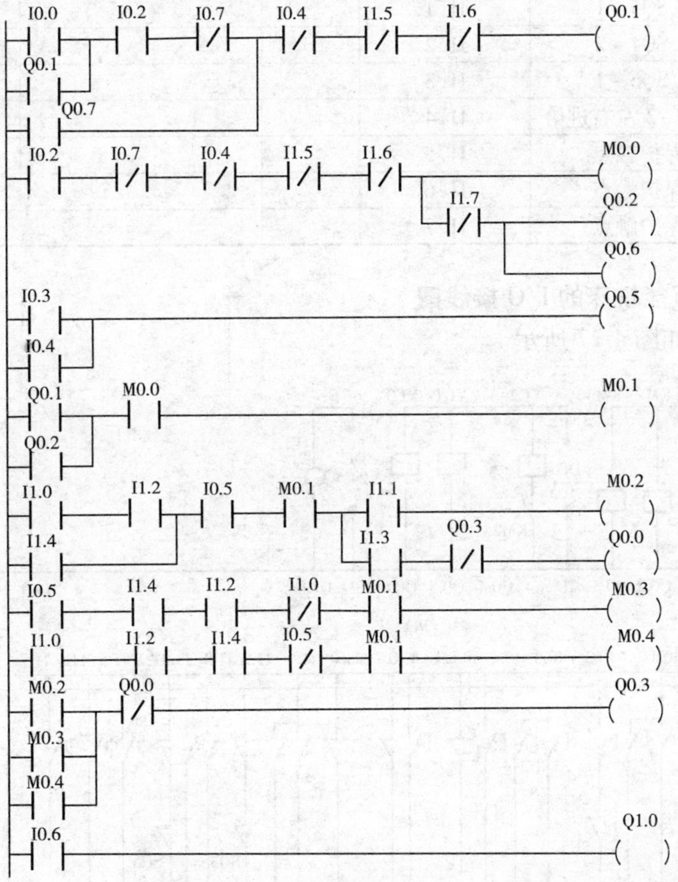

图 4-26　X62W 万能铣床 PLC 控制程序

（二）PLC 控制的 I/O 配置表

经过对 X62W 万能铣床的控制系统进行详细的分析可知，该系统需要输入点数为 16 点，输出点数为 7 点，根据输入、输出口的数量，可选择西门子 CPU226 型 PLC。所有的电

器元件均可采用图 4-25 中的型号。万能铣床各个输入/输出点的 PLC I/O 地址,如表 4-7 所示。

表 4-7　万能铣床 PLC I/O 地址

序号	输入器件	输入地址	序号	输出器件	输出地址
1	SB1、SB2 主轴启动	I0.0	1	EL 照明	Q1.0
2	SB3、SB4 快速进给	I0.1	2	KM1 主轴启动	Q0.1
3	SB5－1、SB6－1 制动	I0.2	3	KM2 主轴启动	Q0.2
4	SB5－2、SB6－2 制动	I0.3	4	KM3 M2 正转	Q0.3
5	SA1 换刀开关	I0.4	5	KM4 M2 反转	Q0.0
6	SA2 圆工作台开关	I0.5	6	YC1 主轴制动	Q0.5
7	SA4 照明开关	I0.6	7	YC3 快速进给	Q0.6
8	SQ1 主轴冲动	I0.7			
9	SQ2 进给冲动	I1.0			
10	SQ3－1、SQ5－1	I1.1			
11	SQ3－2、SQ4－2	I1.2			
12	SQ4－1、SQ6－1	I1.3			
13	SQ5－2、SQ6－2 左右进给	I1.4			
14	FR1 热保护触点	I1.5			
15	FR2 热保护触点	I1.6			
16	FR3 热保护触点	I1.7			

(三)X62W 万能铣床的 I/O 接线图

I/O 接线图,如图 4-27 所示。

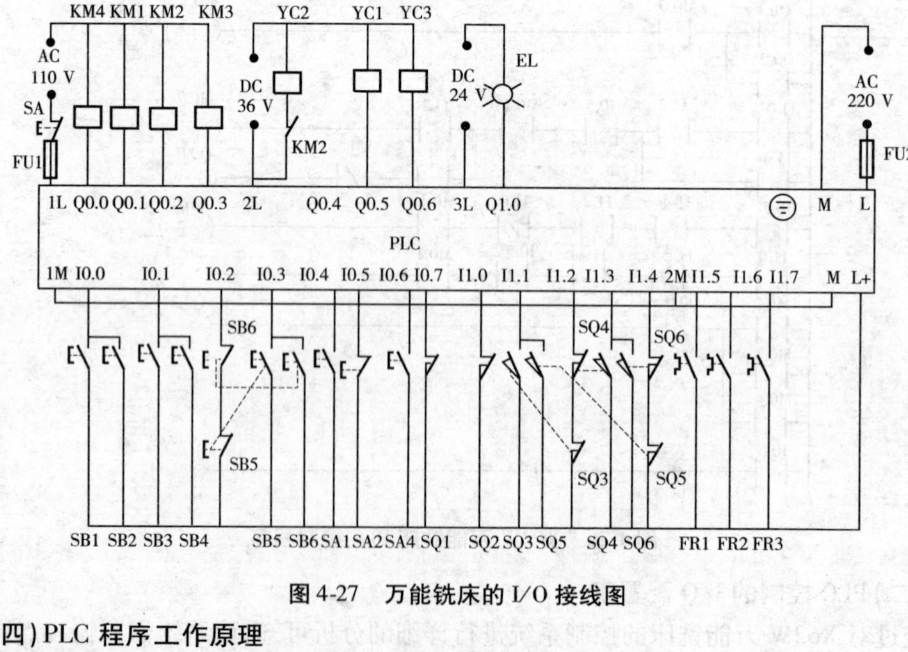

图 4-27　万能铣床的 I/O 接线图

(四)PLC 程序工作原理

在第 1 支路中,因 SQ1 和 SB5、SB6 都采用常闭触头分别接至输入端子 I0.7、I0.2,则

I0.7、I0.2 的常开触点闭合，按下启动按钮 SB1 或 SB2 时，I0.0 常开触点闭合，Q0.1、M0.0 线圈得电并自锁，第 4 支路中 Q0.1 常开触点闭合，辅助继电器 M0.1 线圈得电，其常开触点闭合，为第 5 支路以下程序执行做好准备，保证了只有主轴旋转后才有进给运动。Q0.1 的输出信号使主轴电动机 M1 启动运转。当按停止按钮 SB5 或 SB6 时，I0.2 常开触点复位，Q0.1 线圈失电，主轴惯性运转，同时 I0.3 常开触点闭合，Q0.5 线圈得电接通电磁离合器 YC1，主轴制动停转。第 2 支路表达了 KM2 及 YC3 的工作逻辑，当按下快速移动按钮 SB3 或 SB4 时，I0.1 常开触点闭合，则 Q0.2 及 Q0.6 线圈得电，KM2 常闭触头断开，电磁离合器 YC2 失电，YC3 得电，工作台沿选定方向快速移动；松开 SB3 或 SB4 则 YC2 得电，YC3 失电，快速移动停止。第 5、6、7、8 支路表达了工作台六个方向的进给、进给冲动及圆工作台的工作逻辑关系。当圆形工作台转换开关 SA2 动作，5、7 支路中 I0.5的常开触点分断，第 7 支路中 I0.5 常闭触头复位，M0.4 及 Q0.3 线圈得电，使 KM3 得电，电动机 M2 启动，圆形工作台旋转；当 SA2 复位时，M0.4、Q0.3 线圈失电，圆形工作台停止旋转。左右进给时，SQ5 或 SQ6 被压合，I1.4 常开触点复位，第 6、7 支路被分断，而 I1.1 或 I1.3 常开触点闭合，M0.2（其常开触点使 Q0.3 线圈得电）或 Q0.0 线圈得电，电动机 M2 正转或反转，拖动工作台向左或向右运动。同样，工作台上下、前后进给时，SQ3 或 SQ4 被压合，I1.2 常开触点复位，第 6、7 支路被分断，M0.2 或 Q0.0 线圈得电，电动机 M2 正转或反转，拖动工作台按选定的方向（上、下、前、后中某一方向）作进给运动。该程序及 PLC 的硬接线不仅保证了电路的工作逻辑关系，而且具有各种连锁措施，投资少、工作量较小。

万能铣床是一种高效率的加工机械，在机械加工和机械修理中得到广泛的应用，万能铣床的操作是通过手柄同时操作电气与机械，以达到机电紧密配合完成预定的操作，是机械与电气结构联合动作的典型控制，是自动化程度较高的组合机床。但是在电气控制系统中，故障的查找与排除是非常困难的，特别是在继电器接触式控制系统中，由于电气控制线路触点多、线路复杂、故障率高、检修周期长，给生产与维护带来诸多不便，严重地影响了生产。该 PLC 控制系统无论是硬件还是软件，控制稳定可靠，具有极高的可靠性与灵活性，更容易维修，更能适应经常变动的工艺条件。

小　结

本模块首先简单介绍了应用系统设计的方法和步骤。在系统应用设计中，要重点掌握系统设计原则，突出以下几个方面：熟悉被控对象；制订被控对象；制订控制方案；详细描述控制对象；配置 PLC；程序设计与调试。

其次，讲述了 PLC 程序设计常用方法；PLC 的安装、I/O 接线图、配线、维护、检修；S7－200 系列 PLC 的装配、检测、维护以及 PLC 输入、输出与外围元件的连接。

最后，对典型机床电气控制线路进行了分析说明，介绍了 C650 车床、Z3040 钻床、T68 镗床的继电器控制电路和工作原理、PLC 控制电路、I/O 配置表和接线图以及 PLC 控制的工作原理。

习题四

1. 简述可编程序控制器系统设计原则。

2. 简述可编程序控制器系统设计步骤。

3. PLC 程序设计常用哪几种方法?

4. PLC 减少输入、输出点的方法有几种?

5. 如何选择合适的 PLC 类型?

6. 如果可编程序控制器的输入端或输出端接有感性元件,应采取什么措施来保证可编程序控制器的正常运行?

7. 如图 4-28 所示,有 3 条传送带,按下启动按钮,3 号传送带先开始运行,5 s 后 2 号传送带自行启动。过 5 s 后 1 号传送带自行启动。按下停止按钮,停机的顺序与启动机的顺序相反,间隔 4 s。试设计梯形图程序。

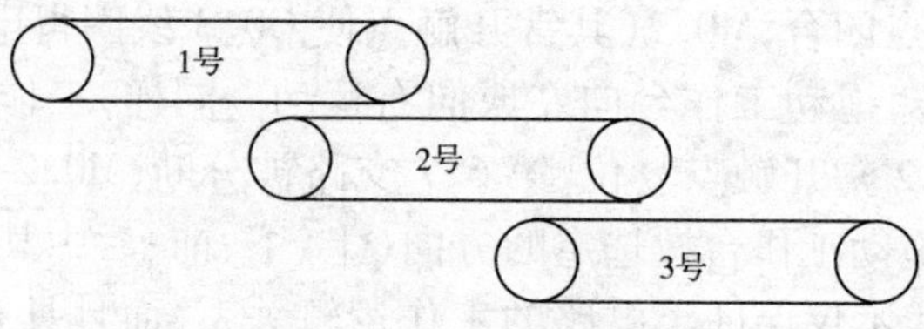

图 4-28 习题 7 图

8. 如图 4-29 所示,是一个手动 Y－△连接启动控制电路,试简述其工作过程,并把它改成梯形图程序。

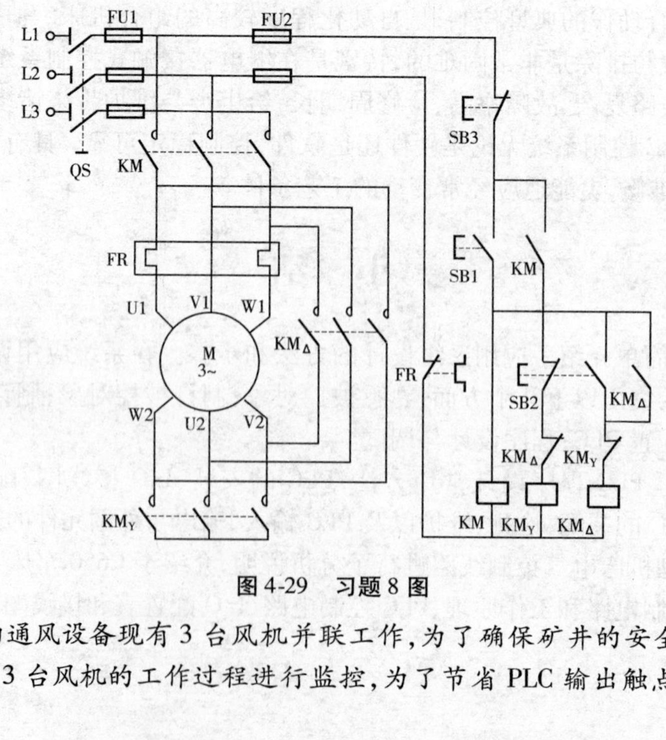

图 4-29 习题 8 图

9. 某矿井的通风设备现有 3 台风机并联工作,为了确保矿井的安全,需要在原 PLC 程序的基础上对 3 台风机的工作过程进行监控,为了节省 PLC 输出触点数,决定采用一支彩灯进行指示。要求通风设备处于工作状态时,若有两台或两台以上的风机在工作,此时为正常工作状态,指示灯应长亮;若仅有一台风机在工作,则为一级故障状态,指示灯以 0.5 Hz 的频率闪烁;若无风机在工作,则为严重故障状态,指示灯以 2 Hz 的频率闪烁;风机在停机状态时,指示灯熄灭。(提示:每台风机工作状态由安装在风机上的传感器触点判断,当风机工作时其触点闭合,停止时触点断开。)

10. 如图 4-30 所示,是 M7120 平面磨床的部分电气控制图,试用 PLC 进行改造。

(1)图中的 FR 代表什么电器?

(2)分配 I/O 接口,画 PLC 硬件接线图。

(3)画出对应的梯形图程序。

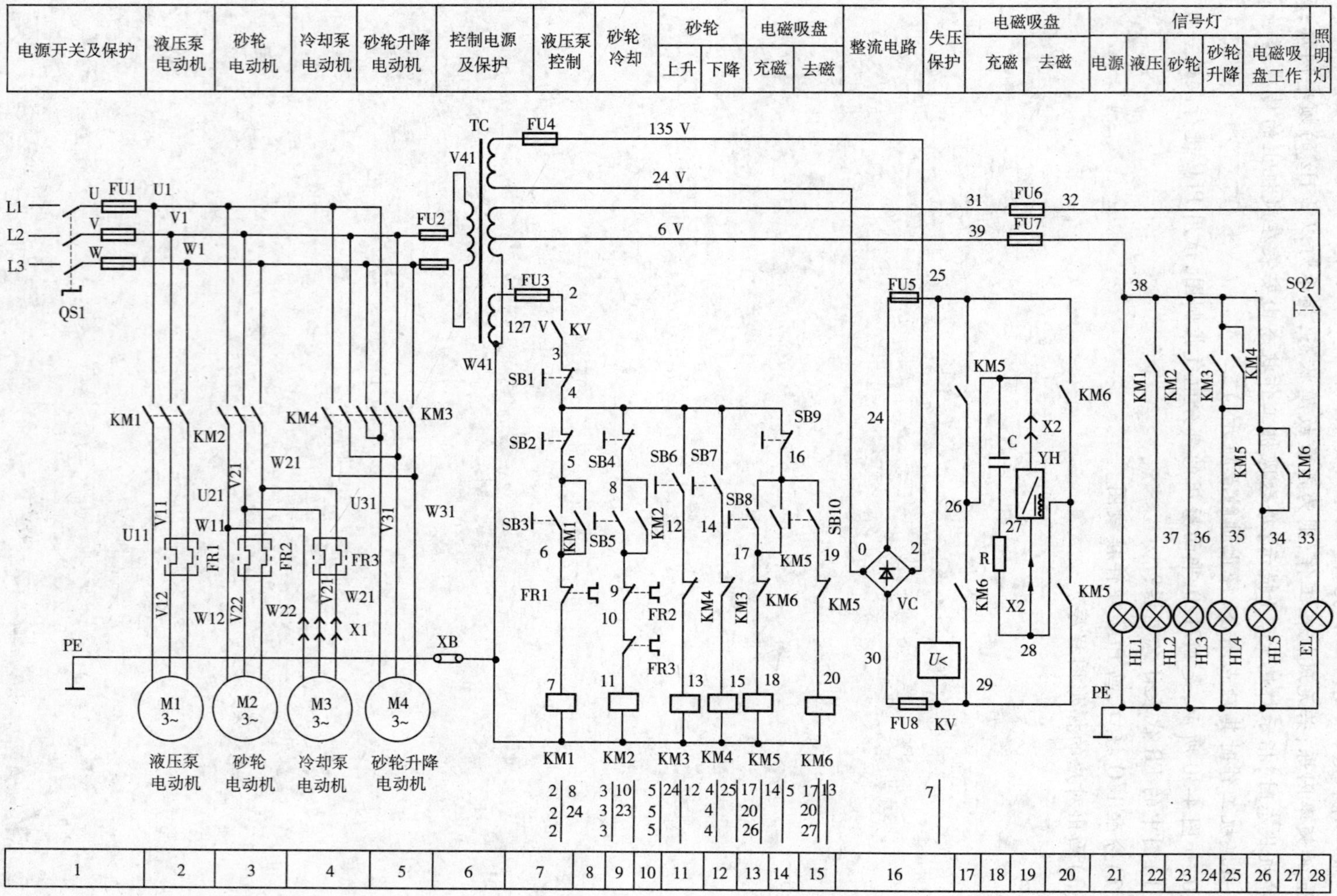

电源开关及保护
液压泵电动机
砂轮电动机
冷却泵电动机
砂轮升降电动机
控制电源及保护
液压泵控制
砂轮冷却
砂轮 上升 下降
电磁吸盘 充磁 去磁
整流电路
失压保护
电磁吸盘 充磁 去磁
信号灯 电源 液压 砂轮 砂轮升降 电磁吸盘工作
照明灯
L1 L2 L3 QS1 FU1 FU2 FU3 FU4 FU5 FU6 FU7 FU8
TC V41 W41 135 V 24 V 6 V 127 V
KM1 KM2 KM3 KM4 KM5 KM6 KV
SB1 SB2 SB3 SB4 SB5 SB6 SB7 SB8 SB9 SB10
FR1 FR2 FR3 XB X1 X2 PE
VC C R YH SQ2
HL1 HL2 HL3 HL4 HL5 EL
M1 3~ M2 3~ M3 3~ M4 3~
液压泵电动机
砂轮电动机
冷却泵电动机
砂轮升降电动机
1 2 3 4 5 6 7 8 9 10 11 12 13 14 15 16 17 18 19 20 21 22 23 24 25 26 27 28

图 4-30　习题 10 图

模块五 PLC 在控制领域的应用

项目一 PLC 在喷泉中的应用

一、知识目标

1. 掌握 PLC 的传送、移位指令的指令格式。

2. 掌握 PLC 的传送、移位指令的应用。

二、能力目标

1. 会确定喷泉控制的总体功能设计目标及方案设计。

2. 会用喷泉控制系统进行硬件型号选择。

3. 会用 PLC 程序编写流程,并进行 I/O 地址分配。

4. 会画 I/O 接线图。

5. 会用 PLC 对所编程序进行调试。

一、预备知识

(一)数据传送指令

传送类指令用于在各个编程元件之间进行数据传送。根据每次传送数据的数量,可分为单一传送指令和块传送指令。

1. 单一传送

使能输入有效时,即 EN = 1 时,将一个输入 IN 的字节、字/整数、双字/双整数或实数送到 OUT 指定的存储器输出。在传送过程中不改变数据的大小。传送后,输入存储器 IN 中的内容不变。

1)MOVB 字节传送指令

使能输入有效时,把一个单字节无符号数据由 IN 传送到 OUT 所指的字节存储单元。

IN 的寻址范围:VB、IB、QB、MB、SB、SMB、LB、AC、* VD、* AC、* LD 和常数。

OUT 的寻址范围:VB、IB、QB、MB、SB、SMB、LB、AC、* VD、* AC、* LD。

指令格式:MOVB IN1, OUT。

例: MOVB VB0, QB0。

2)MOVW 字传送指令

使能输入有效时,把一个 1 字长有符号整数由 IN 传送到 OUT 所指的字存储单元。

3)MOVD 双字传送指令

使能输入有效时,把一个双字长有符号整数由 IN 传送到 OUT 所指的双字存储单元。

4)MOVR 实数传送指令

使能输入有效时,把一个 32 位实数由 IN 传送到 OUT 所指的双字存储单元。

指令盒如图 5-1 所示。

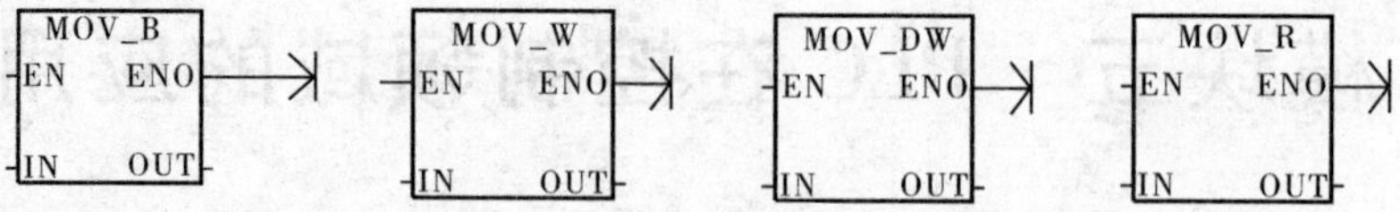

图 5-1　单一传送

2. 块传送

数据块传送指令将从输入地址 IN 开始的 N 个数据传送到输出地址 OUT 开始的 N 个单元中，N 的范围为 1～255，N 的数据类型为字节型。

三条指令中 N 的寻址范围都是：VB、IB、QB、MB、SB、SMB、LB、AC、* VD、* AC、* LD 和常数。

1) BMB 字节块传送指令

使能输入有效时，把从输入字节 IN 开始的 N 个字节型数据传送到从 OUT 开始的 N 个字节存储单元中。

IN、OUT 的寻址范围：VB、IB、QB、MB、SB、SMB、LB、* VD、* AC、* LD。

指令格式：BMB IN1, OUT, N。

2) BMW 字块传送指令

使能输入有效时，把从输入字 IN 开始的 N 个字型数据传送到从 OUT 开始的 N 个字存储单元中。

IN 的寻址范围：VW、IW、QW、MW、SW、SMW、LW、AIW、T、C、* VD、* AC、* LD。

OUT 的寻址范围：VW、IW、QW、MW、SW、SMW、LW、AQW、T、C、* VD、* AC、* LD。

指令格式：BMW IN1, OUT, N。

3) BMD 双字块传送指令

使能输入有效时，把从输入双字 IN 开始的 N 个双字型数据传送到从 OUT 开始的 N 个双字存储单元中。

IN 的寻址范围：VD、ID、QD、MD、SD、SMD、LD、* VD、* AC、* LD。

OUT 的寻址范围：VD、ID、QD、MD、SD、SMD、LD、* VD、* AC、* LD。

指令格式：BMD IN1, OUT, N。

指令盒如图 5-2 所示。

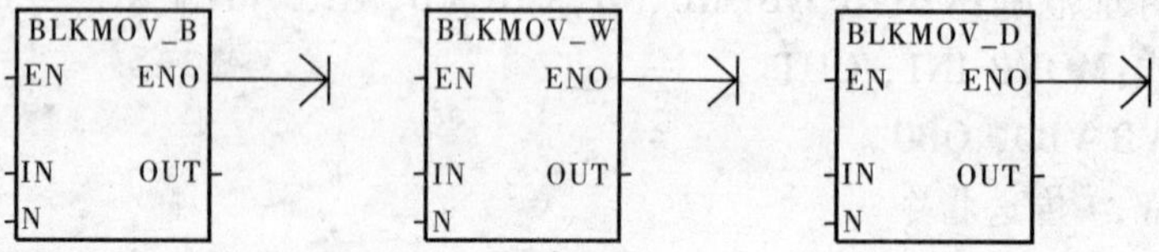

图 5-2　块传送

3. 移位指令及应用举例

移位指令分为左、右移位和循环左、右移位及寄存器移位指令三大类。前两类移位指令按移位数据的长度又分字节型、字型、双字型 3 种。

1)左移和右移指令

左移或右移指令的功能是将输入数据 IN 左移或右移 N 位后,把结果送到 OUT。左移或右移指令的特点如下:

(1)被移位的数据是无符号的。

(2)在移位时,存放被移位数据的编程元件的移出端与特殊继电器 SM1.1 连接,移出位进入 SM1.1(溢出),另一端自动补 0。

(3)移位次数 N 与移位数据的长度有关,如 N 小于实际的数据长度,则执行 N 次移位。如 N 大于实际的数据长度,则执行移位的次数等于实际数据长度的位数。

(4)移位次数 N 为字节型数据。

左移和右移指令影响的特殊继电器:SM1.0(零),当移位操作结果为 0 时,SM1.0 自动置位;SM1.1(溢出)的状态由每次移出位的状态决定。

影响允许输出 ENO 正常工作的出错条件为:SM4.3(运行时间),0006(间接寻址)。

a. 字节左移指令 SLB 和字节右移指令 SRB

在梯形图中,字节左移指令或字节右移指令以功能框的形式编程,指令名称分别为:SHL_B 和 SHR_B。

当允许输入 EN 有效时,将字节型输入数据 IN 左移或右移 N 位(N≤8)后,送到 OUT 指定的字节存储单元。

在语句表中,字节左移指令 SLB 或字节右移指令 SRB 的指令格式如图 5-3 所示。

字节左移指令:SLB OUT,N(OUT 与 IN 为同一个存储单元)。

字节右移指令:SRB OUT,N(OUT 与 IN 为同一个存储单元)。

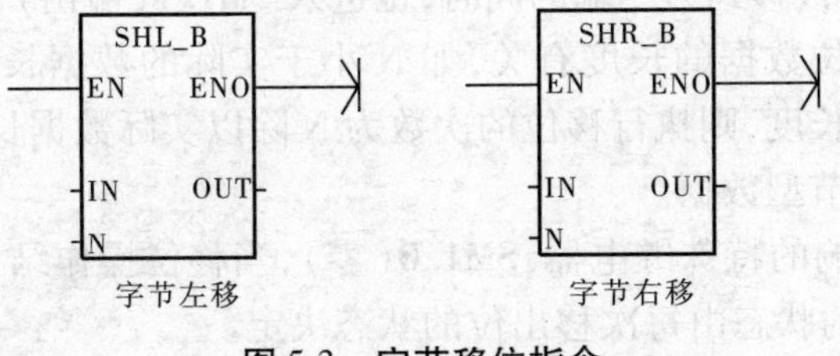

图 5-3 字节移位指令

b. 字左移指令 SLW 和字右移指令 SRW

在梯形图中,字左移指令 SLW 或字右移指令 SRW 以功能框的形式编程,指令的名称分别为:SHL_W 和 SHR_W,如图 5-4 所示。

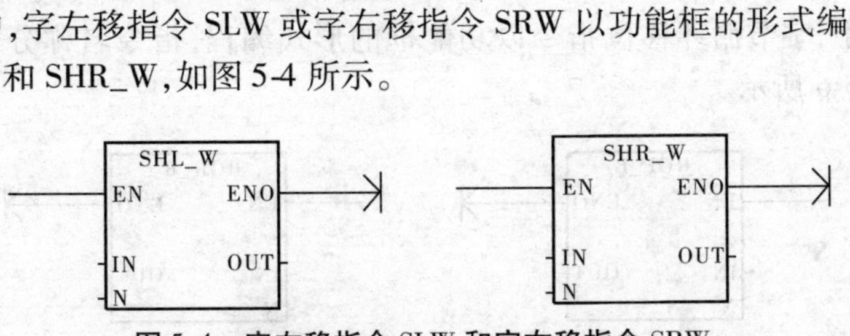

图 5-4 字左移指令 SLW 和字右移指令 SRW

当允许输入 EN 有效时,将字型输入数据 IN 左移或右移 N 位(N≤16)后,送到 OUT 指定的字存储单元。

在语句表中,字左移指令 SLW 或字右移指令 SRW 的指令格式如下:

字左移指令:SLW OUT,N(OUT 与 IN 为同一个存储单元)。

字右移指令:SRW OUT,N(OUT 与 IN 为同一个存储单元)。

c. 双字左移指令 SLD 和双字右移指令 SRD

在梯形图中,双字左移指令 SLD 或双字右移指令 SRD 以功能框的形式编程,如图 5-5 所示。

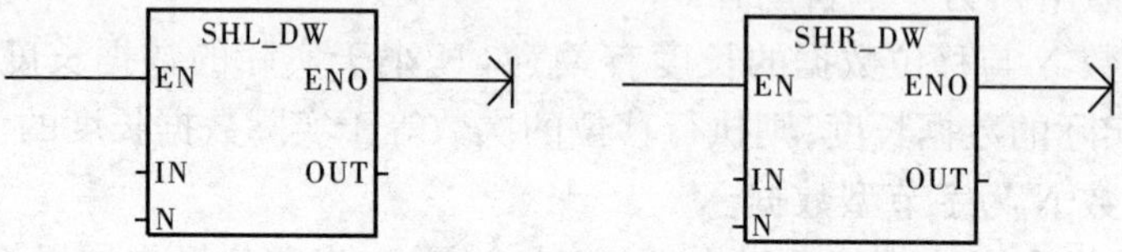

图 5-5　双字左移指令 SLD 和双字右移指令 SRD

当允许输入 EN 有效时,将双字型输入数据 IN 左移或右移 N 位(N≤32)后,送到 OUT 指定的双字存储单元。

在语句表中,双字左移指令 SLD 或双字右移指令 SRD 的指令格式如下:

双字左移指令:SLD OUT,N(OUT 与 IN 为同一个存储单元)。

双字右移指令:SRD OUT,N(OUT 与 IN 为同一个存储单元)。

2)循环左移和循环右移指令

循环移位的特点如下。

被移位的数据是无符号的。

在移位时,存放被移位数据的编程元件的移出端既与另一端连接,又与特殊继电器 SM1.1 连接,移出位在被移到另一端的同时,也进入 SM1.1(溢出),另一端自动补 0。

移位次数 N 与移位数据的长度有关,如 N 小于实际的数据长度,则执行 N 次移位。如 N 大于实际的数据长度,则执行移位的次数为 N 除以实际数据长度的余数。

移位次数 N 为字节型数据。

循环移位指令影响的特殊继电器:SM1.0(零),当移位操作结果为 0 时,SM1.0 自动置位。SM1.1(溢出)的状态由每次移出位的状态决定。

影响允许输出 ENO 正常工作的出错条件为:SM4.3(运行时间),0006(间接寻址)。

a. 字节循环左移指令 RLB 和字节循环右移指令 RRB

在梯形图中,字节循环移位指令以功能框的形式编程,指令名称分别为:ROL_B 和 ROR_B ,如图 5-6 所示。

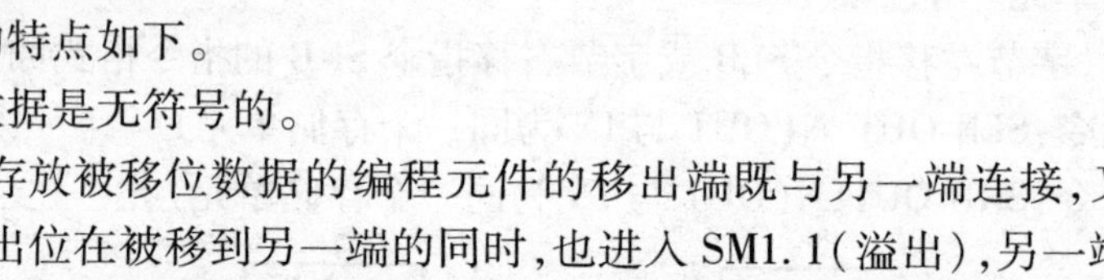

图 5-6　字节循环左移指令 RLB 和字节循环右移指令 RRB

当允许输入 EN 有效时,把字节型输入数据循环移位 N 位后,送到由 OUT 指定的字节存储单元。

在语句表中,字节循环移位指令的指令格式如下。

字节循环左移指令:RLB OUT,N。

字节循环右移指令:RRB OUT,N。

b. 字循环左移指令 RLW 和字循环右移指令 RRW

在梯形图中,字循环移位指令以功能框的形式编程,指令名称分别为:ROL_W 和 ROR_W,如图 5-7 所示。

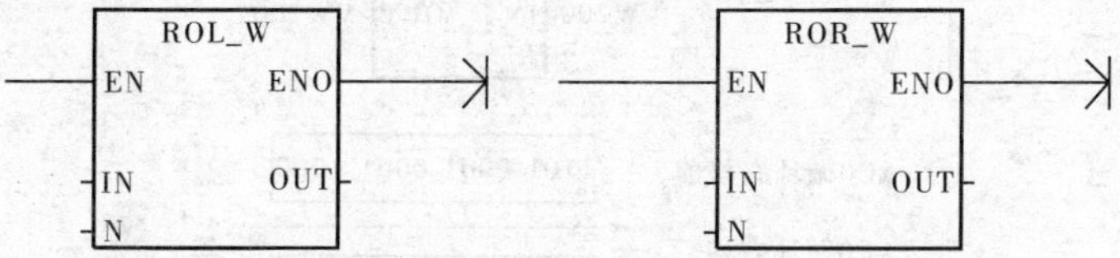

图 5-7　字循环左移指令 RLW 和字循环右移指令 RRW

当允许输入 EN 有效时,把字型输入数据 IN 循环移位 N 位后,送到由 OUT 指定的字存储单元。

在语句表中,字循环移位指令的指令格式如下:

字循环左移指令:RLW OUT,N。

字循环右移指令:RRW OUT,N。

c. 双字循环左移指令 RLD 和双字循环右移指令 RRD

在梯形图中,双字循环移位指令以功能框的形式编程,指令名称分别为:ROL_DW 和 ROR_DW,如图 5-8 所示。

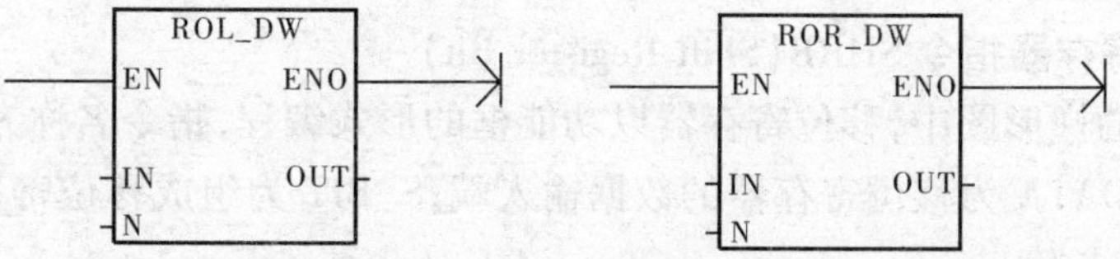

图 5-8　双字循环左移指令 RLD 和双字循环右移指令 RRD

当允许输入 EN 有效时,把双字型输入数据 IN 循环移位 N 位后,送到由 OUT 指定的双字存储单元。

在语句表中,字循环移位指令的指令格式如下:

双字循环左移指令:RLD OUT,N。

双字循环右移指令:RRD OUT,N。

3)程序应用举例,

(1)将 AC0 中的字循环右移 2 位,将 VW200 中的字左移 3 位。程序及运行结果,如图 5-9 所示。

(2)用 I0.0 控制接在 Q0.0 ~ Q0.7 上的 8 个彩灯循环移位,从左到右以 0.5 s 的速度依次点亮,保持任意时刻只有一个指示灯亮,到达最右端后,再从左到右依次点亮。

分析:8 个彩灯循环移位控制,可以用字节的循环移位指令。根据控制要求,首先应置彩灯的初始状态为 QB0 = 1,即左边第一盏灯亮;接着灯从左到右以 0.5 s 的速度依次

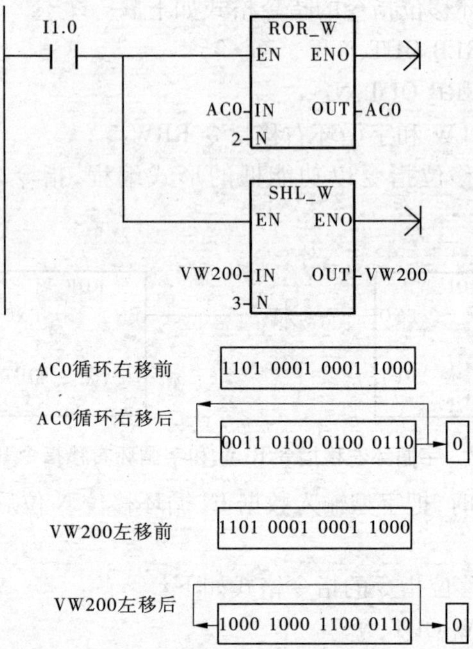

图 5-9 程序应用举例

点亮，即要求字节 QB0 中的“1”用循环左移位指令每 0.5 s 移动一位，因此须在 ROL－B 指令的 EN 端接一个 0.5 s 的移位脉冲(可用定时器指令实现)。梯形图程序和语句表程序，如图 5-10 所示。

(二)移位寄存器指令 SHRB(Shift Register Bit)

在图 5-11 的梯形图中，移位寄存器以功能框的形式编程，指令名称为：SHRB。它有 3 个数据输入端：DATA 为移位寄存器的数据输入端；S_BIT 为组成移位寄存器的最低位；N 为移位寄存器的长度。

移位寄存器的特点如下：

(1)移位寄存器的数据类型无字节型、字型、双字型之分，移位寄存器的长度 N(N≤64)由程序指定。

(2)移位寄存器的组成：最低位为 S_BIT；最高位的计算方法为 MSB＝(I｜N｜－1＋S_BIT 的位号)/8；最高位的字节号：MSB 的商＋S_BIT 的字节号；最高位的位号：MSB 的余数。

(3)N＞0 时，为正向移位，即从最低位向最高位移位。

(4)N＜0 时，为反向移位，即从最高位向最低位移位。

(5)移位寄存器指令的功能是：当允许输入端 EN 有效时，如果 N＞0，则在每个 EN 的前沿，将数据输入 DATA 的状态移入移位寄存器的最低位 S_BIT；如果 N＜0，则在每个 EN 的前沿，将数据输入 DATA 的状态移入移位寄存器的最高位，移位寄存器的其他位按照指定的方向(正向或反向)，依次串行移位。

(6)移位寄存器的移出端与 SM1.1(溢出)连接。移位寄存器指令影响的特殊继电

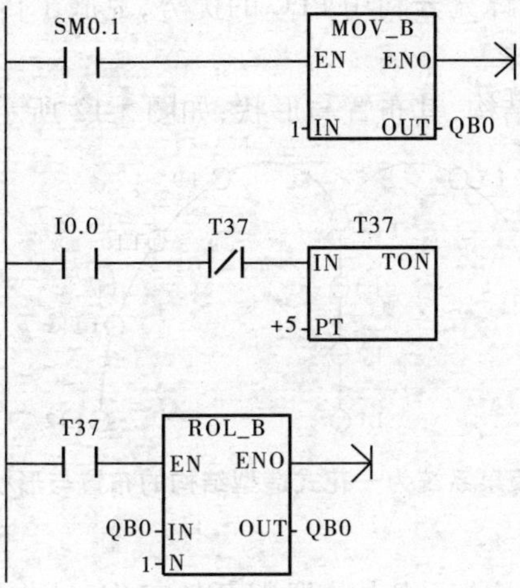


```
LD      SM0.1      //首次扫描时
MOVB    1,QB0      //置8位彩灯初态
LD      I0.0
AN      T37        //T37产生周期为0.5 s的移位脉冲
TON     T37,+5
LD      T37        //每来一个脉冲彩灯循环左移1位
RLB     QB0,1
```

图 5-10　梯形图程序和语句表程序

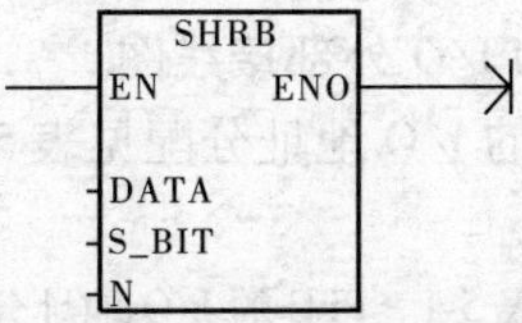

图 5-11　移位寄存器指令 SHRB 的梯形图

器:SM1.0(零),当移位操作结果为0时,SM1.0自动置位;SM1.1(溢出)的状态由每次移出位的状态决定。影响允许输出ENO正常工作的出错条件为:SM4.3(运行时间),0006(间接寻址),0091(操作数超界),0092(计数区错误)。

二、喷泉控制系统要求

(一)喷泉控制系统简介

随着人们生活水平的提高,城市环境建设日益为人们所重视。喷泉作为一种观赏性很高的艺术水景,不断地出现在城市广场、居民小区、公园等场所。它不仅可以增加周围空气湿度,减少空气中的尘埃,降低空气温度,更为人们增加了不少情趣。自动控制喷泉能自动且连续地改变其形态,呈现丰富多彩的花形变化,从而给人以美好的视觉感受。

早期的喷泉由继电器控制,体积大、耗电多、寿命短、可靠性差、运行速度低、接线繁琐、灵活性差,而PLC有着运算速度高、指令丰富、功能强大、可靠性高、使用方便、编程灵活、抗干扰能力强等特点。本设计充分利用 PLC 的优势，克服了传统控制的不足。

（二）喷泉控制系统控制要求

该喷泉系统为一花式造型结构，其布置与形状，如图 5-12 所示。

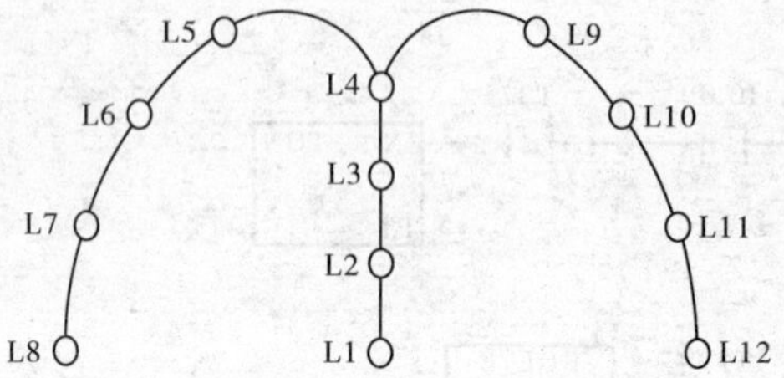

图 5-12　喷泉系统为一花式造型结构的布置与形状

控制要求如下：

电源开关接通后，按下启动按钮，喷水装置即开始工作，动作顺序为隔灯闪烁，L1 亮 0.5 s 后灭，接着 L2 亮 0.5 s 后灭，接着 L3 亮 0.5 s 后灭，接着 L4 亮 0.5 s 后灭，接着 L5、L9 亮 0.5 s 后灭，接着 L6、L10 亮 0.5 s 后灭，接着 L7、L11 亮 0.5 s 后灭，接着 L8、L12 亮 0.5 s 后灭，再接着 L1 亮 0.5 s 后灭，如此循环下去，按下停止按钮，则停止喷水。

（三）控制系统的硬件组成

本设计采用结构小巧、价格低廉的 PLC 替代体积大的继电器来对喷泉进行控制。喷水管用指示灯来模拟。

考虑到系统为小型喷泉控制系统，I/O 点数较少且均为数字量，因此选用 SIMATIC S7－200系列 CPU224 型 PLC，它集成了 14 输入/10 输出共 24 个数字量 I/O 输入点数，能够满足系统要求。

（四）PLC 的 I/O 地址分配和 I/O 外部接线图

分析控制任务，可列出 PLC 的 I/O 地址分配见表 5-1 所示。相应的 I/O 外部接线图，如图 5-13 所示。

表 5-1　PLC 的 I/O 地址分配

输入			输出		
符号	元件	注释参考	符号	元件	注释参考
I0.0	SB1	启动按钮	Q0.0	L1	指示灯
			Q0.1	L2	指示灯
			Q0.2	L3	指示灯
I0.1	SB2	停止按钮	Q0.3	L4	指示灯
			Q0.4	L5、L9	指示灯
			Q0.5	L6、L10	指示灯
			Q0.6	L7、L11	指示灯
			Q0.7	L8、L12	指示灯

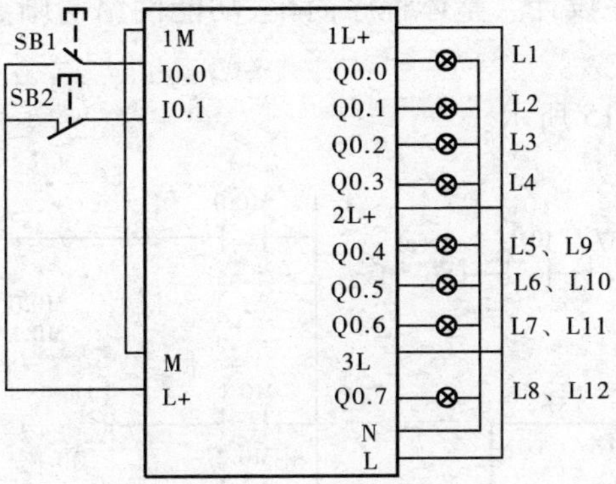

图 5-13　I/O 外部接线图

(五)喷泉控制的软件设计

1. 程序分析

应用移位寄存器控制,根据喷泉模拟控制的 8 位输出(Q0.0 ~ Q0.7),须指定一个 8 位的移位寄存器(M0.1 ~ M1.0),移位寄存器的 S_BIT 位为 M10.1,并且移位寄存器的每一位对应一个输出。如图 5-14 所示。

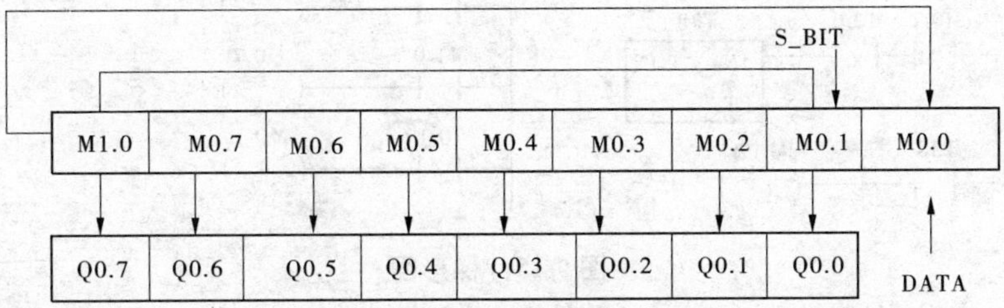

图 5-14　应用移位寄存器控制

在移位寄存器指令中,EN 连接移位脉冲,每来一个脉冲的上升沿,移位寄存器移动一位。移位寄存器应 0.5 s 移一位,因此需要设计一个 0.5 s 产生一个脉冲的脉冲发生器(由 T38 构成)。

M0.0 为数据输入端 DATA,根据控制要求,每次只有一个输出,因此只需要在第一个移位脉冲到来时由 M0.0 送入移位寄存器 S_BIT 位(M0.1)一个"1",第二个脉冲至第八个脉冲到来时由 M0.0 送入 M0.1 的值均为"0",这在程序中由定时器 T37 延时 0.5 s 导通一个扫描周期实现,第八个脉冲到来时 M1.0 置位为 1,同时通过与 T37 并联的 M1.0 常开触点使 M0.0 置位为 1,在第九个脉冲到来时由 M0.0 送入 M0.1 的值又为 1,如此循环下去,直至按下停止按钮。按下常闭停止按钮(I0.1),其对应的常闭触点接通,触发复位指令,使 M0.1 ~ M1.0 的 8 位全部复位。

2. PLC 的梯形图编制

由移位寄存器指令可进行控制程序编制,SIMATIC S7 - 200 系列 PLC 使用 STEP7 - Micro/Win32 编程软件,该编程软件提供 PLC 主机程序、数据和参数的上装、下装,可使用户直接在软件环境下调试并监视用户程序的执行。

采用梯形图编程,直观、易懂,编程时,采用基本位逻辑指令、置位/复位指令、定时器及计数器指令来完成程序设计。整体程序简单、功能网络清晰、可读性强,便于程序编制和调试。

所编梯形图,如图 5-15 所示。

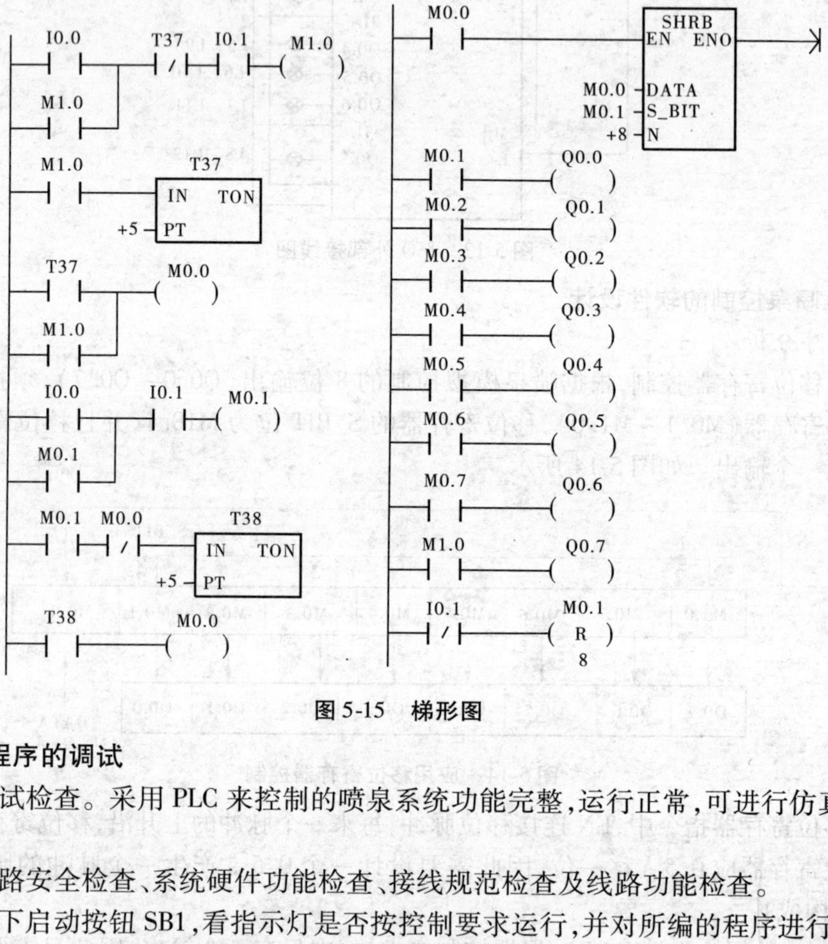

图 5-15 梯形图

(六)程序的调试

(1)调试检查。采用 PLC 来控制的喷泉系统功能完整,运行正常,可进行仿真和实物演示。

(2)线路安全检查、系统硬件功能检查、接线规范检查及线路功能检查。

(3)按下启动按钮 SB1,看指示灯是否按控制要求运行,并对所编的程序进行检查。

项目二 PLC 在机械手中的应用

一、知识目标

1. 掌握 PLC 的子程序指令格式。
2. 会用 PLC 的功能流程图语言设计梯形图。

二、能力目标

1. 会确定机械手控制系统的总体功能设计目标及方案设计。
2. 会对机械手控制系统硬件型号进行选择。
3. 会用 PLC 程序编写流程,并进行 I/O 地址分配。
4. 会画出 I/O 接线图。
5. 会用 PLC 对所编程序进行调试。

一、预备知识

(一)子程序指令

在进行计算机的结构化程序设计时,常常采用子程序设计技术。在 PLC 的程序设计中,也不例外。对那些需要经常执行的程序段,设计成子程序的形式,并为每个子程序赋以不同的编号,在程序执行的过程中,可随时调用某个编号的子程序。

通常将具有特定功能、并且多次使用的程序段作为子程序。主程序中用指令决定具体子程序的执行状况。当主程序调用子程序并执行时,子程序执行全部指令直至结束。然后,系统将返回至调用子程序的主程序。子程序用于为程序分段和分块,使其成为较小的、更易于管理的块。在程序中调试和维护时,通过使用较小的程序块,对这些区域和整个程序简单地进行调试和排除故障。只在需要时才调用程序块,可以更有效地使用 PLC,因为所有的程序块可能无须执行每次扫描。

在程序中使用子程序,必须执行下列三项任务:建立子程序;在子程序局部变量表中定义参数(如果有);从适当的 POU(从主程序或另一个子程序)调用子程序。

可采用下列一种方法建立子程序:

(1)从“编辑”菜单,选择插入(Insert)→子程序(Subroutine)。

(2)从“指令树”菜单中,用鼠标右键单击“程序块”图标,并从弹出菜单中选择插入(Insert)→子程序(Subroutine)。

(3)从“程序编辑器”窗口,用鼠标右键单击,并从弹出菜单中选择插入(Insert)→ 子程序(Subroutine)。

程序编辑器从先前的 POU 显示更改为新的子程序。程序编辑器底部会出现一个新标签,代表新的子程序。此时,可以对新的子程序编程。

用右键双击指令树中的子程序图标,在弹出的菜单中选择/重新命名,可修改子程序的名称。如果为子程序指定一个符号名,例如 USR_NAME,该符号名会出现在指令树的“子例行程序”文件夹中。

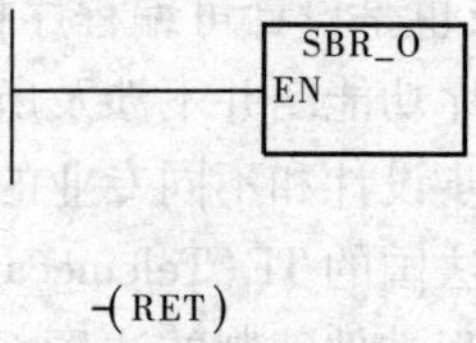

图 5-16　子程序调用及子程序返回指令

子程序调用及子程序返回指令的指令格式子程序有子程序调用和子程序返回两大类指令,子程序返回又分为条件返回和无条件返回,如图 5-16 所示。

CALL SBRn:子程序调用指令。在梯形图中为指令盒的形式。子程序的编号 n 从 0 开始,随着子程序个数的增加自动生成。操作数 n 为 0 ~ 63。

CRET:子程序条件返回指令,条件成立时结束该子程序,返回原调用处的指令 CALL 的下一条指令。

RET:子程序无条件返回指令,子程序必须以本指令作结束。由编程软件自动生成。

需要说明的是:

(1)子程序可以多次被调用,也可以嵌套(最多 8 层),还可以自己调自己。

(2)子程序调用指令用在主程序和其他调用子程序的程序中,子程序的无条件返回指令在子程序的最后网络段,梯形图指令系统能够自动生成子程序的无条件返回指令,用户无须输入。

(二)顺序控制功能流程图

所谓顺序控制,就是按照生产工艺预先规定的顺序,在各个输入信号的作用下,根据内部状态和时间的顺序,在生产过程中各个执行机构自动地有秩序地进行操作。使用顺序控制设计法时首先根据系统的工艺过程,画出顺序功能图,然后根据顺序功能图画出梯形图。有的可编程序控制器为用户提供了顺序功能图语言,在编程软件中生成顺序功能图后便完成了编程工作。它是一种先进的设计方法,很容易被初学者接受,对于有经验的工程师,也会提高设计的效率,程序的调试、修改和阅读也很方便。某厂有经验的电气工程师用经验设计法设计某控制系统的梯形图,花了两周的时间,同一系统改用顺序控制设计法,只用了不到半天的时间,就完成了梯形图的设计和模拟调试,现场试车一次成功。

顺序控制设计法最基本的思想是将系统的一个工作周期划分为若干个顺序相连的阶段,这些阶段称为步(Step),并用编程元件(例如位存储器 M 和顺序控制继电器 s)来代表各步。步是根据输出量的状态变化来划分的,在任何一步之内,各输出量的 ON/OFF 状态不变,但是相邻两步输出量的状态是不同的。步的这种划分方法使代表各步的编程元件的状态与各输出量的状态之间有着极为简单的逻辑关系。使系统由当前步进入下一步的信号称为转换条件,转换条件可以是外部的输入信号,如按钮、指令开关、限位开关的接通/断开等;也可以是可编程序控制器内部产生的信号,如定时器、计数器常开触点的接通等。转换条件还可能是若干个信号的与、或、非逻辑组合。

顺序控制设计法用转换条件控制代表各步的编程元件,让它们的状态按一定的顺序变化,然后用代表各步的编程元件去控制可编程序控制器的各输出位。

1. 顺序控制功能流程图的由来

顺序功能图(Sequential Function Chart)是描述控制系统的控制过程、功能和特性的一种图形,也是设计可编程序控制器的顺序控制程序的有力工具。

顺序功能图并不涉及所描述的控制功能的具体技术,它是一种通用的技术语言,可以供进一步设计和不同专业的人员之间进行技术交流之用。

在法国的 TE(Telemecanique)公司研制的 Grafcet 的基础上,1978 年法国公布了用于工业过程文件编制的法国标准 Afcet,第二年公布了功能图(Function Chart)的国家标准 Grafeet,它提供了所谓的步(Step)和转换(Translation)这两种简单的结构,这样可以将系统划分为简单的单元,并定义出这些单元之间的顺序关系。

1994 年 5 月公布的 IEC 可编程序控制器标准(IEC1131)中,顺序功能图被确定为可编程序控制器位居首位的编程语言。我国也在 1986 年颁布了顺序功能图的国家标准 GB 6988.6—1986。

2. 顺序功能图的组成

顺序功能图主要由步、初始步、有向连线、转换、转换条件和动作(或命令)组成。

1)步

步是控制系统中的一个相对不变的性质,它对应于一个稳定的状态。在功能流程图中步通常表示某个执行元件的状态变化。步用矩形框表示,框中的数字是该步的编号,编号可以是该步对应的工步序号,也可以是与该步相对应的编程元件(如 PLC 内部的通用辅助继电器、步标志继电器等)。步的图形符号如图 5-17 所示。

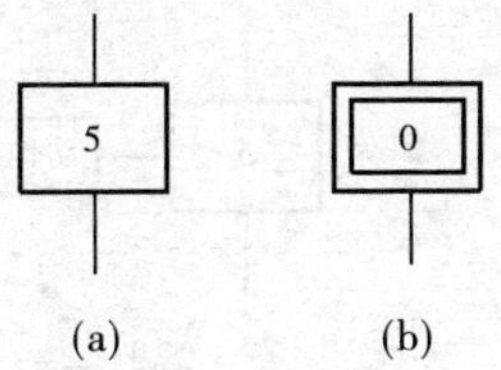

图 5-17 初始步

2)初始步

初始步对应于控制系统的初始状态,是系统运行的起点。一个控制系统至少有一个初始步,初始步用双线框表示,如图 5-17(b)所示。

3)有向连线、转换和转换条件

a. 有向连线

在顺序功能图中,随着时间的推移和转换条件的实现,将会发生步的活动状态的进展,这种进展按有向连线规定的路线和方向进行。在画顺序功能图时,将代表各步的方框按它们成为活动步的先后次序顺序排列,并用有向连线将它们连接起来。步的活动状态习惯的进展方向是从上到下或从左至右,在这两个方向有向连线上的箭头可以省略。如果不是上述的方向,应在有向连线上用箭头注明进展方向。在可以省略箭头的有向连线上,为了更易于理解也可以加箭头。

如果在画图时有向连线必须中断(例如在复杂的图中,或用几个图来表示一个顺序功能图时),应在有向连线中断之处标明下一步的标号和所在的页数。

b. 转换

转换用有向连线上与有向连线垂直的短画线来表示,转换将相邻两步分隔开。步的活动状态的进展是由转换的实现来完成的,并与控制过程的发展相对应。

c. 转换条件

转换条件是与转换相关的逻辑命题,转换条件可以用文字语言、布尔代数表达式或图形符号标注在表示转换的短线的旁边,使用得最多的是布尔代数表达式。

4)与步对应的动作或命令

可以将一个控制系统划分为被控系统和施控系统,例如在数控车床系统中,数控装置是施控系统,而车床是被控系统。对于被控系统,在某一步中要完成某些“动作”(Action);对于施控系统,在某一步中则要向被控系统发出某些“命令”(Command)。为了叙述方便,下面将命令或动作统称为动作,并用矩形框中的文字或符号表示,该矩形框应与相应的步的符号相连。

如果某一步有几个动作,可以用图 5-18 中的两种画法来表示,但是并不隐含这些动作之间的任何顺序。说明命令的语句应清楚地表明该命令是存储型的,还是非存储型的。例如某步的存储型命令“打开 1 号阀并保持”,是指该步活动时 1 号阀打开,该步不活动时继续打开;非存储型命令“打开 1 号阀”,是指该步活动时打开,不活动时关闭。

5)活动步

当系统正处于某一步所在的阶段时,该步处于活动状态,称该步为“活动步”。步处于活动状态时,相应的动作被执行;处于不活动状态时,相应的非存储型动作被停止执行。

3. 顺序功能图使用规则

(1)步与步不能直接相连,必须用转移分开。

(2)转移与转移不能直接相连,必须用步分开。

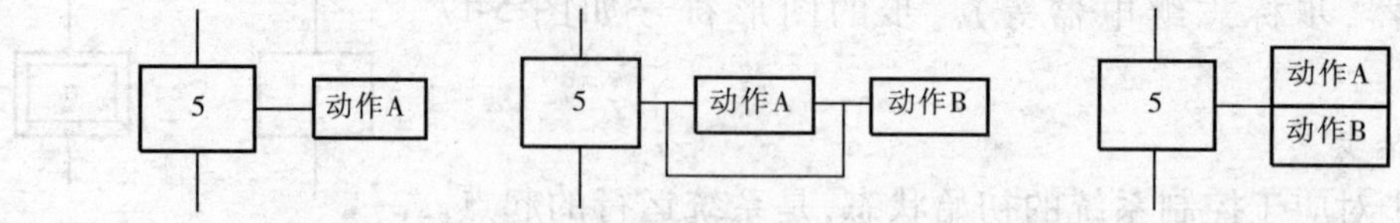

(a) (b) (c)

图 5-18 某一步有几个动作

(3)步与转移、转移与步之间的连线采用有向线段，画功能图的顺序一般是从上到下或从左到右，正常顺序时可以省略箭头，否则必须加箭头。

(4)一个功能图至少应有一个初始步。

4. 由功能流程图到程序

1)单流程及编程方法

a. 使用起保停电路设计顺序控制梯形图的方法

根据顺序功能图设计梯形图时，可以用存储器位 M 来代表步。某一步为活动步时，对应的存储器位为 1，某一转换实现时，该转换的后续步变为活动步，前级步变为不活动步。很多转换条件都是短信号，即它存在的时间比它激活的后续步为活动步的时间短，因此应使用有记忆功能的电路或指令（如起保停电路和置位、复位指令）来控制代表步的存储器位。

功能流程图的单流程结构形式简单，如图 5-19 所示。

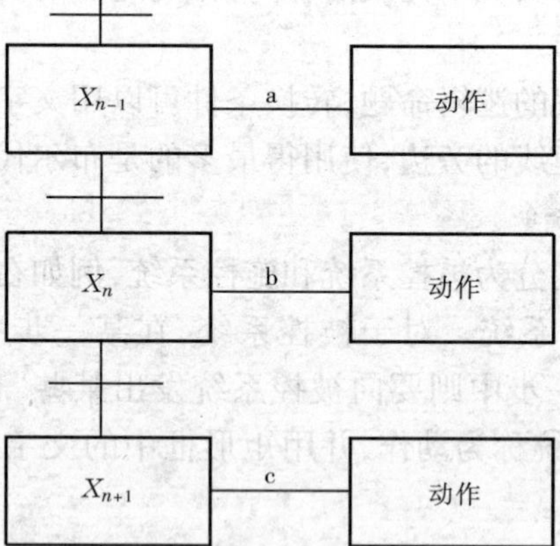

图 5-19 功能流程图的单流程结构

其特点是：每一步后面只有一个转换，每个转换后面只有一步。各个工步按顺序执行，上一工步执行结束，转换条件成立，立即开通下一工步，同时关断上一工步。用顺序控制指令来实现功能流程图的编程方法，在前面的章节已经介绍过了，在这里将重点介绍用中间继电器 M 来记忆工步的编程方法。

在图 5-19 中，当 $n-1$ 为活动步时，转换条件 b 成立，则转换实现，n 步变为活动步，同时 $n-1$ 步关断。由此可见，第 n 步成为活动步的条件是：$X_{n-1}=1$，$b=1$；第 n 步关断的条件只有一个：$X_{n+1}=1$。用逻辑表达式表示功能流程图的第 n 步开通和关断条件为：

$$X_n = (X_{n-1} \cdot b + X_n) \cdot \overline{X_{n+1}}$$

式中：等号左边的 X_n 为第 n 步的状态；等号右边 $\overline{X_{n+1}}$ 表示关断第 n 步的条件；X_{n-1} 表示自保持信号；b 表示转换条件。

如图 5-20(a)所示的功能流程图使用举例，图中对应的状态逻辑关系为：

$$M0.0 = (SM0.1 + M0.2 \cdot I0.2 + M0.0) \cdot \overline{M0.1}$$

$$M0.1 = (M0.0 \cdot I0.0 + M0.1) \cdot \overline{M0.2}$$

$$M0.2 = (M0.1 \cdot I0.1 + M0.2) \cdot \overline{M0.0}$$

$$Q0.0 = M0.1 + M0.2$$

$$Q0.1 = M0.2$$

对于输出电路的处理应注意：Q0.0 输出继电器在 M0.1、M0.2 步中都被接通，应将 M0.1 和 M0.2 的常开接点并联去驱动 Q0.0；Q0.1 输出继电器只在 M0.2 步为活动步时才接通，所以用 M0.2 的常开接点驱动 Q0.1。

使用起保停电路模式编制的梯形图程序，如图 5-20(b)所示。

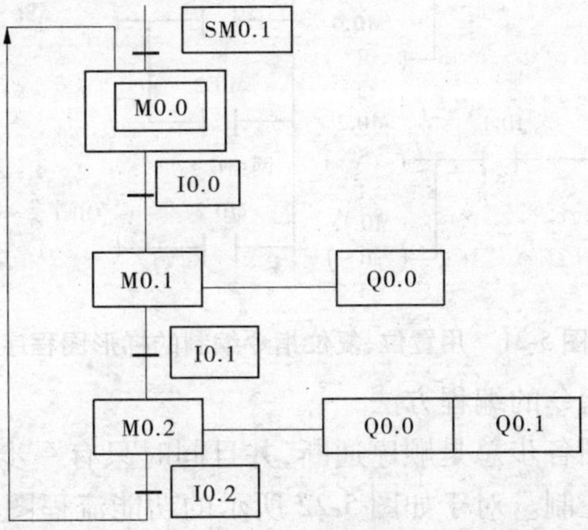

(a)功能流程图使用举例

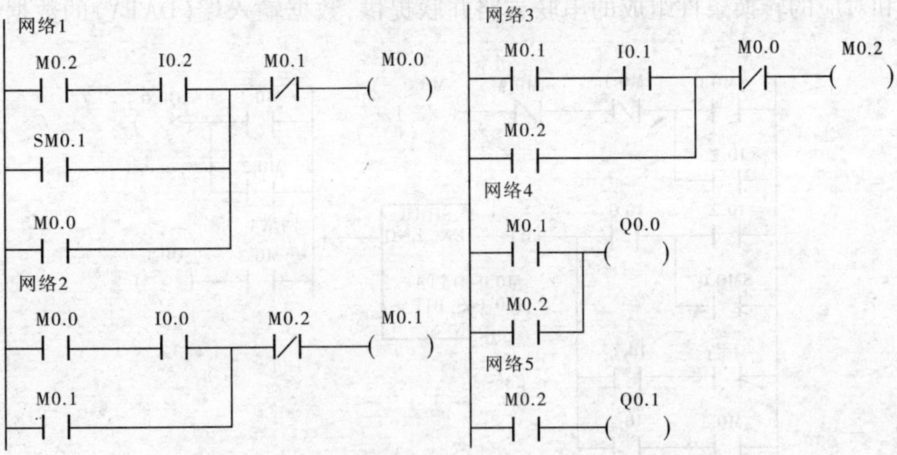

(b)梯形图

图 5-20　起保停电路模式编制的功能流程图梯形图程序

b. 使用置位、复位指令的编程方法

S7－200 系列 PLC 有置位和复位指令，且对同一个线圈置位和复位指令可分开编程，所以可以实现以转换条件为中心的编程。

当前步为活动步且转换条件成立时，用 S 将代表后续步的中间继电器置位（激活），同时用 R 将本步复位（关断）。

如图 5-19 所示的功能流程图中，可用 M0.0 的常开接点和转换条件 I0.0 的常开接点串联作为 M0.1 置位的条件，同时作为 M0.0 复位的条件。这种编程方法很有规律，每一个转换都对应一个 S/R 的电路块，有多少个转换就有多少个这样的电路块。用置位、复位指令编制的梯形图程序，如图 5-21 所示。

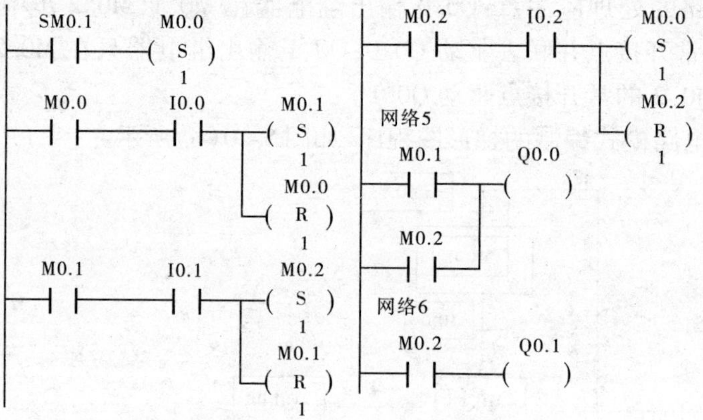

图 5-21　用置位、复位指令编制的梯形图程序

c. 使用移位寄存器指令的编程方法

单流程的功能流程图各步总是顺序通断，并且同时只有一步接通，因此很容易采用移位寄存器指令实现这种控制。对于如图 5-22 所示的功能流程图，可以指定一个两位的移位寄存器，用 M0.1、M0.2 代表有输出的两步，移位脉冲由代表步状态的中间继电器的常开接点和对应的转换条件组成的串联支路并联提供，数据输入端（DATA）的数据由初始

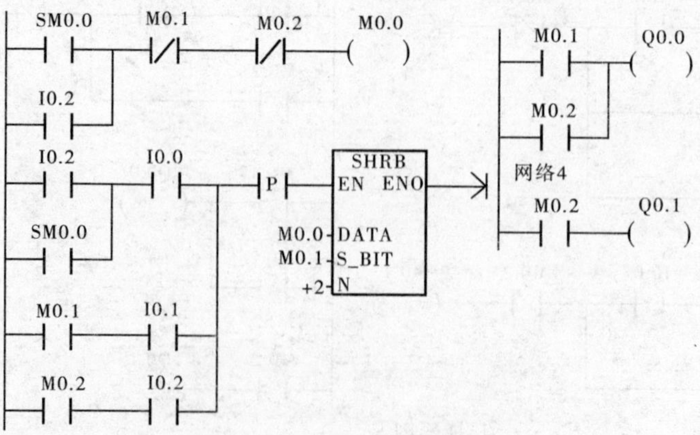

图 5-22　单流程的功能流程图

步提供。在梯形图中将对应步的中间继电器的常闭接点串联连接,可以禁止流程执行的过程中移位寄存器 DATA 端置“1”,以免产生误操作信号,从而保证了流程的顺利执行。

d. 使用顺序控制指令的编程方法

(1)顺序控制指令。

顺序控制用 3 条指令描述程序的顺序控制步进状态,指令格式如表 5-2 所示。

①顺序步开始指令(LSCR):顺序控制继电器位 $S_{X,Y}=1$ 时,该程序步执行。

②顺序步转移指令(SCRT):使能输入有效时,将本顺序步的顺序控制继电器位清零,下一步顺序控制继电器位置“1”。

③顺序步结束指令(SCRE):SCRE 为顺序步结束指令,顺序步的处理程序在 LSCR 和 SCRE 之间。

表 5-2　顺序控制用 3 条指令描述程序的顺序控制步进状态

LAD	STL	说　明
SCR	LSCR n	步开始指令,为步开始的标志,该步的状态元件的位置“1”时,执行该步
-(SCRT)	SCRT n	步转移指令,使能输入有效时,关断本步,进入下一步。该指令由转换条件的接点启动,n 为下一步的顺序控制状态元件
-(SCRE)	SCRE	步结束指令,为步结束的标志

在使用顺序控制指令时应注意以下几点:

①步进控制指令 SCR 只对状态元件 S 有效。为了保证程序的可靠运行,驱动状态元件 S 的信号应采用短脉冲。

②当输出需要保持时,可使用 S/R 指令。

③不能把同一编号的状态元件用在不同的程序中,例如,如果在主程序中使用 S0.1,则不能在子程序中再使用。

④在 SCR 段中不能使用 JMP 和 LBL 指令。即不允许跳入或跳出 SCR 段,也不允许在 SCR 段内跳转。可以使用跳转和标号指令在 SCR 段周围跳转。

⑤不能在 SCR 段中使用 FOR、NEXT 和 END 指令。

(2)使用顺序控制指令的编程方法如图 5-23 所示。

2)选择分支及编程方法

选择分支分为两种,如图 5-24 所示,分别为选择分支开始和选择分支结束。

选择分支开始是指一个前级步后面紧接着若干个后续步可供选择,各分支都有各自的转换条件,在图中则表示为代表转换条件的短画线在各自分支中。如图 5-24(a)所示。

选择分支结束,又称选择分支合并,是指几个选择分支在各自的转换条件成立时转换到一个公共步上,如图 5-24(b)所示。

在图 5-24 中,假设 2 为活动步,若转换条件 a=1,则执行工步 3;若转换条件 b=1,则执行工步 4;若转换条件 c=1,则执行工步 5。即哪个条件满足,则选择相应的分支,同时

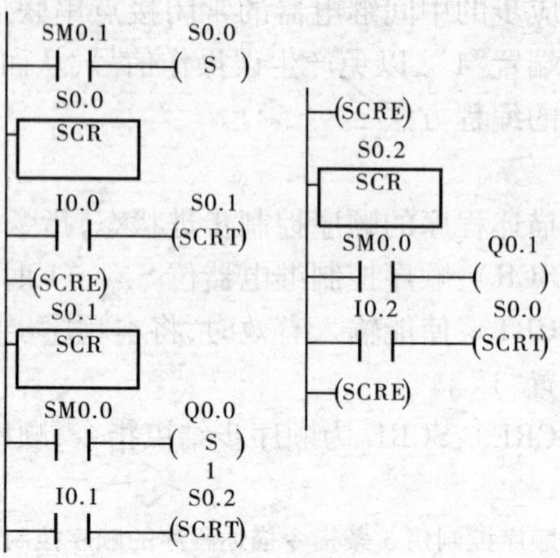

图 5-23　使用顺序控制指令的编程方法

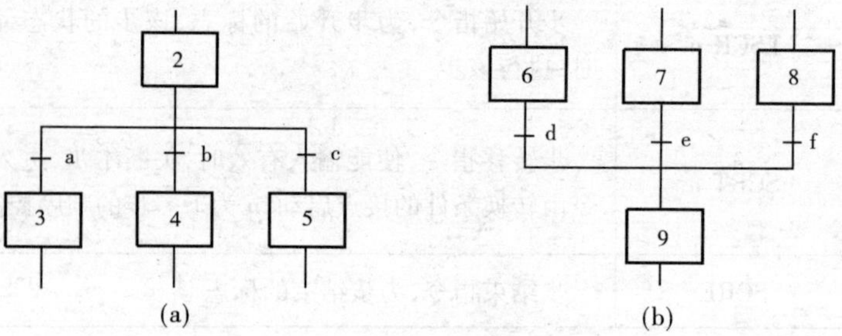

图 5-24　选择分支

关断上一步 2。一般只允许选择其中一个分支。在编程时，若图 5-24 中的工步 2、3、4、5 分别用 M0.0、M0.1、M0.2、M0.3 表示，则当 M0.1、M0.2、M0.3 之一为活动步时，都将导致 M0.0 =0，所以在梯形图中应将 M0.1、M0.2 和 M0.3 的常闭接点与 M0.0 的线圈串联，作为关断 M0.0 步的条件。

在图 5-24 中，如果步 6 为活动步，转换条件 d =1，则工步 6 向工步 9 转换；如果步 7 为活动步，转换条件 e =1，则工步 7 向工步 9 转换；如果步 8 为活动步，转换条件 f =1，则工步 8 向工步 9 转换。若图 5-24 中的工步 6、7、8、9 分别用 M0.4、M0.5、M0.6、M0.7 表示，则 M0.7（工步 9）的启动条件为：M0.4 · d + M0.5 · e + M0.6 · f，在梯形图中，则为 M0.4 的常开接点串联与 d 转换条件对应的触点、M0.5 的常开接点串联与 e 转换条件对应的触点、M0.6 的常开接点串联与 f 转换条件对应的触点，三条支路并联后作为 M0.7 线圈的启动条件。

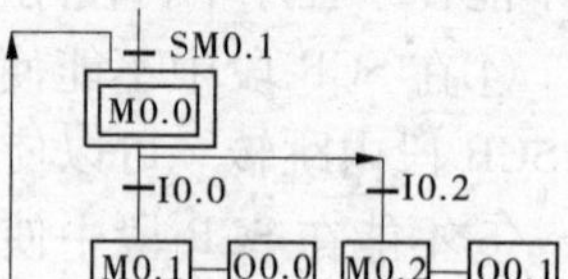

图 5-25　功能流程图

根据图 5-25 所示的功能流程图，设计出梯形图程序。

（1）使用起保停电动机电路模式的编程。

对应的状态逻辑关系为：

$$M0.0 = (SM0.1 + M0.3 \cdot I0.4 + M0.0) \cdot \overline{M0.1} \cdot \overline{M0.2}$$

$$M0.1 = (M0.0 \cdot I0.0 + M0.1) \cdot \overline{M0.3}$$

$$M0.2 = (M0.0 \cdot I0.2 + M0.2) \cdot \overline{M0.3}$$

$$M0.3 = (M0.1 \cdot I0.1 + M0.2 \cdot I0.3) \cdot \overline{M0.0}$$

$$Q0.0 = M0.1$$

$$Q0.1 = M0.2$$

$$Q0.2 = M0.3$$

对应的梯形图程序,如图 5-26 所示。

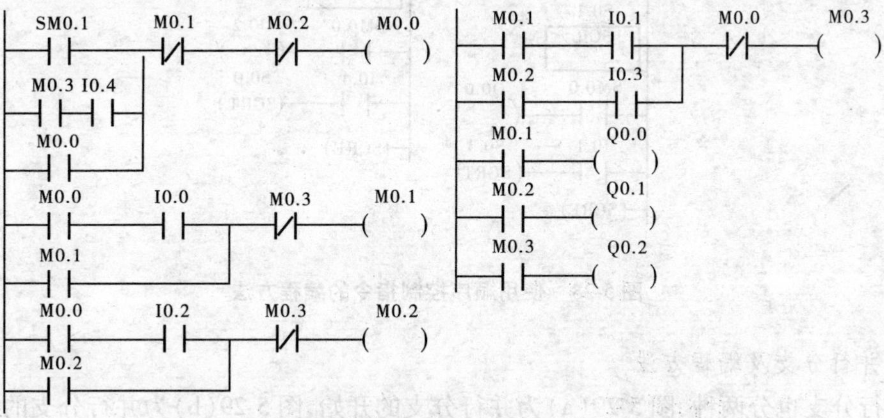

图 5-26 使用起保停电动机电路模式的梯形图程序

(2)使用置位、复位指令电路模式的编程。

对应的梯形图程序,如图 5-27 所示。

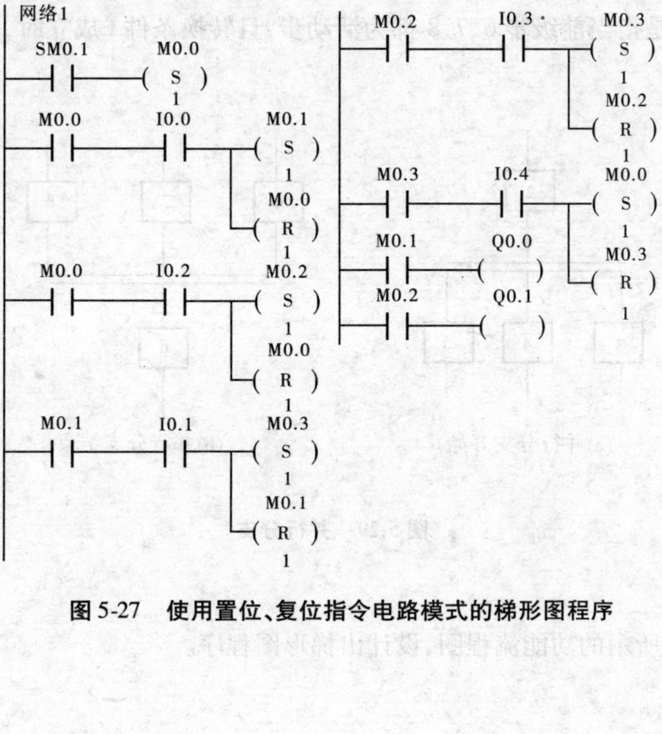

图 5-27 使用置位、复位指令电路模式的梯形图程序

(3)使用顺序控制指令的编程方法,如图 5-28 所示。

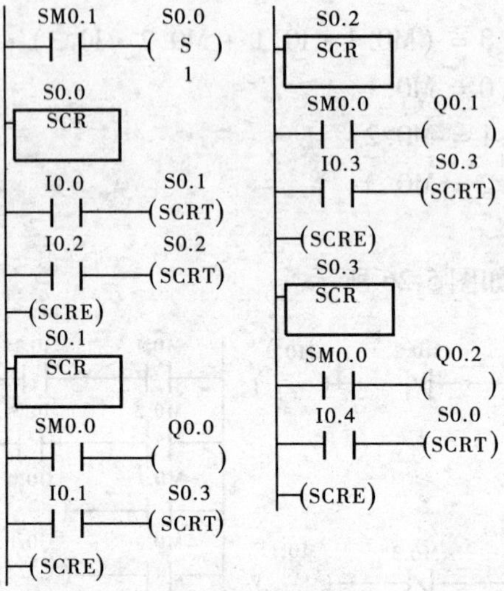

图 5-28　使用顺序控制指令的编程方法

3)并行分支及编程方法

并行分支也分两种,图 5-29(a)为并行分支的开始,图 5-29(b)为并行分支的结束,也称为合并。并行分支的开始是指当转换条件实现后,同时使多个后续步激活。为了强调转换的同步实现,水平连线用双线表示。在图 5-29(a)中,当工步 2 处于激活状态时,若转换条件 e=1,则工步 3、4、5 同时启动,工步 2 必须在工步 3、4、5 都开启后,才能关断。并行分支的合并是指当前级步 6、7、8 都为活动步,且转换条件 f 成立时,开通步 9,同时关断步 6、7、8。

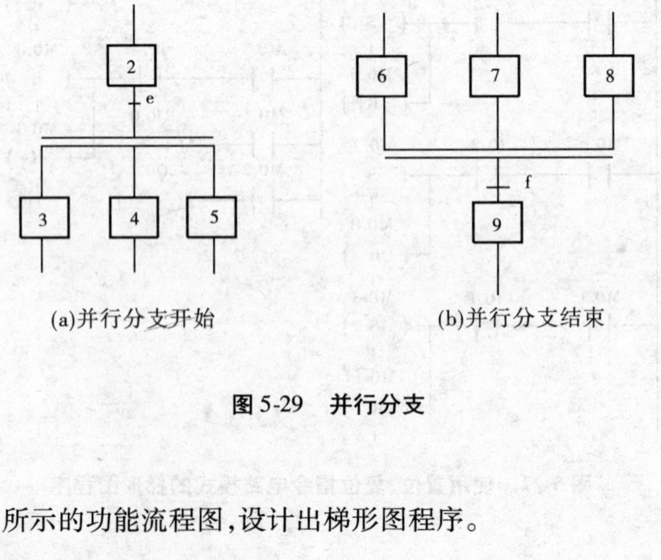

图 5-29　并行分支

举例:

根据图 5-30 所示的功能流程图,设计出梯形图程序。

(1)使用起保停电路模式的编程对应的梯形图程序如图 5-31 所示。

(2)使用置位、复位指令的编程对应的梯形图程序如图 5-32所示。

(3)使用顺序控制指令的编程对应的梯形图程序,如图 5-33所示。

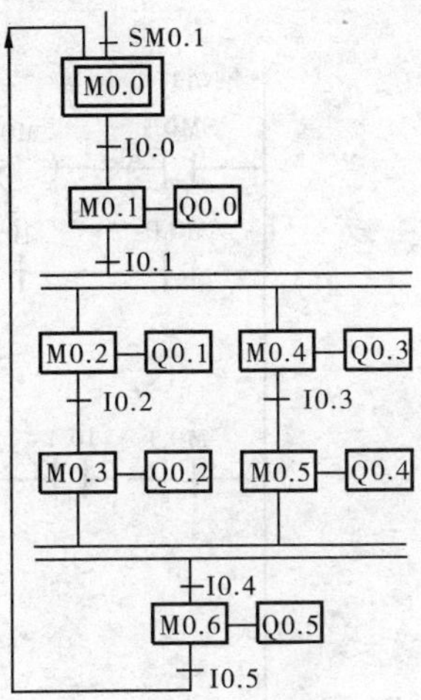

图 5-30 功能流程图

二、机械手控制系统

(一)机械手控制系统简介

在工业生产和其他领域内,由于工作的需要,人们经常受到高温、腐蚀及有毒气体等因素的危害,增加了工人的劳动强度,甚至危及生命。机械手就在这时诞生了,机械手是工业机器人系统中传统的任务执行机构,是机器人的关键部件之一。机械手的机械结构由滚珠丝杆、滑杆、气缸等机械器件组成;电气方面由步进电动机、驱动模块、传感器、开关电源、电磁阀等电子器件组成。该装置涵盖了可编程控制技术、位置控制技术、气动技术、检测技术等,是机电一体化的典型代表仪器之一。

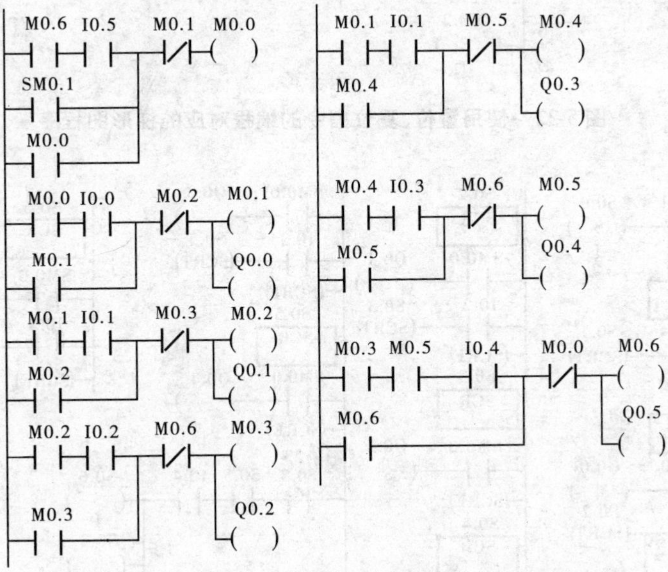

图 5-31 使用起保停电路模式的编程对应的梯形图程序

(二)机械手控制系统控制要求

机械手是一个水平/垂直运动的机械设备,用来将工件由左工作台搬到右工作台,如图 5-34 所示。

机械手的全部动作由汽缸驱动,汽缸由相应的电磁阀来控制,电磁阀由 PLC 控制。其中,上升/下降和左移/右移分别由双线圈两位电磁阀控制。例如,当下降电磁阀通电时,机械手下降;当下降电磁阀断电时,机械手停止下降。当上升电磁阀通电时,机械手上

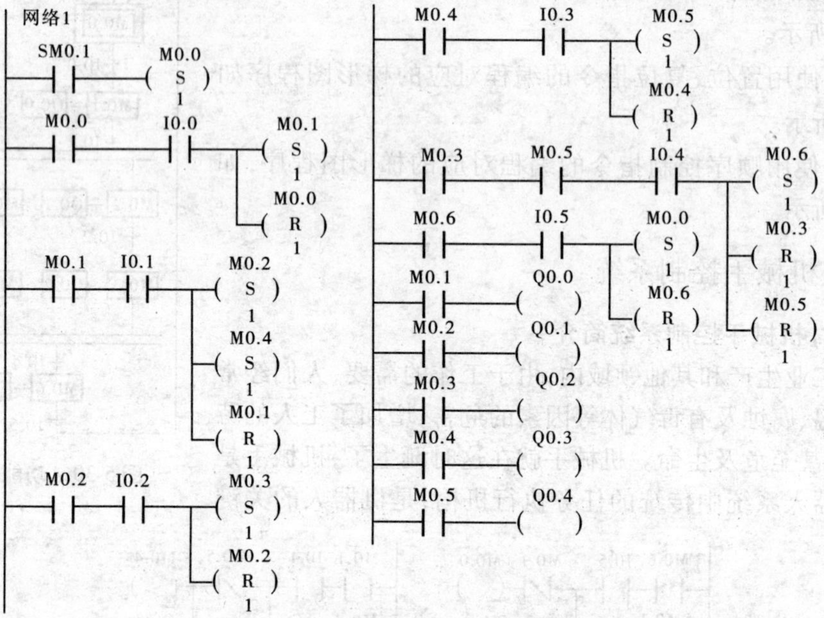

图 5-32　使用置位、复位指令的编程对应的梯形图程序

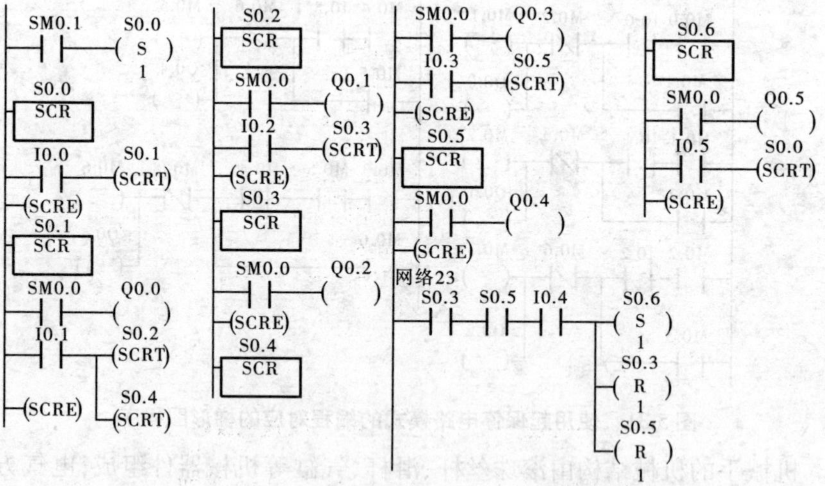

图 5-33　使用顺序控制指令的编程对应的梯形图程序

升；当上升电磁阀断电时，机械手停止上升。同样，左移/右移分别由左移电磁阀和右移电磁阀控制。机械手的放松/夹紧由一个单线圈两位电磁阀（称为夹紧电磁阀）控制。当该线圈通电时，机械手夹紧；当该线圈断电时，机械手放松。

当机械手右移到位并准备下降时，为了确保安全，必须在右工作台上无工件时才允许机械手下降。也就是说，若上一次搬运到右工作台上的工件尚未搬走，机械手应自动停止下降，用光电开关检测，信号输入到 PLC 的 I0.5 输入端。

机械手的动作过程，如图 5-35 所示。①从原点开始，按下启动按钮，下降电磁阀通

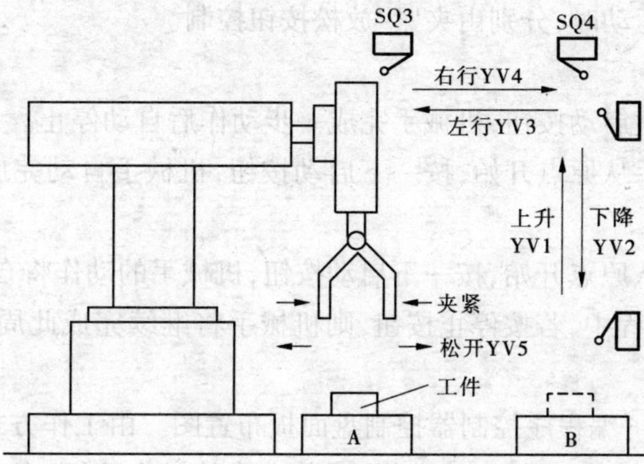

图 5-34　机械手动作示意图

电，机械手下降。下降到位时，碰到下限位开关，下降电磁阀断电，停止下降。②同时接通夹紧电磁阀，机械手夹紧。③夹紧后，上升电磁阀通电，机械手上升。上升到位时，碰到上限位开关，上升电磁阀断电，停止上升。④同时接通右移电磁阀，机械手右移。右移到位时，碰到右限位开关，右移电磁阀断电，停止右移。⑤若此时右工作台上无工件，则光电开关接通，下降电磁阀通电，机械手下降。下降到位时，碰到下限位开关，下降电磁阀断电，停止下降。⑥同时夹紧电磁阀断电，机械手放松。⑦放松后，上升电磁阀通电，机械手上升。上升到位时，碰到上限位开关，上升电磁阀断电，停止上升。⑧同时接通左移电磁阀，机械手左移。左移到位时，碰到左限位开关，左移电磁阀断电，停止左移。至此，机械手经过 8 步完成了一个周期的动作。

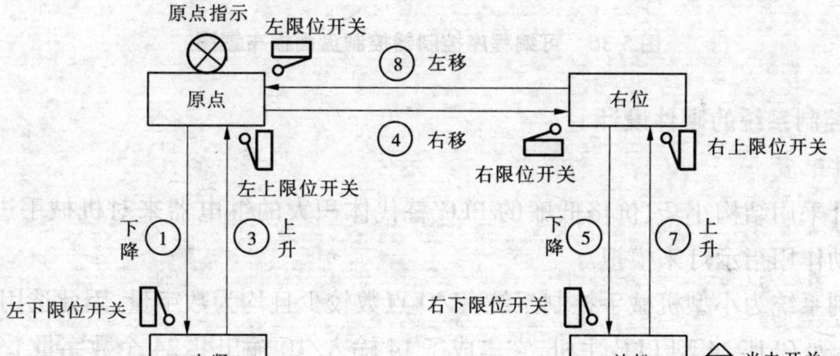

图 5-35　机械手的动作过程

机械手的操作方式分为手动操作方式和自动操作方式。自动操作方式又分为步进、单周期和连续操作方式。

1. 手动操作方式

手动操作方式就是用按钮实现对机械手的每一步运动单独进行控制。例如，当选择上/下运动时，分别由上升/下降按钮控制。当选择左/右运动时，分别由左移/右移按钮控制。当选择夹紧/放松运动时，分别由夹紧/放松按钮控制。

2. 自动操作方式

步进操作：每按一次启动按钮，机械手完成一步动作后自动停止。

单周期操作：机械手从原点开始，按一下启动按钮，机械手自动完成一个周期的动作后停止。

连续操作：机械手从原点开始，按一下启动按钮，机械手的动作将自动地、连续不断地周期性循环。在工作过程中，若按停止按钮，则机械手将继续完成此周期的动作，回到原点后自动停止。

如图 5-36 所示，是可编程序控制器控制盘面板布置图。由工作方式选择开关来选择不同的工作方式，包括：手动/自动方式选择；手动方式的操作按钮；自动方式中的 3 种操作方式选择和操作按钮。

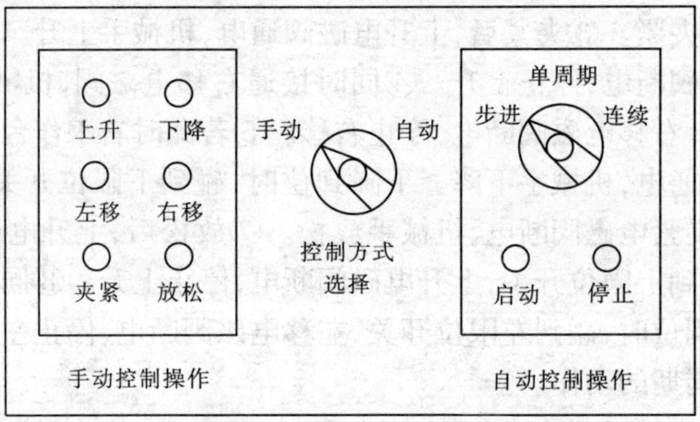

图 5-36　可编程序控制器控制盘面板布置图

（三）控制系统的硬件设计

1. 硬件配置

本设计采用结构小巧、价格低廉的 PLC 替代体积大的继电器来对机械手进行控制。机械手的动作用指示灯来模拟。

考虑到系统为小型机械手控制系统，I/O 点数较少且均为数字量，因此选用 SIMATIC S7－200 系列 CPU224 型 PLC 主机，它集成了 14 输入/10 输出共 24 个数字量 I/O 输入点数。另外，采用 EM221 数字量扩展单元，能够满足系统要求。

机械手采用步进控制方式比较方便。按控制功能不同采用子程序，这样的控制思路比较清晰，且容易读懂。

机械手控制系统程序主要由主程序和 4 个子程序组成。4 个子程序即手动操作控制子程序、自动操作步进控制子程序、自动操作单周期控制子程序和自动操作连续控制子程序。

2. PLC 的 I/O 地址分配和 I/O 外部接线图

分析控制任务，可列出 PLC 的 I/O 地址分配如表 5-3 所示。相应的 I/O 外部接线图如图 5-37 所示。

表 5-3　PLC 的 I/O 地址分配图

输入元件及符号	作用	输出元件及符号	作用
I0.0(SB1)	自动方式下启动	Q0.0(YV1)	电磁阀下降线圈
I0.1(SQ1)	下限位开关	Q0.1(YV2)	电磁阀上升线圈
I0.2(SQ2)	上限位开关	Q0.2(YV3)	夹紧电磁阀线圈
I0.3(SQ3)	右限位开关	Q0.3(YV4)	电磁阀右移线圈
I0.4(SQ4)	左限位开关	Q0.4(YV5)	电磁阀左移线圈
I0.5(SQ5)	工件检测开关	Q0.5(HL)	机械手原点指示
I0.6(SB2)	自动方式下停止		
I0.7(SB3)	手动/自动选择开关		
I1.0(HK)	自动方式下步进操作		
I1.1(HK)	自动方式下单周期操作		
I1.2(HK)	自动方式下连续操作		
I1.3(SB4)	手动上升操作		
I1.4(SB5)	手动下降操作		
I1.5(SB6)	手动右移操作		
I1.6(SB7)	手动左移操作		
I1.7(SB8)	手动夹紧操作		
I2.0(SB9)	手动放松操作		

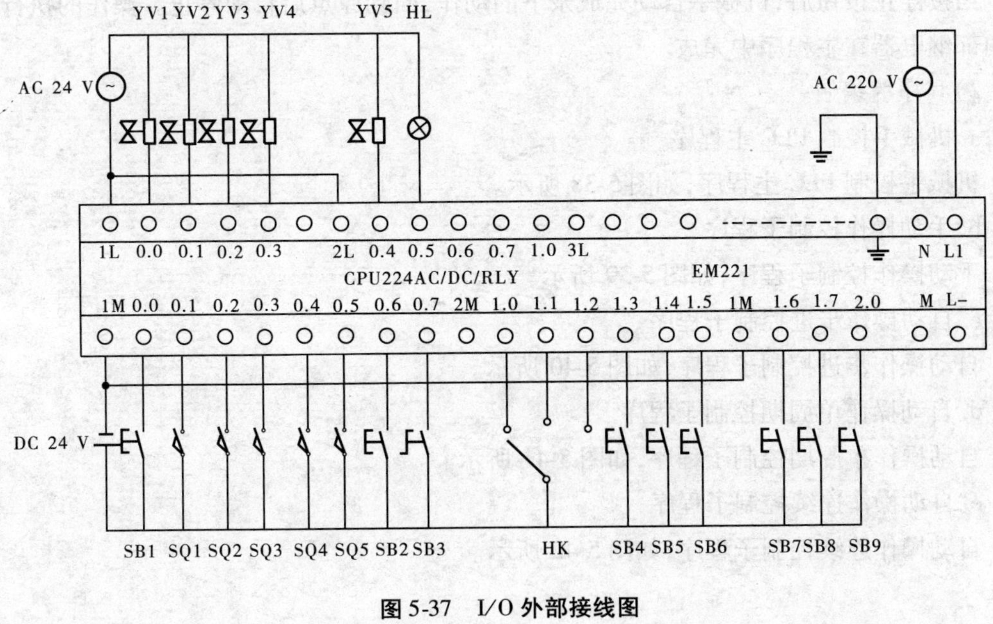

图 5-37　I/O 外部接线图

3. 控制系统的软件设计

1) 控制过程分析

机械手控制主程序主要完成控制方式的选择和机械手动作的控制输出，各个子程序则完成具体的逻辑控制。

a. 手动操作控制子程序

通过操作方式选择开关，将操作方式开关拨到手动方式，进入手动操作控制子程序（SBR－0）。通过6个按钮，即上升、下降、左移、右移、夹紧和放松，来完成对机械手的手动操作控制。上升、下降、左移、右移、夹紧和放松6种操作由内部继电器M1.0～M1.4完成逻辑控制，通过内部继电器M1.0～M1.4在主程序中完成输出控制。

b. 自动操作步进控制子程序

当选择开关拨到步进控制位置时，进入步进控制子程序，控制机械手完成一步一步的动作。输入端I0.0为每一步的启动，由启动操作按钮完成。操作的执行通过内部继电器在主程序中完成。

c. 自动操作单周期控制子程序

当选择开关拨到单周期控制位置时，进入单周期控制子程序，完成控制机械手一个周期的连续动作。输入端I0.0为单周期的启动，每接通一次I0.0，机械手自动完成一个周期的连续动作，回到原点后自动停止。操作的执行通过内部继电器在主程序中完成。

d. 自动操作连续控制子程序

当选择开关拨到连续控制位置时，进入连续控制子程序，完成控制机械手一个周期接一个周期循环的连续动作，输入端I0.0为连续控制的启动，I0.6为连续控制的停止输入端。当按停止按钮后，机械手自动完成余下的动作，回到原点后自动停止。操作的执行通过内部继电器在主程序中完成。

2) 程序的编制

a. 机械手控制PLC主程序

机械手控制PLC主程序，如图5-38所示。

b. 手动操作控制子程序

手动操作控制子程序，如图5-39所示。

c. 自动操作步进控制子程序

自动操作步进控制子程序，如图5-40所示。

d. 自动操作单周期控制子程序

自动操作单周期控制子程序，如图5-41所示。

e. 自动操作连续控制子程序

自动操作连续控制子程序，如图5-42所示。

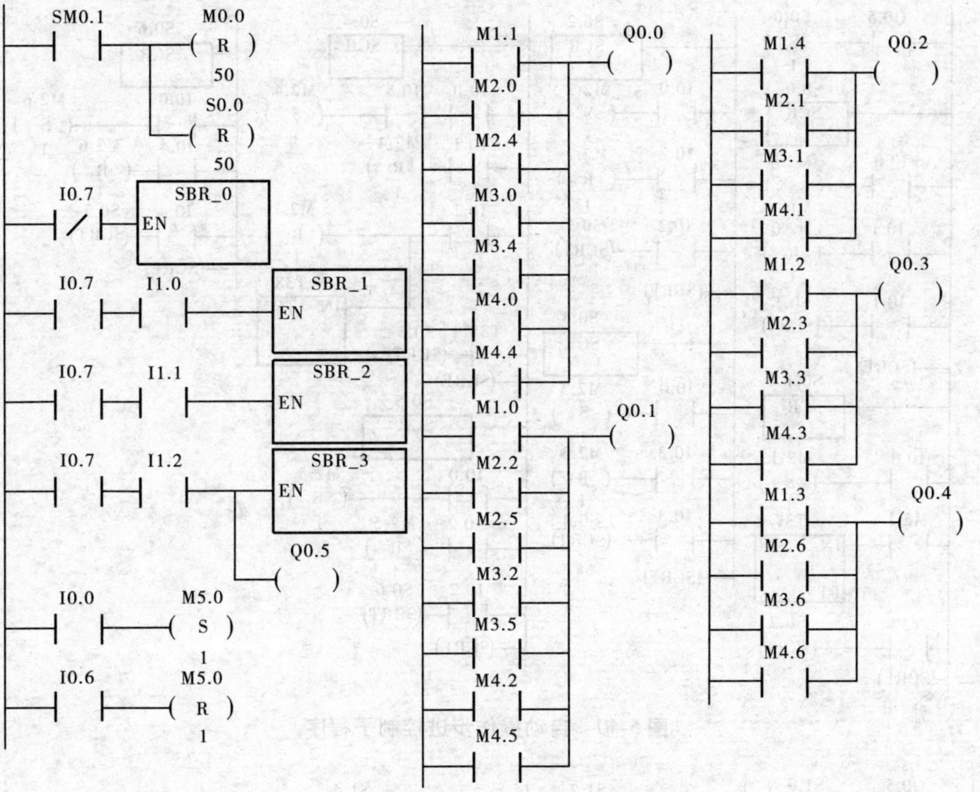

图 5-38　机械手控制 PLC 主程序

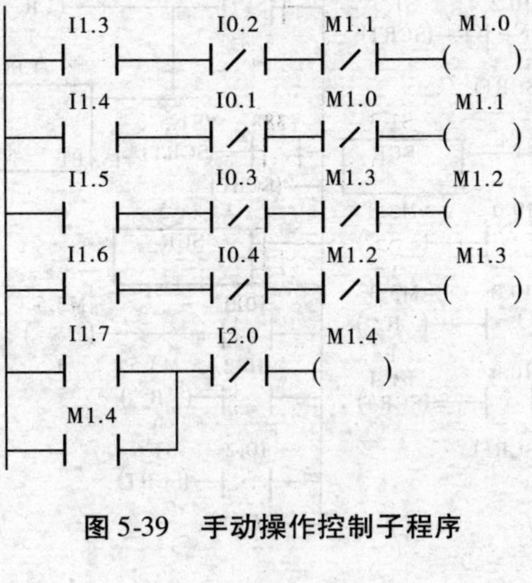

图 5-39　手动操作控制子程序

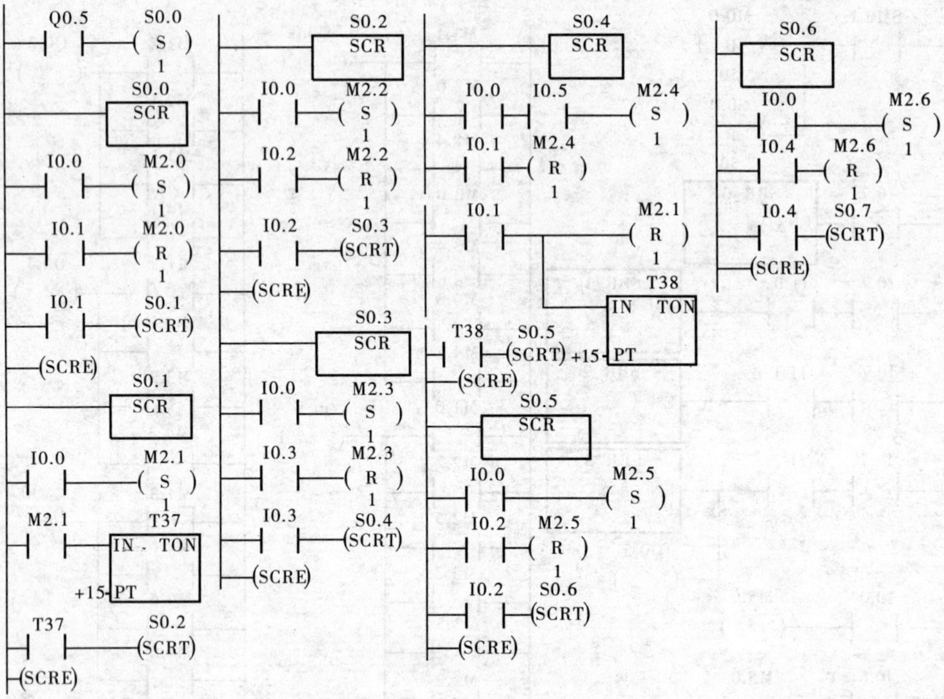

图 5-40 自动操作步进控制子程序

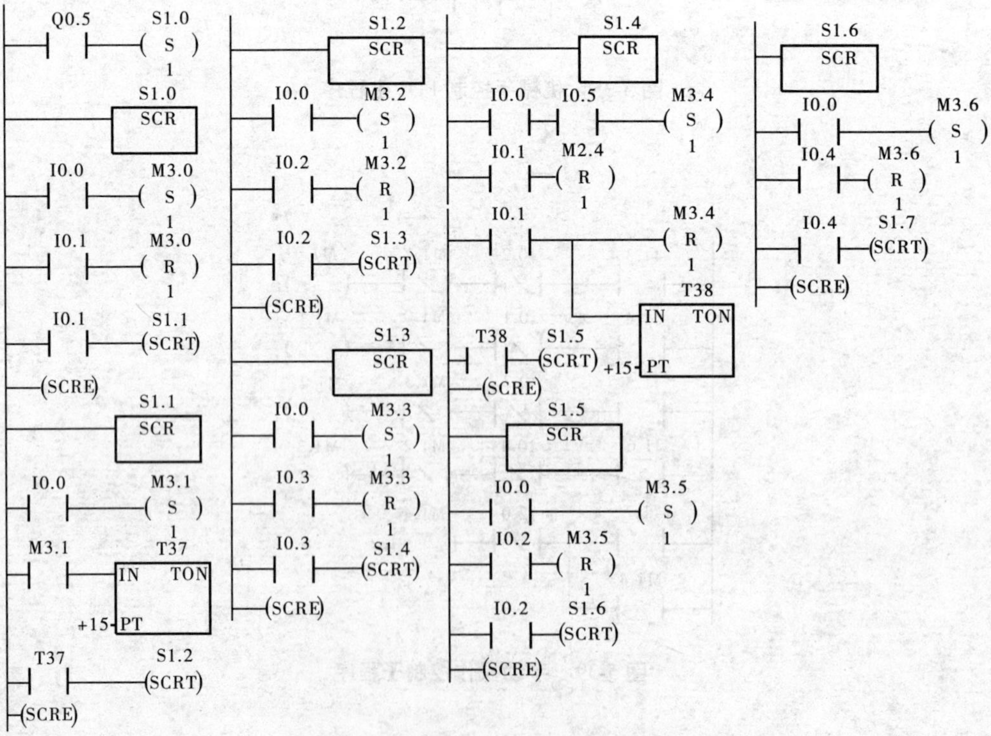

图 5-41 自动操作单周期控制子程序

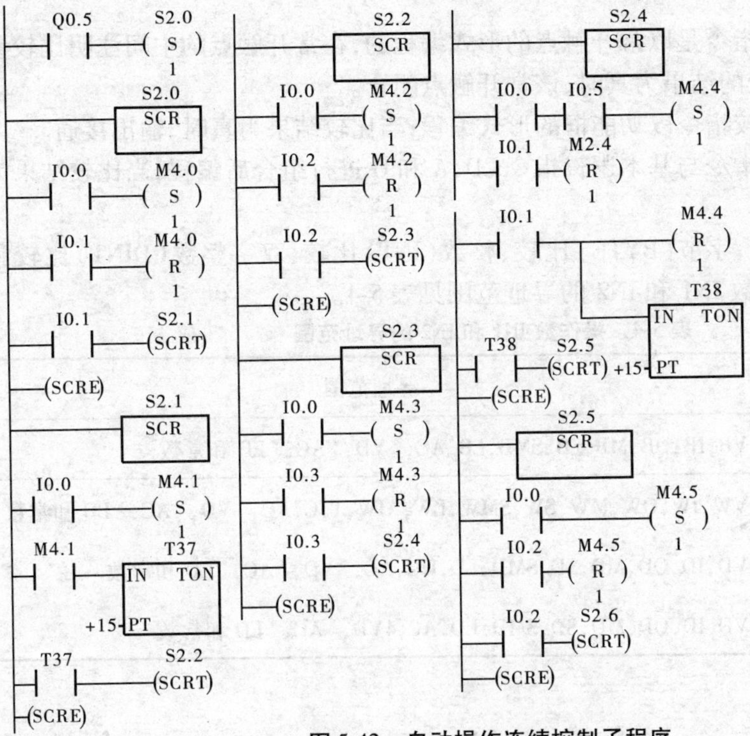

图 5-42　自动操作连续控制子程序

项目三　PLC 在带数码显示的交通信号灯系统中的控制

一、知识目标

1. 掌握 PLC 的脉冲生成指令、比较指令和 SEG 的指令格式。
2. 会用 PLC 的脉冲生成指令、比较指令和 SEG 的指令编写并调试程序。

二、能力目标

1. 会确定交通信号灯的总体功能设计目标及进行方案设计。
2. 会对交通信号灯控制系统硬件型号进行选择。
3. 会用 PLC 程序编写流程，并进行 I/O 地址分配。
4. 会画出 I/O 接线图。
5. 会用 PLC 对所编程序进行调试。

一、预备知识

(一) 比较指令

比较指令是将两个操作数按指定的条件比较，操作数可以是整数，也可以是实数，在梯形图中用带参数和运算符的触点表示比较指令，比较条件成立时，触点就闭合，否则断开。比较触点可以装入，也可以串、并联。比较指令为上、下限控制提供了极大的方便。

比较运算符有：等于(=)、大于等于(> =)、小于等于(< =)、大于(>)、小于(<)、

不等于(< >)。

在梯形图中,比较指令是以常开触点的形式编程的,在常开触点的中间注明比较参数和比较运算符。当比较的结果为真时,该常开触点闭合。

在功能块图中,比较指令以功能框的形式编程;当比较结果为真时,输出接通。

在语句表中,比较指令与基本逻辑指令 LD,A 和 O 进行组合后编程;当比较结果为真时,PLC 将栈顶置"1"。

比较指令的类型有:字节(BYTE)比较、整数(INT)比较、双字整数(DINT)比较和实数(REAL)比较。操作数 IN1 和 IN2 的寻址范围见表 5-4。

表 5-4　操作数 IN1 和 IN2 的寻址范围

操作数	类型	寻址范围
IN1	BYTE	VB,IB,QB,MB,SB,SMB,LB,AC,*VD,*AC,*LD 和常数
IN2	INT	VW,IW,QW,MW,SW,SMW,LW,AIW,T,C,AC,*VD,*AC,*LD 和常数
	DINT	VD,ID,QD,MD,SD,SMD,LD,HC,AC,*VD,*AC,*LD 和常数
	REAL	VD,ID,QD,MD,SD,SMD,LD,AC,4VD,*AC,*LD 和常数

1. 字节比较指令

字节比较指令用于两个无符号的整数字节 IN1 和 IN2 的比较。

字节比较指令的指令格式为:

(1)LDB 比较运算符 IN1,IN2,如,LDB = VB2,VB4。

(2)AB 比较运算符 IN1,IN2,如,AB > = MB1,MB2。

(3)0B 比较运算符 IN1,IN2,如,0B < > VB3,VB8。

LDB,AB 或 0B 指令与比较运算符组合的原则,视比较指令的动合触点在梯形图中的具体位置而定。

2. 整数比较指令

整数比较指令用于两个有符号的一个字长的整数 IN1 和 IN2 的比较,整数范围为 16 进制的 8 000 到 7FFF,在 S7 - 200 中,用 16#8 000 ~ 16#7FFF 表示。

整数比较指令的指令格式为:

(1)LDW 比较运算符 IN1,IN2,如 LDW < = VW4,VW8。

(2)AW 比较运算符 IN1,IN2,如 AW > MW2,MW4。

(3)0W 比较运算符 IN1,IN2,如 0W > = VW6,VW10。

LDW,AW 或 0W 指令与比较运算符组合的原则,视比较指令的动合触点在梯形图中的位置而定。

3. 双字整数比较指令

双字整数比较指令用于两个有符号的双字长整数 IN1 和 IN2 的比较。双字整数的范围为:16#0000000 ~ 16#7FFFFFF。

双字整数比较指令的指令格式为:

(1)LDD 比较运算符 IN1,IN2,如 LDD > = VD2,VD10。

(2)AD 比较运算符 IN1,IN2,如 AD > = MD0,MD4。

(3)OD 比较运算符 IN1,IN2,如 OD < > VD4,VD8。

LDD,AD 或 OD 指令与比较运算符组合的原则,视比较指令的常开触点在梯形图中的具体位置而定。

4. 实数比较指令

实数比较指令用于两个有符号的双字长实数 IN1 和 IN2 的比较。正实数的范围为:+1.175 495E - 38 ~ +3.402 823E +38,负实数的范围为:-1.175 495E - 38 ~ -3.402 823E +38。

实数比较指令的指令格式为:

(1)LDR 比较运算符 IN1,IN2,如 LDR = VD2,VD20。

(2)AR 比较运算符 IN1,IN2,如 AR > = MD4,MD12。

(3)OR 比较运算符 IN1,IN2,如 OR < > AC1,1 234.56。

LDR,AR 或 OR 指令与比较运算符组合的原则,视比较指令的动合触点在梯形图中的具体位置而定。

5. 数据比较指令应用举例

某轧钢厂的成品库可存放钢卷 1 000 个,因为不断有钢卷进库、出库,需要对库存的钢卷进行统计。当库存数低于下限 100 时,指示灯 HL1 亮;当库存数大于 900 时,指示灯 HL2 亮;当达到库存上限 1 000 时,报警器 HA 响,停止进库。

分析:需要检测钢卷的进库、出库情况,可用增减计数器进行统计。I0.0 作为进库检测,I0.1 作为出库检测,I0.2 作为复位信号,设定值为 1 000。用 Q0.0 控制指示灯 HL1,Q0.1 控制指示灯 HL2,Q0.2 控制报警器 HA。

控制系统的梯形图,如图 5-43 所示。

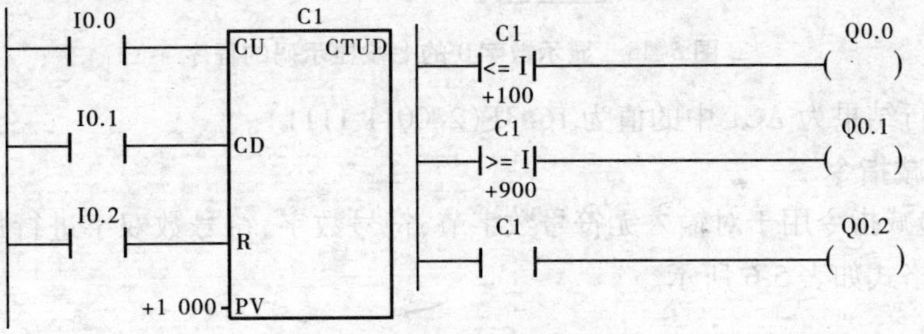

图 5-43　控制系统的梯形图

(二)七段码显示指令

七段显示器的 abcdefg 段分别对应于字节的第 0 位至第 6 位,字节的某位为 1 时,其对应的段亮;输出字节的某位为 0 时,其对应的段暗。将字节的第 7 位补 0,则构成与七段显示器相对应的 8 位编码,称为七段显示码。数字 0 ~ 9、字母 A ~ F 与七段显示码的对应,如图 5-44 所示。

七段译码指令 SEG 将输入字节 16#0 ~ F 转换成七段显示码。指令格如表 5-5 所示。

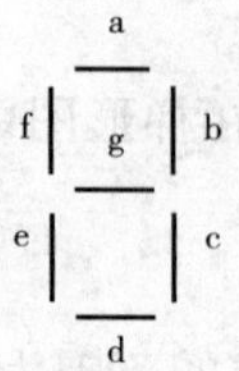

IN	段显示	(OUT) - g f e d c b a
0		0011 1111
1		0000 0110
2		0101 1011
3		0100 1111
4		0110 0110
5		0110 1101
6		0111 1101
7		0000 0111

IN	段显示	(OUT) - g f e d c b a
8		0111 1111
9		0110 0111
A		0111 0111
B		0111 1100
C		0011 1001
D		0101 1110
E		0111 1001
F		0111 0001

图 5-44　七段显示码

表 5-5　七段显示译码指令

LAD	STL	功能及操作数
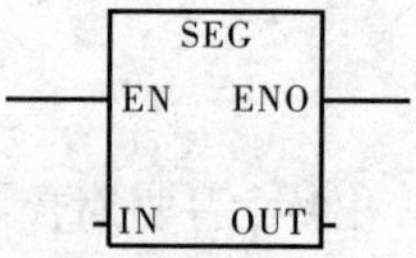	SEG IN,OUT	功能:将输入字节(IN)的低四位确定的 16 进制数(16#0 ~ F),产生相应的七段显示码,送入输出字节 OUT IN:VB, IB, QB, MB, SB, SMB, LB, AC, 常量 OUT:VB, IB, QB, MB, SMB, LB, AC IN/OUT 的数据类型:字节

注:使 ENO = 0 的错误条件:0006(间接地址),SM4.3(运行时间)。

编写显示数字 0 的七段显示码的程序。程序实现,如图 5-45 所示。

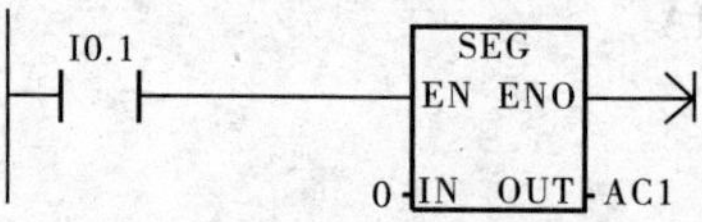


```
LD    I0.1
SEG   0,AC1
```

图 5-45　显示数字 0 的七段显示码的程序

程序运行结果为 AC1 中的值为 16#3F(2#0011 1111)。

(三)增减指令

递增、递减指令用于对输入无符号数字节、符号数字、符号数双字进行加 1 或减 1 的操作。指令格式如表 5-6 所示。

二、交通信号灯控制系统

(一)交通信号灯控制系统控制简介

交通问题是我国社会经济发展的一个大问题,我国的人口压力、现代化建设、城市化等都将使这个问题日益突出。交通是否便捷是衡量一个城市生活水平与投资环境的重要指标。目前,我国许多大城市都在考虑建设地铁或轻轨以缓解交通压力。建设地铁或轻轨都需要大量的资金与时间,这对大多数中小城市都不现实。所以,改善与提高现有的交通系统的效率已成为当务之急,而提高交通控制系统的效率更是重中之重。

表 5-6　指令格式

项目	指令格式					
LAD	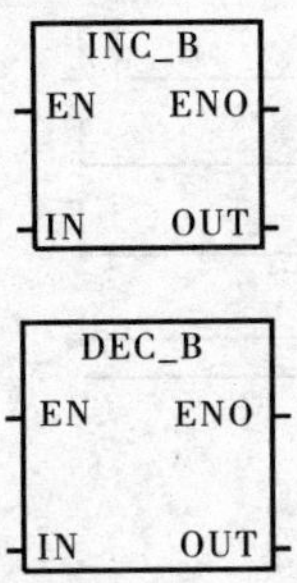		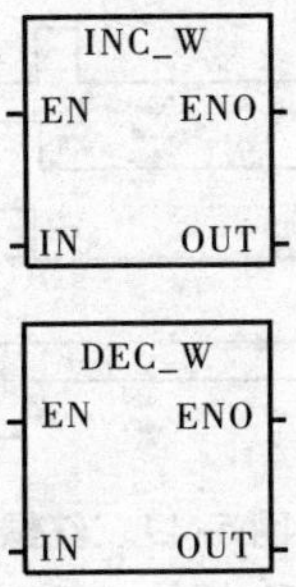		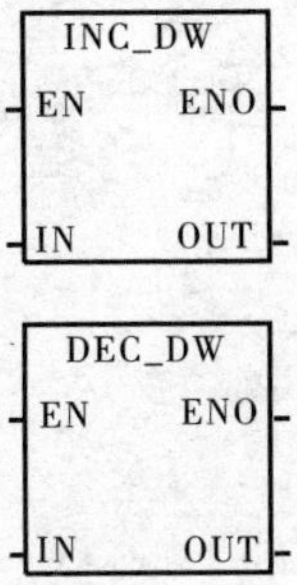	
STL	INCB OUT	DECB OUT	INCW OUT	DECW OUT	INCD OUT	DECD OUT
功能	字节加 1	字节减 1	字加 1	字减 1	双字加 1	双字减 1
操作及数据类型	IN: VB, IB, QB, MB, SB, SMB, LB, AC, 常量, *VD, *LD, *AC OUT: VB, IB, QB, MB, SB, SMB, LB, AC, *VD, *LD, *AC IN/OUT 数据类型:字节		IN: VW, IW, QW, MW, SW, SMW, AC, AIW, LW, T, C, 常量, *VD, *LD, *AC OUT: VW, IW, QW, MW, SW, SMW, LW, AC, T, C, *VD, *LD, *AC 数据类型:整数		IN: VD, ID, QD, MD, SD, SMD, LD, AC, HC, 常量, *VD, *LD, *AC OUT: VD, ID, QD, MD, SD, SMD, LD, AC, *VD, *LD, *AC 数据类型:双整数	

注:(1)使 ENO = 0 的错误条件:SM4.3(运行时间),0006(间接地址),SM1.1(溢出)。

(2)影响标志位:SM1.0(零),SM1.1(溢出),SM1.2(负数)。

(3)在梯形图指令中,IN 和 OUT 可以指定为同一存储单元,这样可以节省内存,在语句表指令中不需使用数据传送指令。

针对此要求,设计了用 PLC 控制的带倒计时显示的十字路口交通灯信号系统。该系统用 PLC 控制,由东西、南北两组,共 6 盏灯组成,每组由一个红灯、一个绿灯、一个黄灯,共 3 盏灯组成。同时东、西、南、北四个方向由七段数码管倒计时显示每组灯所亮的时间。

(二)交通信号灯控制系统控制要求

控制要求:如图 5-46 所示,启动后,南北红灯亮并维持 25 s。在南北红灯亮的同时,东西绿灯也亮。到 20 s 时,东西绿灯闪亮,2 s 后熄灭,在东西绿灯熄灭后东西黄灯亮。黄灯亮 3 s 后灭,东西红灯亮。与此同时,南北红灯灭,南北绿灯亮。南北绿灯亮了 20 s 后闪亮,2 s 后熄灭,黄灯亮 3 s 后熄灭,南北红灯亮,东西绿灯亮,循环。

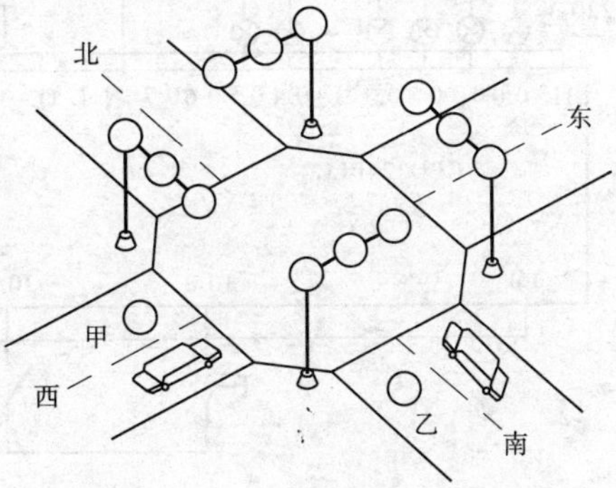

图 5-46　红绿灯显示平面图

红绿灯显示时序图,如图 5-47 所示。

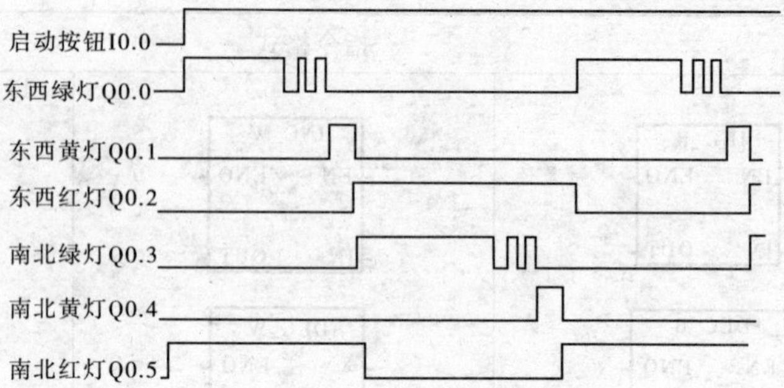

图 5-47　红绿灯显示时序图

（三）控制系统的硬件组成

1. 硬件配置

根据实验室条件，现选用德国西门子公司生产的 S7－200 CPU224PLC。但根据要求，共有 22 只信号灯，S7－200 CPU224PLC 集成了 14 输入/10 输出共 24 个数字量 I/O 输入点数，至少还需要 12 个输出点，显然无法满足控制要求。为节省输出点，再增加二个输出量扩展模块 EM222。这样 12 个输出点刚好可满足控制要求。

2. PLC 的 I/O 地址分配和 I/O 外部接线图

分析控制任务，可列出 PLC 的 I/O 地址分配见表 5-7 所示。相应的 I/O 外部接线图如图 5-48 所示。

表 5-7　PLC 的 I/O 地址分配

输入	分配元件	输出	分配元件
启动按钮	I0.0	红灯、绿灯、黄灯	Q0.0～Q0.5
停止按钮	I0.1	十位数显式数码管	Q1.0～Q1.6
		个位数显式数码管	Q2.0～Q2.6

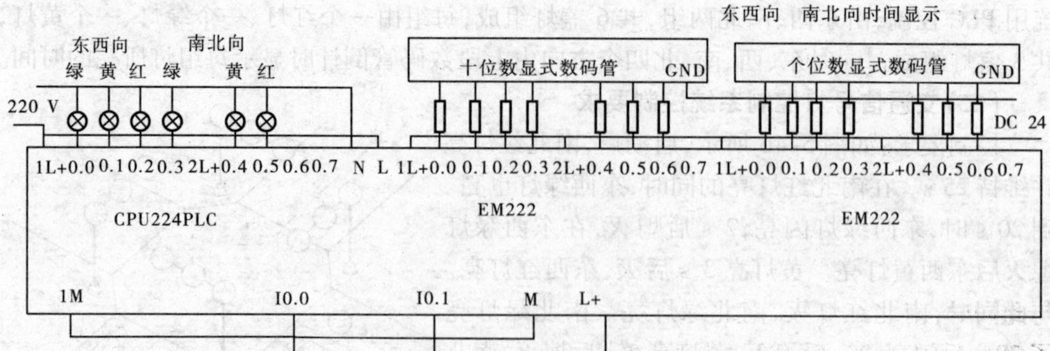

图 5-48　I/O 外部接线图

(四)交通信号灯控制的软件设计

1. 软件设计思路

程序设计中灯的变化为逻辑控制,时间变化显示为数据控制。数据控制中使用了数据传送 MOV 指令、数据递减 DEC 指令、数据比较指令、七段码译码 SEG 指令、复位 RST 等功能指令。程序运行时将不断变化的时间数据传给七段码译码 SEG 指令,七段码译码 SEG 指令再驱动数码管,显示不断变化的时间。同时东西向、南北向的灯也作相应的变化。该程序设计的关键是要使灯的变化与时间的变化保持同步。

2. 程序的编制

红绿灯程序,如图 5-49 所示。

3. 交通信号灯控制系统的调试

在模拟实验台上,先把灯的程序编好,进行试验,最后再进行数字显示的调试。在实验板上应该把电路连好,一部分一部分调试,再作整机测试。

该程序设置的东西向、南北向时间显示皆为 24 s,实际应用中,可以很方便地修改显示时间 24 s 为任何两位数。如果东西向、南北向设置的时间要求不同,修改该程序同样可以实现,只是占用的点数较多,这是该程序的最大缺点。但是其优点也很明显,就是程序运行稳定可靠,扩展容易。如对该程序进行扩展,增加人行道信号、机动车拐弯信号等都非常方便。

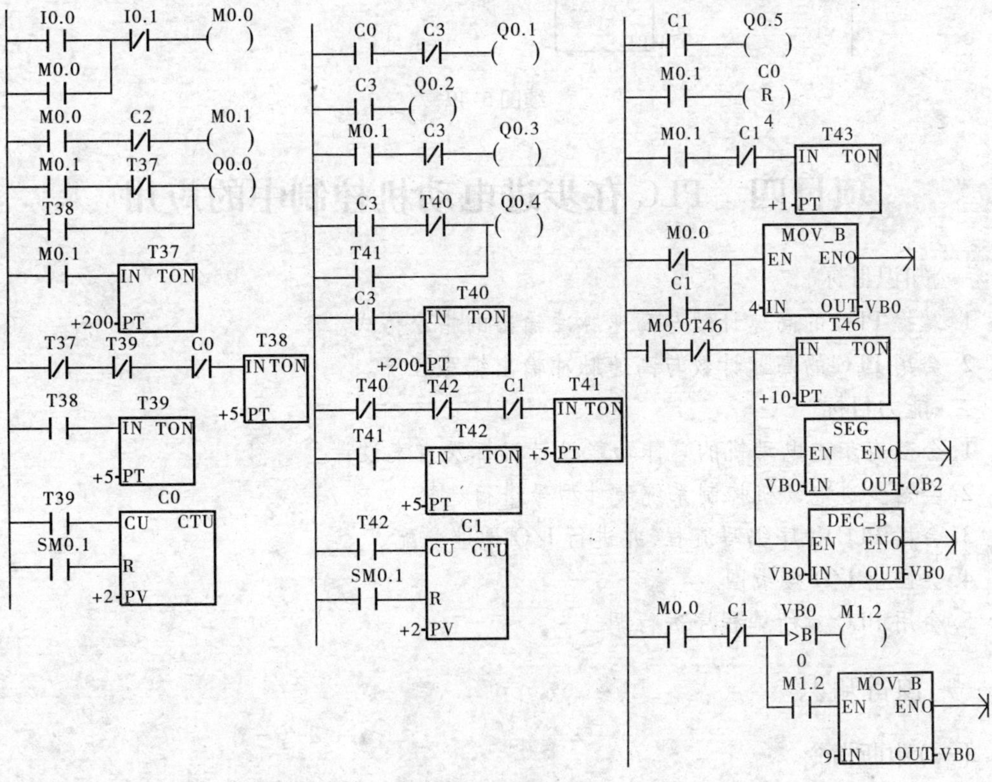

图 5-49　红绿灯程序

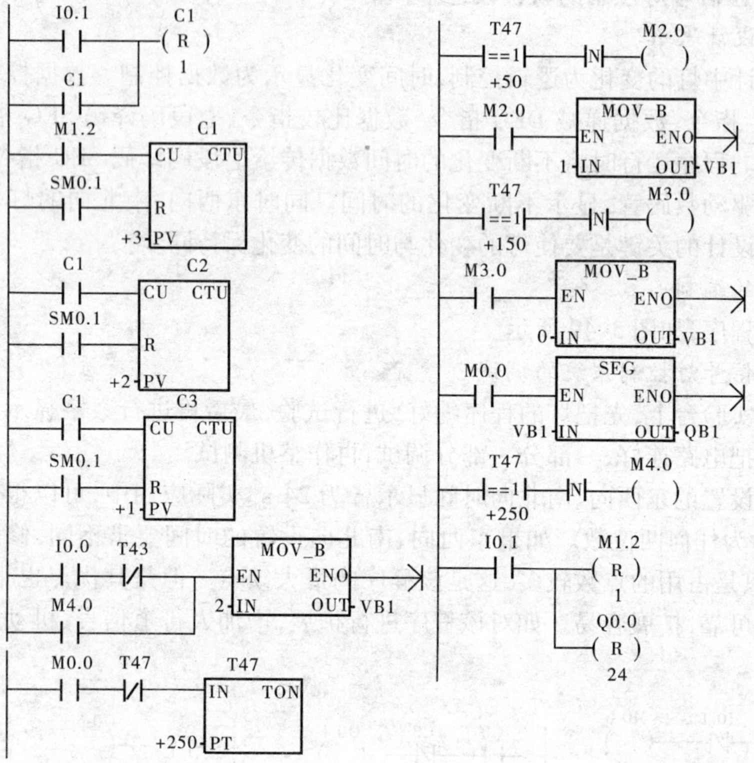

续图 5-49

项目四　PLC 在步进电动机控制中的应用

一、知识目标

1. 掌握 PLC 的高速计数与高速脉冲输出的指令格式。
2. 会用 PLC 的高速计数与高速脉冲输出编写程序。

二、能力目标

1. 会确定步进电动机的总体功能设计目标及方案设计。
2. 会对步进电动机控制系统硬件型号进行选择。
3. 会用 PLC 程序编写流程，并进行 I/O 地址分配。
4. 会画出 I/O 接线图。
5. 会用 PLC 对所编程序进行调试。

一、预备知识

（一）中断指令

在计算机控制中，对于那些可考虑的不定期产生的急需处理事件，常常通过采用中断处理技术来完成，当 CPU 响应中断请求后，会暂时停止当前正在执行的程序，进行现场保护，在将累加器、逻辑堆栈、寄存器及特殊继电器的状态和数据保存起来后，转到相应的中断服务程序中去处理。一旦处理结束，立即恢复现场，将保存起来的现场数据和状态重新装入，返回到原程序继续执行。在 S7－200 中，中断服务程序的调用和处理由中断指令来完成。

1. 中断事件的描述

在 PLC 中，有很多的信息和事件能够引起中断，一般可分为系统内部中断和用户引起的中断。系统的内部中断是由系统来处理的，如编程器、数据处理器、某些智能单元等，可能随时会向 CPU 发出中断请求，而对这种中断请求的处理，PLC 是自动完成的。而由用户引起的一方面是来自控制过程的中断，常常称为过程中断，另一方面是来自 PLC 内部的定时功能，这种中断常常称为时基中断。

1）过程中断

来自过程中断的信息要求 CPU 立即处理，否则将错过时机，甚至可能造成事故。对这种过程中断信息的输入或者是通过专用中断控制模板，或者是在 CPU 单元上特殊安排几个地址输入中断信息。这样就需要用户通过设计中断服务程序并设定中断服务程序入口地址，来处理中断事件。

在 S7－200 中，过程中断可分为通信中断和输入/输出中断。通信中断包括通信口 0 和通信口 1 产生的中断；输入输出中断包括外部输入中断、高速计数器中断和高速脉冲串输出中断。

通信中断：是指 S7－200 的串行通信口可以通过梯形图或语句表编程的方法来设置波特率、奇偶校验和通信协议等参数，对通信口的这种操作方式，又称为自由 V1 通信。利用接收和发送中断可简化程序对通信的控制。

外部输入中断：来自过程中断的信息可以通过 I0.0，I0.1，I0.2，I0.3 的前沿或后沿输入到 PLC 中，以加快系统的响应速度。

高速计数器中断：在应用高速计数器的场合下，当高速计数器的当前值等于设定值时，或者当计数方向发生改变时，或者当高速计数器外部复位时，都可能使高速计数器向 CPU 提出中断请求。

高速脉冲串输出中断：当 PLC 完成输出给定数量的高速脉冲串时，可引起中断。

2）时基中断

在 S7－200 中，时基中断可以分为定时中断和定时器中断。

定时中断：定时中断响应周期性的事件，周期时间以 1 ms 为计量单位，最小周期为 5 ms，最大周期为 255 ms。

定时中断有两种类型：定时中断 0 和定时中断 1。对于定时中断 0，把周期时间写入特殊继电器 SMB34；对于定时中断 1，把周期时间写入特殊继电器 SMB35。利用定时中断可以设定采样周期，实现对模拟量的数据采样，进而完成 PID 控制。

定时器中断：定时器中断是利用指定的定时器设定的时间产生中断。在 S7－200 中，指定的定时器为 1 ms 的通电延时定时器 T32 和断电延时定时器 T96。

在 S7－200 的 CPU 22X 中，可以响应最多 34 个中断事件，每个中断事件分配不同的编号,中断事件号,如表 5-8 所示。

表 5-8　中断事件分配的编号

优先级分组	组内优先级	中断事件号	中断事件说明	中断事件类别
通信中断	0	8	通信口 0:接收字符	通信口 0
	0	9	通信口 0:发送完成	
	0	23	通信口 0:接收信息完成	
	1	24	通信口 1:接收信息完成	通信口 1
	1	25	通信口 1:接收字符	
	1	26	通信口 1:发送完成	
I/O 中断	0	19	PTO 0 脉冲串输出完成中断	脉冲输出
	1	20	PTO 1 脉冲串输出完成中断	
	2	0	I0.0 上升沿中断	外部输入
	3	2	I0.1 上升沿中断	
	4	4	I0.2 上升沿中断	
	5	6	I0.3 上升沿中断	
	6	1	I0.0 下降沿中断	
	7	3	I0.1 下降沿中断	
	8	5	I0.2 下降沿中断	
	9	7	I0.3 下降沿中断	
	10	12	HSC0 当前值 = 预置值中断	高速计数器
	11	27	HSC0 计数方向改变中断	
	12	28	HSC0 外部复位中断	
	13	13	HSC1 当前值 = 预置值中断	
	14	14	HSC1 计数方向改变中断	
	15	15	HSC1 外部复位中断	
	16	16	HSC2 当前值 = 预置值中断	
	17	17	HSC2 计数方向改变中断	
	18	18	HSC2 外部复位中断	
	19	32	HSC3 当前值 = 预置值中断	
	20	29	HSC4 当前值 = 预置值中断	
	21	30	HSC4 计数方向改变中断	
	22	31	HSC4 外部复位中断	
	23	33	HSC5 当前值 = 预置值中断	

续表 5-8

优先级分组	组内优先级	中断事件号	中断事件说明	中断事件类别
定时中断	0	10	定时中断 0	定时
	1	11	定时中断 1	
	2	21	定时器 T32 CT = PT 中断	定时器
	3	22	定时器 T96 CT = PT 中断	

2. 中断程序的调用原则

1) 中断优先级

在 S7-200 的中断系统中,将全部中断事件按中断性质和轻重缓急分配不同的优先级。当多个中断事件同时发出中断请求时,按照优先级从高到低进行排队,优先级的顺序按中断性质依次是通信中断、高速脉冲串输出中断、外部输入中断、高速计数器中断、定时中断和定时器中断。各个中断事件的优先级如表 5-8 所示。

2) 中断队列

在 PLC 中,CPU 一般在指定的优先级内按照先来先服务的原则响应中断事件的中断,在任何时刻,CPU 只执行一个中断程序。当 CPU 按照中断优先级响应并执行一个中断程序时,就不会响应其他中断事件的中断请求,尽管此时可能会有更高级别的中断事件发出中断请求直到将当前的中断程序执行结束。在 CPU 执行中断程序期间,对新出现的中断事件仍然按照中断性质和优先级的顺序分别进行排队,形成中断队列。CPU 22X 系列的中断队列的长度如表 5-9 所示。如果超过规定的中断队列长度,则产生溢出,使特殊继电器置位。

表 5-9 CPU 22X 系列的中断队列的长度

队列	CPU 221	CPU 222	CPU 224	CPU 226 和 CPU 226XM	溢出标志位
通信中断队列	4	4	4	8	SM4.0
I/O 中断队列	16	16	16	16	SM4.1
定时中断队列	8	8	8	8	SM4.2

在 S7-200 中,无中断嵌套功能,但在中断程序中可以调用一个嵌套子程序,因为累加器和逻辑堆栈在中断程序和被调用的子程序中是公用的。

多个中断事件可以调用同一个中断服务程序,但是同一个中断事件不能同时指定调用多个中断服务程序,否则,当某个中断事件发生时,CPU 只调用为该事件指定的最后一个中断服务程序。

3. 中断调用指令

1) 开中断指令 ENI(Enable Interrupt) 和关中断指令 DISI(Disable Interrupt)

开中断指令的功能是全局地开放所有被连接的中断事件,允许 CPU 接收所有中断事件的中断请求。开中断指令在梯形图中以线圈的形式编程,无操作数。

开中断指令在语句表中的指令格式为:ENI。

关中断指令的功能是全局地关闭所有被连接的中断事件,禁止 CPU 接收各个中断事件的中断请求。在梯形图中,关中断指令以线圈的形式编程,无操作数。

关中断指令在语句表中的指令格式为:DISI。

当 CPU 进入 RUN 状态时,禁止中断,但是可以通过执行开中断指令 ENI,全面开放中断。当 CPU 执行关中断指令 DISI 后,中断队列仍会产生,但是不执行中断程序。

2)中断连接指令 ATCH(Attach)

中断连接指令的功能是建立一个中断事件 EVNT 与一个标号为 INT 的中断服务程序的联系,并对该中断事件开放。

中断连接指令 ATCH 在梯形图中以功能框的形式编程,指令名称为 ATCH。它有两个数据输入端:INT 为中断服务程序的标号,用字节型常数输入;EVNT 为中断事件号,用字节型常数输入。当允许输入有效时,连接与中断事件 EVNT 相关联的 INT 中断程序。

在 S7-200 的 CPU 22X 中,可连接的中断事件数及中断事件号,如表 5-10 所示。

表 5-10　可连接的中断事件数及中断事件号

CPU 型号	CPU221	CPU222	CPU224	CPU226
可连接的中断事件数	25		31	34
可连接的中断事件号	0~12,19~23,27~33		0~23,27~33	0~33

在语句表中,中断连接指令的指令格式为:ATCH,INT,EVNT。

影响允许输出 ENO 正常输出的出错条件为:SM4.3(运行时间),0006(间接寻址)。

3)中断分离指令 DTCH(Detach)、中断返回指令(Return Interrupt)和有条件返回指令 CRETI(Conditional Return Interrupt)

中断分离指令的功能是取消某个中断事件 EVNT 与所有中断程序的关联,并对该事件关中断。

在梯形图中,中断分离指令以功能框的形式编程,指令名称为 DTCH,只有一个数据输入端:EVNT,用以指明要被分离的中断事件。当允许输入有效时,切断由 EVNT 指定的中断事件与所有中断程序的联系。

在语句表中,中断分离指令的指令格式为:DTCH EVNT。

中断返回指令的功能是,当中断结束时,通过中断返回指令退出中断服务程序,返回到主程序。RBT1 是无条件返回指令,CRET1 是有条件返回指令。

4.中断服务程序的编制要求

(1)用中断程序的标号来区别每个中断程序。

(2)中断服务程序越短越好。

(3)在中断服务程序中,不能使用开中断指令 ENI、关中断指令 DISI、定义高速计数器指令 HDEF、步进段开始指令 LSCR 和条件结束指令 END。

(4)中断服务程序的最后一条指令一定是无条件返回指令 RET1(在 STEP 7-Micro/Win32 中,RET1 指令是由编程软件在编译时自动加上的),也可以在中断程序内使用有条件返回指令 CRETI 结束中断程序。

5. 应用

利用定时中断功能编制一个程序，实现如下功能：当 I0.0 由 OFF→ON，Q0.0 亮 1 s，灭 1 s，如此循环反复直至 I0.0 由 ON→OFF，Q0.0 变为 OFF，如图 5-50所示。

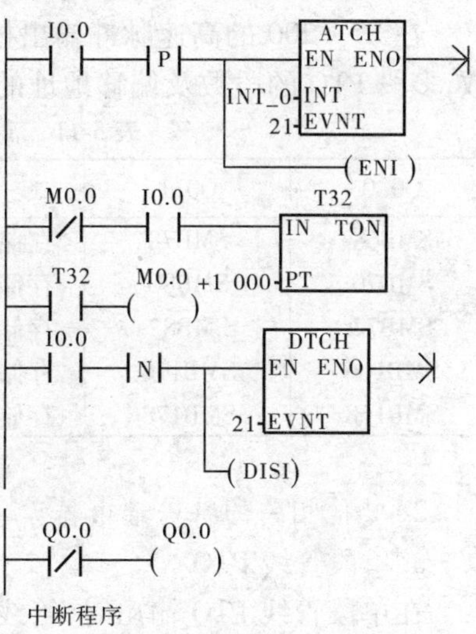

图 5-50 应用举例

(二)高速脉冲输出指令 PLS(Pulse)

高速脉冲输出指令，如图 5-51 所示。

在需要对负载进行高精度控制时，例如对步进电动机进行控制，为步进电动机提供一系列的脉冲，PLC 的高速脉冲输出功能就是为了满足这种需要而开发的。

高速脉冲输出指令在梯形图中以功能框的形式编程，指令名称是 PLS，其功能是当允许输入 EN 有效时，检测各个相关特殊继电器的状态，激活由控制字节定义的高速脉冲输出操作。PLS 指令只有一个输入端 Q，字型数据只能取常数 0 或 1，对应从 Q0.0 或 Q0.1 输出高速脉冲。

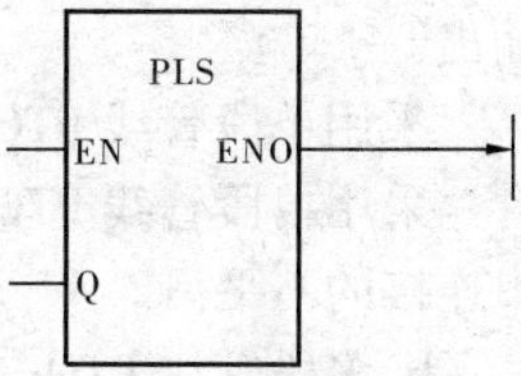

图 5-51 高速脉冲输出指令

1. 高速脉冲输出端子

在 S7－200 中，只有输出继电器 Q0.0 和 Q0.1 具有高速脉冲输出功能，如果不需要进行高速脉冲输出，Q0.0 和 Q0.1 可以作为普通的数字量输出点使用。一旦需要使用高速脉冲输出功能时，必须通过 Q0.0 和 Q0.1 输出高速脉冲，此时，如果对 Q0.0 和 Q0.1 执行输出刷新、强制输出、立即输出等指令时，均无效。

2. 高速脉冲输出形式

高速脉冲输出有两种输出形式：高速脉冲序列(或称高速脉冲串)输出 PTO(Pulse Train Output)和脉冲宽度调制输出 PWM(Pulse Width Modulation)，可通过特殊继电器来定义输出形式，输出形式可以是 PTO/PWM 的任意组合。

1)与高速脉冲输出控制相关的特殊继电器

在 S7－200 中，如果使用高速脉冲输出功能，则对应 Q0.0 和 Q0.1 的每一路 PTO/PWM 输出，都对应一些特殊继电器，包括 1 个 8 位的状态字节(SMB66，对应 Q0.0，或 SMB76，对应 Q0.1)，1 个 8 位的控制字节(SMB67 或 SMB77)，2 个 16 位的时间寄存器(SMB68 或 SMB78，存储周期时间；SMB70 或 SMB80，存储脉宽时间)，1 个 32 位的脉冲计数器(SMB72 或 SMB82)，1 个 8 位的段数寄存器(SMB166 或 SMB176)，1 个 16 位的偏移地址寄存器(SMB168 或 SMB178)。通过这些特殊继电器，来控制高速脉冲输出的工作状态、输出形式及设置各种参数。

高速脉冲输出的状态字节。在采用 PTO 输出形式时，Q0.0 或 Q0.1 是否空闲，是否溢出，当采用多个脉冲串输出时，输出终止的原因，这些信息在程序运行时，自动使状态字节置位或复位。

在 S7－200 的高速脉冲输出控制中，用于存储周期时间值，脉宽时间值，PTO 的脉冲数，多段 PTO 的段数及偏移地址的特殊继电器如表 5-11 所示。

表 5-11　高速脉冲输出控制相关的特殊继电器

Q0.0	Q0.1	功能描述
SMB68	SMB78	存储 PTO/PWM 周期值，字型数据，数据范围 2～65 535
SMB70	SMB80	存储 PWM 的脉宽值，字型数据，数据范围 0～65 535
SMB72	SMB82	存储 PTO 的脉冲数，双字型数据，数据范围 1～4 294 967 295
SMB166	SMB176	存储多段 PTO 的段数，字节型数据，数据范围 1～255
SMB168	SMB178	存储多段 PTO 包络表的起始偏移地址，字型数据

2）其他相关的特殊继电器

a. 单段管线 PTO

在单段管线 PTO 输出时，管线中只能存放 1 个脉冲串的控制参数（如 E1 地址）。在当前脉冲串输出期间，就要对与下一个脉冲串相关的特殊继电器进行更新，待当前的脉冲串输出完成后，通过执行 PLS 指令，就可以立即输出新的脉冲串，实现多段脉冲串的连续输出。

采用单段管线 PTO 的优点是：各个脉冲串的时间基准可以不同。

采用单段管线 PTO 的缺点是：编程复杂且烦琐，当参数设置不当时，会造成各个脉冲串连接的不平滑。

b. 多段管线 PTO

当采用多段管线 PTO 输出高速脉冲串时，需要在变量存储器区（V）中建立一个包络表，在包络表中存储各个脉冲串的参数，当执行 PLS 指令时，CPU 自动按顺序从包络表中调出各个脉冲串的入口地址，连续输出各个脉冲串。

包络表由包络段数和各段构成，每段长度为 8 字节，用于存储脉冲周期值（16 位），周期增量值（16 位），脉冲计数值（32 位）。编程时必须装入包络表的偏移首地址。在表 5-12 中，给出了一个 3 段包络表的格式。

表 5-12　3 段包络表的格式

字节偏移地址	存储说明
VBn	包络表中的段数，字节型数据，数据范围：1～255（0 不产生 PTO 输出）
VWn＋1	第 1 段脉冲串的初始周期值，字型数据，数据范围：2～65 535
VWn＋3	第 1 段脉冲串的周期增量值，有符号整数，范围：－32 768～32 767
VWn＋5	第 1 段脉冲串的输出脉冲数，无符号整数，范围：1～4 294 967 295
VWn＋9	第 2 段脉冲串的初始周期值，字型数据，数据范围：2～65 535
VWn＋11	第 2 段脉冲串的周期增量值，有符号整数，范围：－32 768～32 767
VDn＋13	第 2 段脉冲串的输出脉冲数，无符号整数，范围：1～4 294 967 295
VWn＋17	第 3 段脉冲串的初始周期值，字型数据，数据范围：2～65 535
VWn＋19	第 3 段脉冲串的周期增量值，有符号整数，范围：－32 768～32 767
VWn＋21	第 3 段脉冲串的输出脉冲数，无符号整数，范围：1～4 294 967 295

采用多段管线 PTO 输出的优点是：编程简单，可按照程序设定的周期增量值自动增减脉冲周期。

采用多段管线 PTO 输出的缺点是：所有脉冲串的时间基准必须一致，当执行 PLS 指令时，包络表中的所有参数均不能改变。

3）使用 PTO 指令功能的编程要点

（1）确定高速脉冲串的输出端（Q0.0 或 Q0.1）和管线的实现方式（单段或多段）。

（2）进行 PTO 的初始化，利用特殊继电器 SM0.1 调用初始化子程序。

（3）编写初始化子程序。

- 设置控制字节，将控制字节写入 SMB67 或 SMB77。
- 写入初始周期值、周期增量值和脉冲个数。
- 如果是多段 PTO，则装入包络表的首地址（可以子程序的形式建立包络表）。
- 设置中断事件。
- 编写中断服务子程序。
- 设置全局开中断。
- 执行 PLS 指令。
- 退出子程序。

二、步进电动机控制系统

（一）步进电动机概述

步进电动机是一种将电脉冲信号转换成直线位移或角位移的执行元件。步进电动机的输出位移量与输入脉冲个数成正比，其转速与单位时间内输入的脉冲数（即脉冲频率）成正比，其转向与脉冲分配到步进电动机的各相绕组的相序有关。所以，只要控制指令脉冲的数量、频率及电动机绕组通电的相序，便可控制步进电动机的输出位移量、速度和转向。这使得步进电动机具有转子惯量低、定位精度高、无累积误差、控制简单等特点，已成为控制领域的主要执行元件之一。步进电动机是机电一体化的关键产品，广泛应用在各种自动化控制系统和机电一体化设备中。随着微电子和计算机技术的发展，步进电动机的需求量与日俱增，在各个行业的控制领域都将有广泛应用。

（二）步进电动机工作原理

1）步进电动机工作原理简述

步进电动机是一种用电脉冲信号进行控制，并将电脉冲信号转换成相应的角位移或线位移的执行机构。由于受脉冲的控制，其转子的角位移量和速度严格地与输入脉冲的数量和脉冲频率成正比，通过控制脉冲数量来控制角位移量，从而达到准确定位的目的；通过控制脉冲频率来控制电动机转动的速度和加速度，从而达到调速的目的；通过改变通电顺序，从而达到改变电动机旋转方向的目的。

总的来说，步进电动机主要具有以下一些工作特性：

（1）输入脉冲数严格和电动机的角位移成正比，电动机运转一周后没有积累误差，因此具有良好的跟随特性。

（2）由于其良好的跟随特性，步进电动机可以与驱动器电路组成开环数字控制系统，同时，也可以与角度反馈环节组成高性能的闭环数字控制系统。

(3)步进电动机的动态响应快，易于启动和停止、正反转和变速。

(4)速度可以在相当宽的范围内平滑调节；在低速动作状态下仍能保证获得大的转矩。

2)步进电动机脉冲频率变化规律

系统设计中我们采用的步进电动机为0.6°步距角的三相步进电动机。步进电动机在启动和停止时有一个加速及减速过程，且加速度越小则冲击越小，动作越平稳，所以步进电动机工作一般要经历以下的变化过程：加速—恒速(高速)—减速—恒速(低速)—停止。因步进电动机转速与脉冲频率成正比，所以输入步进电动机的脉冲频率也要经历一个类似的变化过程，其变化规律如图5-52所示。可见在步进电动机启动时要使脉冲升频，停车时使脉冲降频。由于步进电动机驱动器在输入脉冲200 Hz时处于震荡区内，容易损坏内部元件，而在200 Hz以下运转速度较慢，效率较低，故一般采用350 Hz作为脉冲的低频起点。经测试，轻载时高频脉冲可达到6.8 kHz。

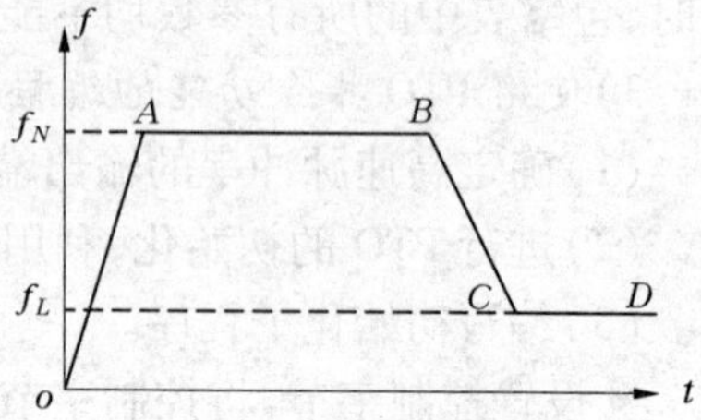

图5-52　步进电动机脉冲频率的变化规律

3)步进电动机的控制原则

步进电动机的控制和驱动方法很多，按照使用的控制装置可分为：普通集成电路控制、单片机控制、工控机控制、PLC控制等几种；按照控制结构可分为：硬脉冲生成器硬脉冲分配器结构、软脉冲生成器软脉冲分配器结构、软脉冲生成器硬脉冲分配器结构。由于步进电动机具有无累积误差、跟踪性能好的优点，步进电动机的控制以组成开环控制系统居多。

基于PLC的步进电动机控制的控制原则如下：

步进电动机能作出响应而不失步的最高步进频率称为“启动频率”；与此类似，“停止频率”是指系统控制信号突然关断，步进电动机不冲过目标位置的最高步进频率。而电动机的启动频率、停止频率和输出转矩都要和负载的转动惯量相适应。有了这些数据，就能有效地对步进电动机进行变速控制。采用PLC控制步进电动机，应根据下式计算系统的脉冲当量、脉冲频率上限和最大脉冲数量，进而选择PLC及其相应的功能模块。根据脉冲频率可以确定PLC高速脉冲输出时需要的频率，根据脉冲数量可以确定PLC的位宽。

$$\text{脉冲当量}=\frac{\text{步进电动机步距角}\times\text{螺距}}{360\times\text{传动速比}}$$

$$\text{脉冲频率上限}=\frac{\text{移动速度}\times\text{步进电动机细分数}}{\text{脉冲当量}}$$

$$\text{最大脉冲数量}=\frac{\text{移动距离}\times\text{步进电动机细分数}}{\text{脉冲当量}}$$

(三)步进电动机的PLC控制要求

步进电动机运行控制过程中，要从A点加速到B点后恒速运行，又从C点开始减速到D点，完成这一过程后用指示灯显示。电动机的转动受脉冲控制，A点和D点的脉冲频率为 2 kHz,B 点和 C 点的频率为 10 kHz,加速过程的脉冲数为 400 个,恒速转动的脉冲数为 4 000 个,减速过程脉冲数为 200 个,工作过程,如图 5-53 所示。

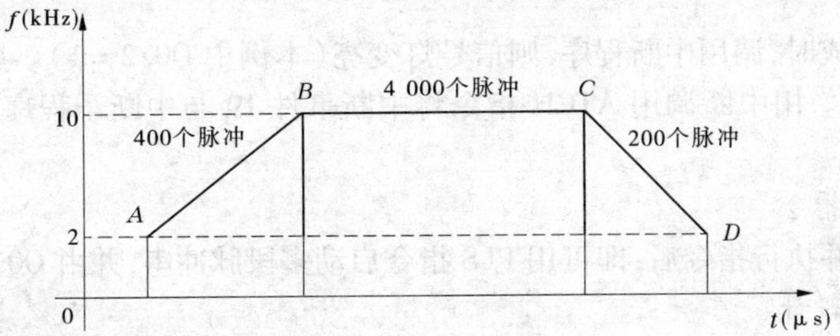

图 5-53　工作过程

(四)步进电动机控制软件设计

1. 控制过程分析

1)确定脉冲发生器及工作模式

本例要求 PLC 输出一定数量的多串脉冲,因此确定使用 PT0 输出的多段管线方式。选择如下:选用高速脉冲串发生器为 Q0.0,并且确定 PT0 为 3 段脉冲管线(AB、BC 和 CD 段)。

2)设置控制字节

最大脉冲频率为 10 kHz,对应的周期值为 100 μs,因此时基选择为 μs 级。将 2 进制数 10100000,即 16 进制数 A0 写入控制字节 SMB67,功能为允许脉冲输出,多段 PT0 脉冲串输出,时基为 μs 级,不允许更新周期值和脉冲数。

3)写入周期值、周期增量值和脉冲数

由于是 3 段脉冲,则需要建立 3 段脉冲的包络表,并对各段参数分别设置。包络表中各脉冲都是以周期为时间参数,所以必须先把频率换算为周期值(倒数计算即可)。给定段的周期增量为:

$$给定段的周期增量 = (T_{EC} - T_{IC})/Q$$

式中,T_{EC} 为该段结束周期时间;T_{IC} 为该段初始周期时间;Q 为该段的脉冲数量。

包络表内容如表 5-13 所列。

表 5-13　包络表内容

V 变量存储器地址	各块名称	实际功能	参数名称	参数值
VB400	段数	决定脉冲输出串数	总包络段数	3 μs
VW401	段 1	电机加速阶段	初始周期	500 μs
VW403			周期增量	-1 μs
VD405			输出脉冲数	400 μs
VW409	段 2	电机恒速运行阶段	初始周期	100 μs
VW411			周期增量	0 μs
VD413			输出脉冲数	4 000 μs
VW417	段 3	电机减速阶段	初始周期	100 μs
VW419			周期增量	2 μs
VD421			输出脉冲数	200 μs

4）装入包络表首地址

将包络表的起始变量 V 存储器地址装入 SMW168 中。

5）中断调用

高速输出完成时，调用中断程序，则信号灯变亮（本例中 Q0.2 = 1）。脉冲输出完成，中断事件号为 19。用中断调用 ATCH 指令将中断事件 19 与中断子程序 INT_0 连接起来，并全局开中断。

6）执行 PLS 指令

经以上设置并执行指令后，即可用 PLS 指令启动多段脉冲串，并由 Q0.0 输出。

2. 控制软件设计

步进电动机控制程序，如图 5-54 所示。

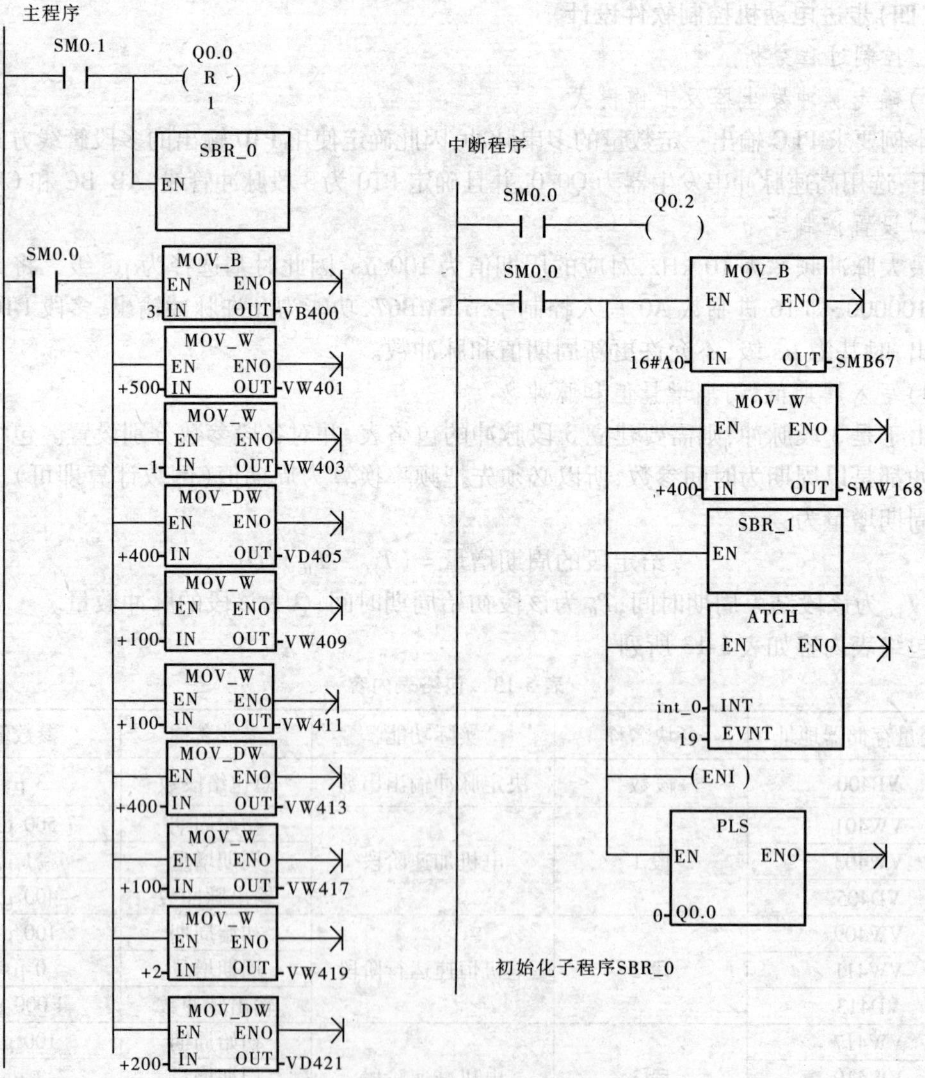

图 5-54 步进电动机控制程序

(五)步进电动机控制系统的调试

在运行过程中,如果负载过大或控制脉冲频率过高,则步进电动机容易失步。一般情况下由于机器人的工作速度较低,因此造成电动机失步的主要原因是过载。于是,当编码器反馈的脉冲频率(即单位时间内高速计数器当前值的增量)小于电动机的控制脉冲频率(即 1/脉冲周期)时,便可以断定电动机出现了失步,进而判断出电动机发生了过载现象。

为了纠正步进电动机因过载而产生的失步现象,提出了步进电动机过载调整模糊控制器的设计思想,即一旦检测出步进电动机因过载而产生失步,模糊控制器便根据过载的程度及变化趋势,及时增大电动机的输出相电流,提高电动机输出转矩,从而达到及时纠正电动机过载失步的目的,确保机器人能够继续正常工作。

小　结

本模块以四个典型实例为主介绍了数据处理指令、中断指令和高速脉冲输出指令的指令格式和使用方法;PLC 的程序编写方法;功能流程图的组成、结构和转换成梯形图的方法。数据处理指令和中断指令在工程实际中应用广泛,通过学习,应重点掌握这三种指令的梯形图编程方法。

数据处理指令涉及非数值运算类的数据操作,包含传送类指令、移位指令、循环移位指令、填充指令和数据转换指令等。

中断技术在可编程序控制器的人机联系、实时处理、通信处理中占有重要地位。中断是由设备或其他非预测的急需处理的事情引起的,中断事情的发生具有随时性。

高速脉冲输出指令可以方便地完成特定的复杂的控制任务,在工程实际中应灵活使用。

PLC 的程序设计方法有多种。功能流程图是分析和设计 PLC 控制系统程序的重要工具,在工业顺序控制领域有广泛的应用。

习题五

1. 利用传送指令编写一个电动机正反转控制要求的程序。

2. 编写一段输出控制程序,假设有 8 个指示灯,从左到右以 1 s 的速度依次点亮,保持在任何时刻只有一个指示灯亮,到达最右端时,再从左到右依次点亮,时间间隔仍为 1 s。

3. 编程输出字符 0 的七段显示码。

4. 数码显示的模拟控制程序,控制要求按 A→B→C→D→E→F→0→1→2→3→4→5→6→7→8→9→A→B→C…循环下去,时间为每隔 1 s。

5. 如图 5-55 所示,按以下要求设计程序。某专用钻床用来加工圆盘状零件上均匀分布的 6 个孔。操作人员放好工件后,按下启动按钮 I0.0,Q0.0 变为 ON,工件被夹紧,夹紧后压力继电器 I0.1 为 ON,Q0.1 和 Q0.3 使两只钻头同时开始工作,分别钻到由限位开关 I0.2 和 I0.4 设定的深度时,Q0.2 和 Q0.4 使两只钻头分别上行,升到由限位开关 I0.3 和

I0.5 设定的起始位置时，分别停止上行，设定值为 3 的计数器 C0 的当前值加 1，两个都上升到位后，若没有钻完 3 对孔，C0 的常闭触点闭合，Q0.5 使工件旋转 120°。旋转到位时限位开关 I0.7 为 ON，旋转结束后又开始钻第 2 对孔。3 对孔都钻完后，计数器的当前值等于设定值 3，C0 的常开触点闭合，Q0.6 使工件松开，松开到位时，限位开关 I0.7 为 ON，系统返回初始状态。

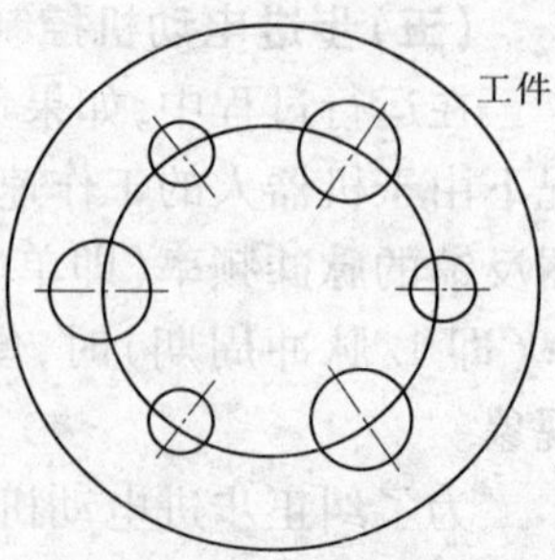

图 5-55　习题 5 图

6. 设计控制程序，使自动门控制系统的动作如下：人靠近自动门时，感应器 I0.0 为 ON，Q0.0 驱动电动机高速开门，碰到开门减速开关 I0.1 时，变为低速开门。碰到开门极限开关 I0.2 时电动机停转，开始延时。若在 0.5 s 内感应器检测到无人，Q0.2 启动电动机高速关门。碰到关门减速开关 I0.4 时，改为低速关门，碰到关门极限开关 I0.5 时电动机停转。在关门期间若感应器检测到有人，停止关门，T38 延时 0.5 s 后自动转换为高速开门。

7. 液压动力滑台在自动机床中被广泛采用，这里以液压动力滑台控制为例来说明顺序功能图设计方法以及顺序控制指令的使用方法，请设计程序，使得液压动力滑台在实际工作时的运动过程为：快进—工进—快退。其运动过程由快进、工进、快退三个电磁阀控制。

8. 大小球分拣传送机械示意图，如图 5-56 所示，图中的左上角为机械原点，其动作顺序为：

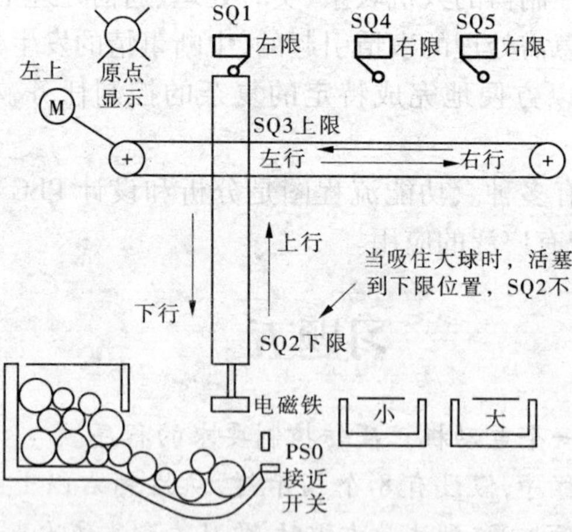

图 5-56　习题 8 图

左上为原点，机械臂下降（当磁铁压着的是大球时，限位开关 SQ2 断开，而压着的是小球时，SQ2 接通，以此可判断是大球还是小球）→大球 SQ2 断开 →将球吸住 →上升 SQ3 动作 →右行到 SQ5 动作→小球 SQ2 接通→将球吸住→上升 SQ3 动作→右行到 SQ4 动作→下降 SQ2 动作→释放→上升 SQ3 动作→左移 SQ1 动作到原点。

左移、右移分别由 Q0.0、Q0.1 控制，上升、下降分别由 Q0.2、Q0.3 控制，将球吸住由 Q0.4 控制。

9. 交通信号灯控制要求：信号灯的动作受开关总体控制，按一下启动按钮，信号灯系统开始工作，并周而复始地循环动作；按一下停止按钮，所有信号灯都熄灭。信号灯控制的具体要求如表 5-14 所示。请设计程序，使满足上述要求。

表 5-14　习题 9 表

<table>
<tr><td rowspan="2">东西</td><td>信号</td><td>绿灯亮</td><td>绿灯闪亮</td><td>黄灯亮</td><td colspan="3">红灯亮</td></tr>
<tr><td>时间(s)</td><td>25</td><td>3</td><td>2</td><td colspan="3">30</td></tr>
<tr><td rowspan="2">南北</td><td>信号</td><td colspan="3">红灯亮</td><td>绿灯亮</td><td>绿灯闪亮</td><td>黄灯亮</td></tr>
<tr><td>时间(s)</td><td colspan="3">30</td><td>25</td><td>3</td><td>2</td></tr>
</table>

10. 物料自动混合控制要求，如图 5-57 所示请设计程序使满足要求。

(1) 初始状态。

容器是空的，电磁阀 F1、F2、F3 和 F4，搅拌电动机 M，液面传感器 L1、L2 和 L3，加热器 H 和温度传感器 T 均为 OFF。

(2) 物料自动混合控制。

物料自动混合装置如图 5-57 所示。按下启动按钮，开始下列操作：

①电磁阀 F1 开启，开始注入物料 A，至高度 L2（此时 L2、L3 为 ON）时，关闭阀 F1，同时开启电磁阀 F2，注入物料 B，当液面上升至 L1 时，关闭阀 F2。

②停止物料 B 注入后，启动搅拌电动机 M，使 A、B 两种物料混合 10 s。

③10 s 后停止搅拌，开启电磁阀 F4，放出混合物料，当液面高度降至 L3 后，再经 5 s 关闭阀 F4。

(3) 停止操作。

按下停止按钮，在当前过程完成以后，再停止操作，回到初始状态。

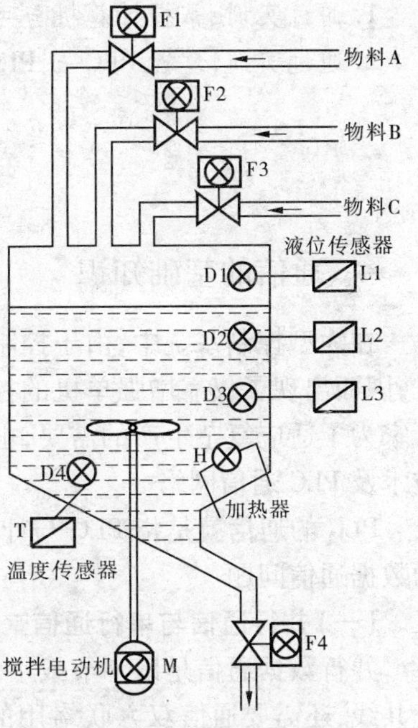

图 5-57　习题 10 图

模块六　PLC 的通信与自动化通信网络

一、知识目标

1. 掌握可编程序控制器的通信知识和网络知识。

2. 熟悉可编程序控制器的通信硬件。

二、技能目标

1. 通过实训，掌握计算机与可编程序控制器的通信联网程序设计。

2. 通过实训，掌握 PLC 与 PLC 的通信联网接线。

预备知识

一、通信的基础知识

在大型控制系统中，由于控制任务复杂，点数过多，各任务间的数字量、模拟量相互交叉，因而出现了仅靠增强单机的控制功能及点数已难以胜任的现象。所以，各 PLC 生产厂家为了适应复杂生产的需要，也为了便于对 PLC 进行监控，均开发了各自的 PLC 通信技术及 PLC 通信网络。

PLC 的通信就是指 PLC 与计算机之间、PLC 与 PLC 之间、PLC 与其他智能设备之间的数据通信问题。

(一)并行通信与串行通信

并行数据通信是以字节或字为单位的数据传输方式，除了 8 根或 16 根数据线、一根公共线，还需要通信双方联络用的控制线。并行通信的传送速度快，但是传输线的根数多，成本高，一般用于近距离的数据传送，如打印机与计算机之间的数据传送，工业控制一般使用串行数据通信。

串行数据通信是以二进制的位(bit)为单位的数据传输方式，每次只传送一位，除了公共线，在一个数据传输方向上只需要一根数据线，这根线既作为数据线又作为通信联络控制线，数据信号和联络信号在这根线上按位进行传送。串行通信需要的信号线少，最少的只需要两根线(双绞线)，适用于距离较远的场合。计算机和 PLC 都有通用的串行通信接口(如 Rs－232c)，工业控制中一般使用串行通信。如图 6-1 所示，为串行与并行传输示意图。

(二)异步通信与同步通信

在串行通信中，通信的速率与时钟脉冲有关，接收方的接收速率和发送方的传送速率应相同，但是实际的发送速率与接收速率之间总是有一些微小的差别，如果不采取措施，在连续传送大量的信息时，将会因积累误差造成错位，使接收方收到错误的信息。为了解决这一问题，需要使发送过程和接收过程同步。按同步方式的不同，可将串行通信分为异步通信和同步通信。

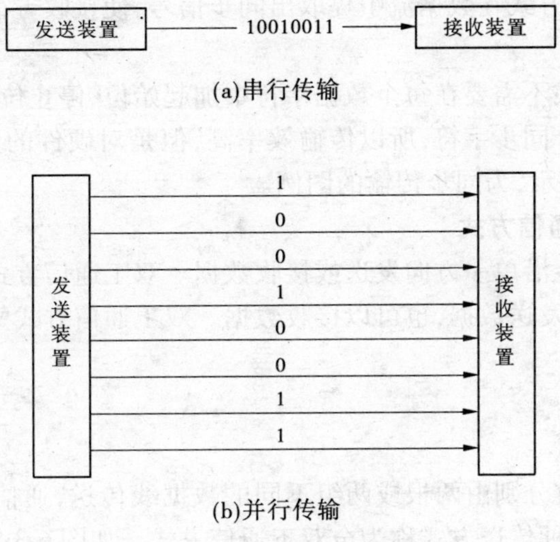

图 6-1　**串行与并行传输示意图**

异步通信时发送的字符由一个起始位、7 ~ 8 个数据位、1 个奇偶校验位(可以没有)和停止位(1 位、1 位半或两位)组成。在通信开始之前,通信的双方需要对所采用的信息格式和数据的传输速率作相同的约定。接收方检测到停止位和起始位之间的下降沿后,将它作为接收的起始点,在每一位的中点接收信息。由于一个字符中包含的位数不多,即使发送方和接收方的收发频率略有不同,也不会因两台机器之间的时钟周期的积累误差而导致收发错位。异步通信传送附加的非有效信息较多,它的传输效率较低,PLC 一般使用异步通信,如图 6-2(a)所示,为异步传输的图例。

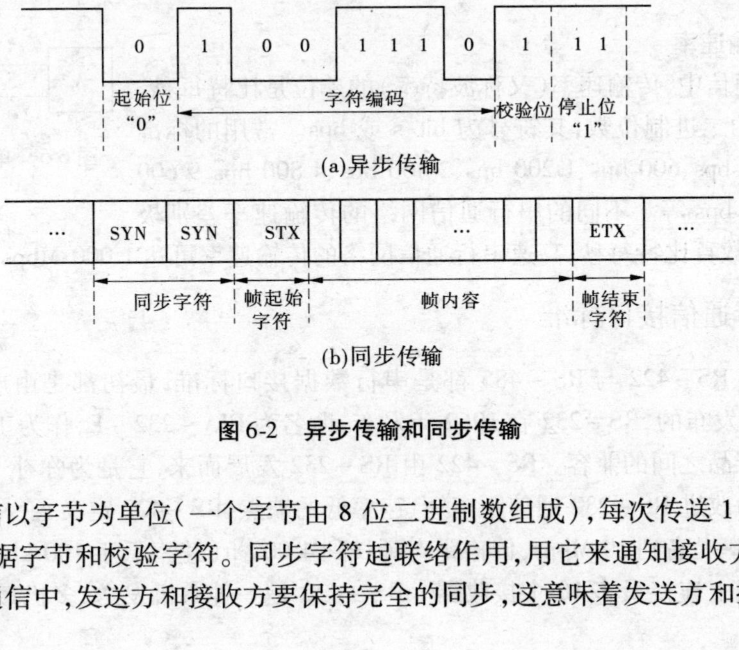

图 6-2　**异步传输和同步传输**

同步通信以字节为单位(一个字节由 8 位二进制数组成),每次传送 1 ~ 2 个同步字符、若干个数据字节和校验字符。同步字符起联络作用,用它来通知接收方开始接收数据。在同步通信中,发送方和接收方要保持完全的同步,这意味着发送方和接收方应使用同一时钟脉冲。在近距离通信时,可以在传输线中设置一根时钟信号线。在远距离通信时,可以通过调制解调方式在数据流中提取出同步信号,使接收方得到与发送方完全相同的接收时钟信号。

由于同步通信方式不需要在每个数据字符中加起始位、停止位和奇偶校验位,只需要在数据块之前加一两个同步字符,所以传输效率高,但是对硬件的要求较高,一般用于高速通信,如图 6-2(b)所示,为同步传输的图例。

(三)单工与双工通信方式

单工通信方式只能沿单一方向发送或接收数据。双工通信方式的信息可沿两个方向传送,每一个站既可以发送数据,也可以接收数据。双工通信方式又分为全双工通信和半双工通信两种方式。

1. 双工通信方式

1)全双工通信方式

数据的发送和接收分别由两根或两组不同的数据线传送,通信的双方都能在同一时刻接收和发送信息,这种传送方式称为全双工通信方式。如图 6-3 所示,A 端和 B 端双方都可以一面发送数据,一面接收数据,如电话机、手机等。

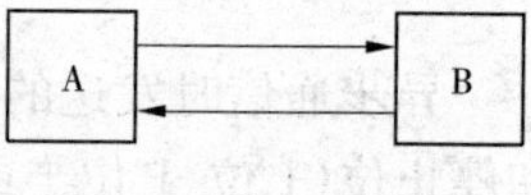

图 6-3　全双工方式

2)半双工通信方式

用同一组线接收和发送数据,通信的双方在同一时刻只能发送数据或接收数据,这种传送方式称为半双工方式,如图 6-4 所示,其中 A 端和 B 端都具有发送和接收的功能,但传送线路只有一条,或者 A 端发送 B 端接收,或者 B 端发送 A 端接收,如对讲机。

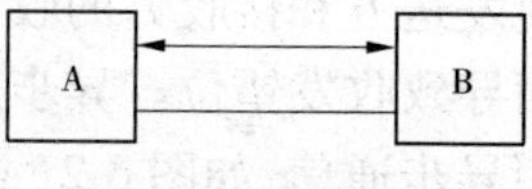

图 6-4　半双工方式

2. 单工通信方式

单工通信是指信息的传送始终保持同一个方向,而不能进行反向传送,如图 6-5 所示,其中 A 端只能作为发送端,B 端只能作为接收端。

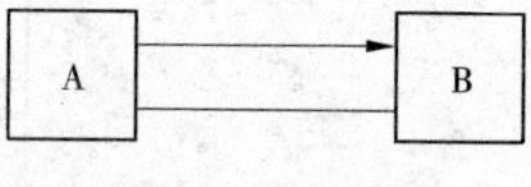

图 6-5　单工通信方式

(四)传输速率

在串行通信中,传输速率(又称波特率)的单位是比特每秒,即每秒传送的二进制位数,其符号为 bit/s 或 bps。常用的标准波特率为 300 bps、600 bps、1 200 bps、2 400 bps、4 800 bps、9 600 bps 和 19 200 bps 等。不同的串行通信网络的传输速率差别极大,有的只有数百比特每秒,高速串行通信网络的传输速率可达 1 000 Mbps。

二、串行通信接口标准

RS－232、RS－422 与 RS－485 都是串行数据接口标准,最初都是由电子工业协会(EIA)制定并发布的,RS－232 在 1962 年发布,命名为 EIA－232－E,作为工业标准,以保证不同厂家产品之间的兼容。RS－422 由 RS－232 发展而来,它是为弥补 RS－232 的不足提出的。为改进 RS－232 通信距离短、速率低的缺点,RS－422 定义了一种平衡通信接口,将传输速率提高到 10 Mbps,传输距离延长到 4 000 ft(速率低于 100 kbps),并允许在一条平衡总线上连接最多 10 个接收器。RS－422 是一种单机发送、多机接收的单向、平衡传输规范，被命名为 TIA/EIA－422－A 标准。为扩展应用范围，EIA 又于 1983 年在 RS－422基础上制定了 RS－485 标准，增加了多点、双向通信能力，即允许多个发送器连接到同一条总线上，同时增加了发送器的驱动能力和冲突保护特性，扩展了总线共模范围，后命名为 TIA/EIA－485－A 标准。由于 EIA 提出的建议标准都是以“RS“作为前缀，所以在通信工业领域，仍然习惯将上述标准以 RS 作为前缀。

(一) RS－232C

RS－232C 是美国 EIC(电子工业联合会)在 1969 年公布的通信协议，至今仍在计算机和 PLC 中广泛使用。

RS－232C 采用负逻辑，用－5～－15 V 表示逻辑状态“1”，用＋5～＋15 V 表示逻辑状态“0”。RS－232C 的最大通信距离为 15 m，最高传输速率为 20 kbps，只能进行一对一的通信。RS－232C 可使用 9 针或 25 针的 D 型连接器，PLC 一般使用 9 针的连接器，距离较近时只需要 3 根线。RS－232C 使用单端驱动、单端接收的电路，如图 6-6 所示，为 9 针串口主要信号定义示意图，容易受到公共地线上的电位差和外部引入的干扰信号的影响。

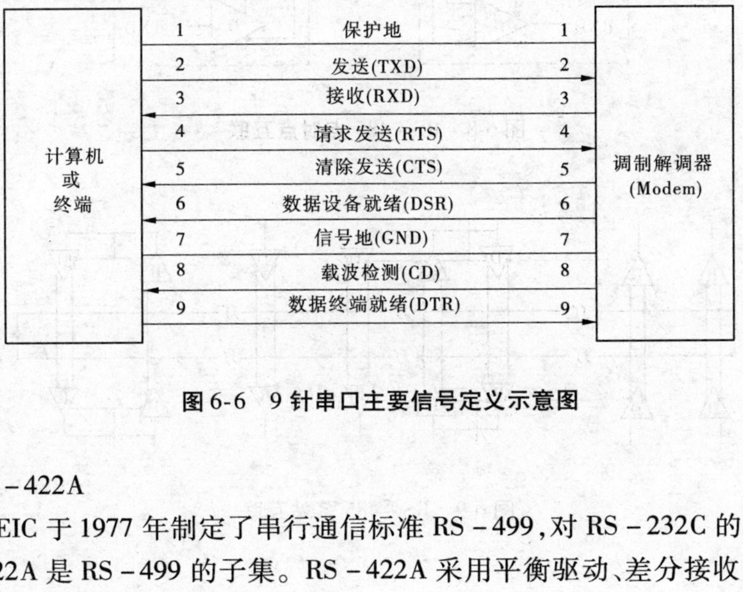

图 6-6　9 针串口主要信号定义示意图

(二) RS－422A

美国的 EIC 于 1977 年制定了串行通信标准 RS－499，对 RS－232C 的电气特性作了改进，RS－422A 是 RS－499 的子集。RS－422A 采用平衡驱动、差分接收电路，如图 6-7 所示，为平衡驱动差分接收电路。

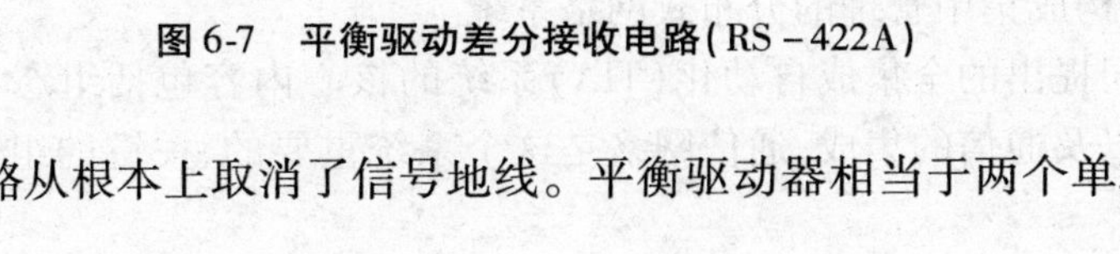

图 6-7　平衡驱动差分接收电路(RS－422A)

该种接收电路从根本上取消了信号地线。平衡驱动器相当于两个单端驱动器，其输入信号相同，两个输出信号互为反相信号，图中的小圆圈表示反相。外部输入的干扰信号是以共模方式出现的，两根传输线上的共模干扰信号相同，因接收器是差分输入，共模信号可以互相抵消。只要接收器有足够的抗共模干扰能力，就能从干扰信号中识别出驱动器输出的有用信号，从而克服外部干扰的影响。

RS－422A 在最大传输速率（10 Mbps）时，允许的最大通信距离为 12 m；传输速率为 100 kbps 时，最大通信距离为 1 200 m。一台驱动器可以连接 10 台接收器。

（三）RS－485

RS－485 是 RS－422A 的变形，RS－422A 是全双工，两对平衡差分信号线分别用于发送和接收。RS－485 为半双工，只有一对平衡差分信号线，不能同时发送和接收。

使用 RS－485 通信接口和双绞线可组成串行通信网络，如图 6-8 所示，为 RS－485 点对点互联，构成分布式系统，系统中最多可有 32 个站，新的接口器件已允许连接 128 个站，如图 6-9 所示，为 RS－485 多站互联。

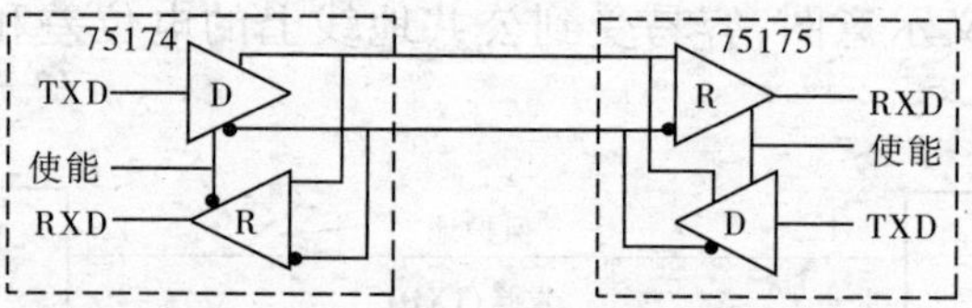

图 6-8　RS－485 点对点互联

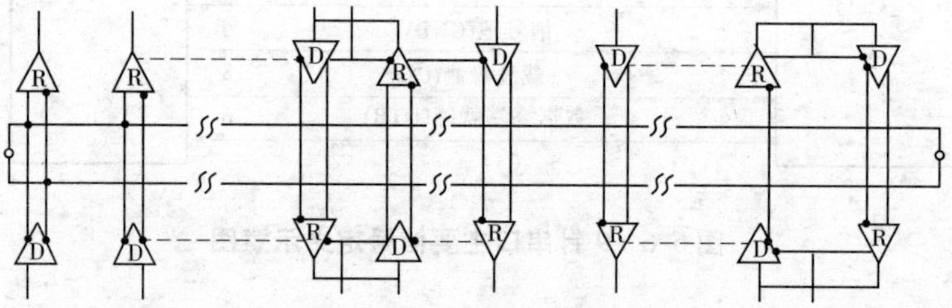

图 6-9　RS－485 多站互联

三、自动化通信网络

PLC 的通信包括 PLC 之间、PLC 与上位计算机之间以及 PLC 与其他智能设备之间的通信。PLC 与计算机可以直接或通过通信处理单元、通信转接器相连构成网络，实现信息的交换，并可构成“集中管理、分散控制”的分布式控制系统，满足工厂自动化（FA）系统发展的需要。各 PLC 或远程 I/O 模块按功能各自放置在生产现场进行分散控制，然后用网络连接起来，构成集中管理的分布式网络系统。

西门子公司提出的全集成自动化（TIA）系统的核心内容包括组态和编程的集成、数据管理的集成以及通信的集成，通信网络是这个系统重要的、关键的组件，提供了各部件和网络间完善的通信功能。

(一)工业以太网

随着信息技术的不断发展,信息交换技术覆盖了各行各业。在自动化领域,越来越多的企业需要建立包含从工厂现场设备层到控制层、管理层等各个层次的综合自动化网络管控平台,建立以工业控制网络技术为基础的企业信息化系统。

工业以太网提供了针对制造业控制网络的数据传输的以太网标准。该技术基于工业标准,利用了交换以太网结构,有很高的网络安全性、可操作性和实效性,最大限度地满足了用户和生产厂商的需求。工业以太网以其特有的低成本、高实效、高扩展性及高智能的魅力,吸引着越来越多的制造业厂商。

西门子公司在工业以太网领域有着非常丰富的经验和领先的解决方案。其中SIMATIC NET工业以太网基于经过现场验证的技术,并提供10 Mbit/s以及100 Mbit/s快速以太网技术,经过多年的实践,SIMATIC NET工业以太网的应用已多于400 000个节点,遍布世界各地,用于严酷的工业环境,并包括有高强度电磁干扰的地区。

(1)10 Mbit/s工业以太网:应用基带传输技术,基于IEEE802.3,利用CSMA/CD介质访问方法的单元级、控制级传输网络。传输速率为10 Mbit/s,传输介质为同轴电缆、屏蔽双绞线或光纤。

(2)100 Mbit/s快速以太网:基于以太网技术,传输速率为100 Mbit/s,传输介质为屏蔽双绞线或光纤。

通过工业以太网,一台S7－200可以与另一台S7－200、S7－300或S7－400进行通信,也可与OPC服务器及PC机进行通信。还可以通过CP－243－1 IT通信处理器的IT功能,非常容易地与其他计算机以及控制器系统交换文件,可以在全球范围内实现控制器和当今办公环境中所使用的普通计算机之间的连接。这种连接的系统示意图,如图6-10所示。

(二)现场总线PROFIBUS

西门子通信网络的中间层为工业现场总线PROFIBUS,它是用于车间级和现场级的国际标准,传输速率最大为12 Mbps,响应时间的典型值为1 ms,使用屏蔽双绞线电缆(最长96 km)或光缆(最长90 km),最多可接127个从站。

PROFIBUS是不依赖生产厂家的、开放式的现场总线,各种各样的自动化设备均可通过同样的接口交换信息。PROFIBUS已被纳入现场总线的国际标准IEC61158和EN50170,已有500多家制造厂商提供种类繁多的带有PROFIBUS接口的现场设备,用户可以自由地选择最合适的产品,PROFIBUS在全世界拥有大量的用户。PROFIBUS可用于分布式I/O设备、传动装置、PLC和基于PC的自动化系统.

PROFIBUS协议设计用于分布式I/O设备(远程I/O)的高速通信。在S7－200中,CPU222、CPU224和CPU226都可以通过EM277 PROFIBUS－DP扩展模板支持PROFIBUS－DP网络协议。

PROFIBUS由3个系列组成:PROFIBUS－DP、PROFIBUS－DPA和PROFIBUS－FMS。如图6-11所示,为从传感器/执行器到区域控制器图例。

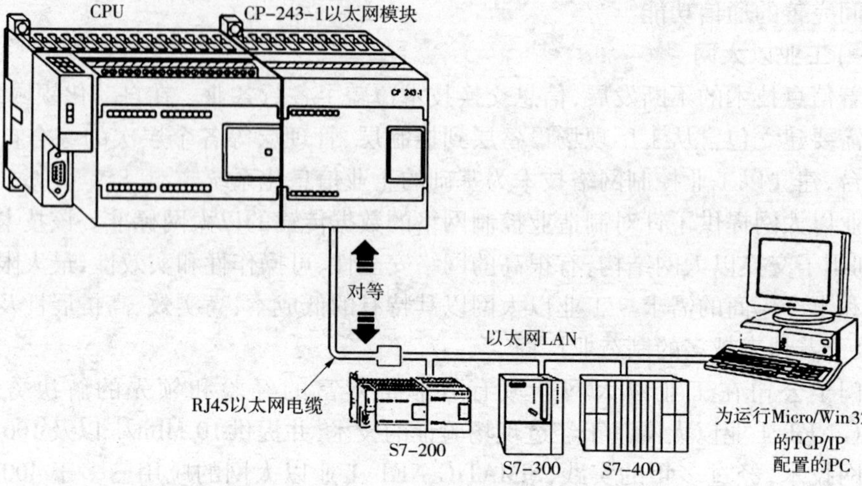

(a)通过CP-243-1 IT组成的IT网实物连接图

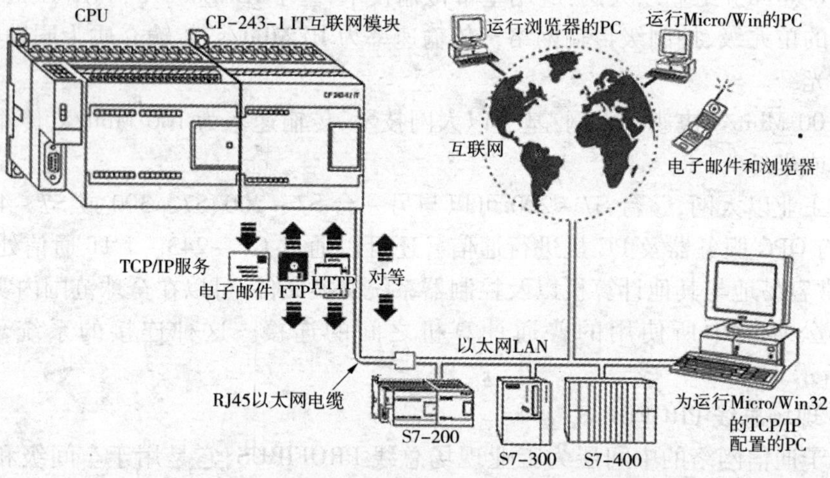

(b)通过CP-243-1 IT组成的IT网互联网连接图

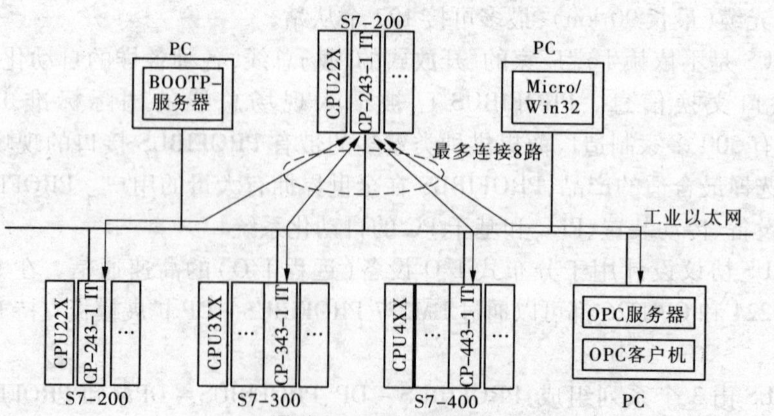

(c)通过CP-243-1 IT组成的IT网

图 6-10　IT 网连接图

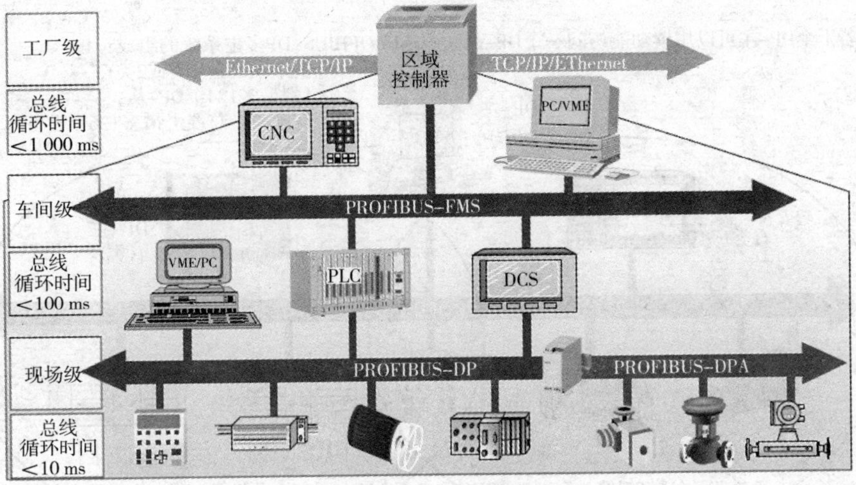

图 6-11　从传感器/执行器到区域控制器

PROFIBUS - DP 特别适用于 PLC 与现场级分散的远程 I/O 设备之间的快速数据交换通信，即插即用，如用于西门子的 ET200 分布式 I/O 系统。主站之间的通信为令牌方式，主站与从站之间为主从方式，以及这两种方式的混合。使用编程软件 STEP 7 - Micro/Win 32 或 SIMATIC NET 软件，可对网络设备组态或设置参数，可启动或测试网络中的节点。PROFIBUS 网络通常由一个主站和几个 I/O 从站组成。主站初始化网络并核对网络上的从站设备和配置中的是否匹配。当 DP(Distributed Peripheral)主站成功地组态一个从站时，它就拥有该从站，如果网络中有第二个主站，它只能很有限地访问第一个主站的从站，如图 6-12 和图 6-13 所示，为典型的 PROFIBUS - DP 系统。

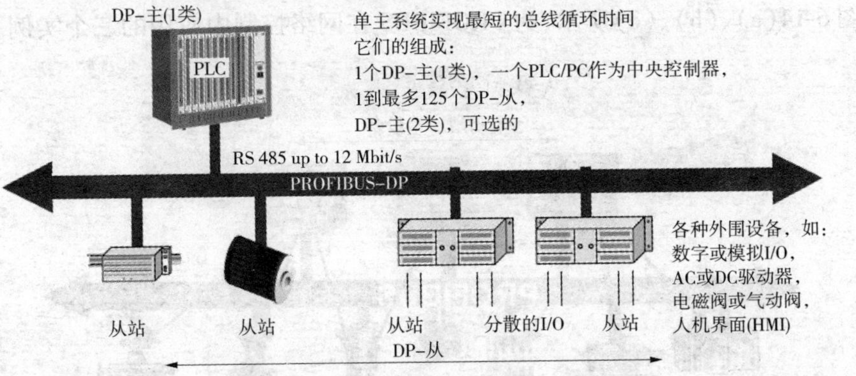

图 6-12　单主站 PROFIBUS - DP 系统

西门子的 S7 系列可编程序控制器有的配备有集成的 PROFIBUS - DP 接口，也可以通过接口模块或通信处理器连接到 PROFIBUS - DP。可将多条 PROFIBUS - DP 线路通过集成的接口或接口模块连接到一个可编程序控制器。

PROFIBUS - PA 用于与过程自动化的现场传感器和执行器进行低速数据传输，响应

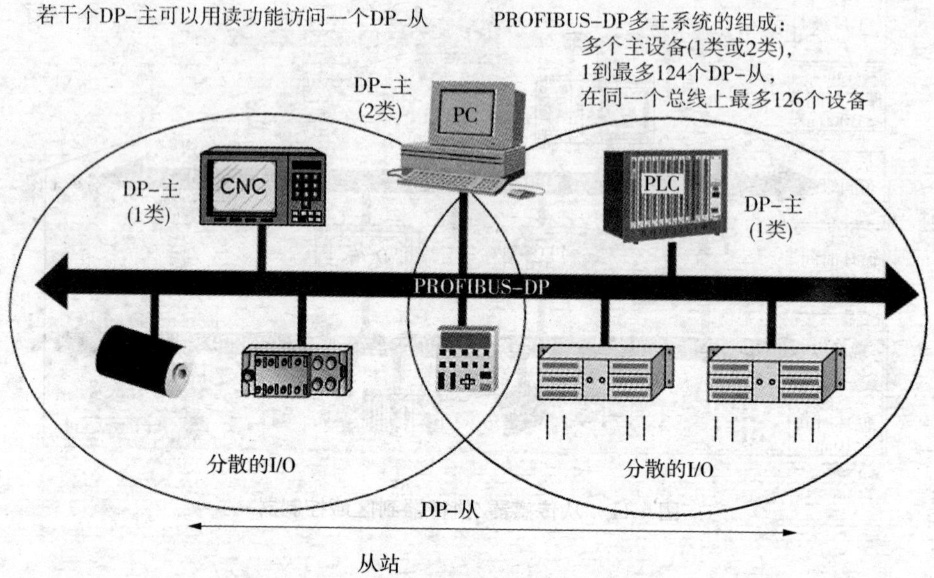

图 6-13　多主站 PROFIBUS - DP 系统

时间的典型值为 200 ms，最大传输距离为 1.9 km，使用屏蔽双绞线电缆，由总线提供电源。通过安全总线供电，可用于危险区域的现场设备。在危险区域每个 DP/PA 链路可连接 15 个现场设备。在非危险区域每个 DP/PA 链路可连接 31 个现场设备。

PROFIBUS - FMS 用于不同供应商的自动化系统之间传输数据，处理单级（可编程序控制器和 PC）的通用的控制层多主站数据通信，为解决复杂的通信任务提供了很大的灵活性。

如图 6-14（a）、（b）、（c）所示，为 PROFIBUS 在网络控制中应用的三个实例。

(a)主设备间的逻辑令牌环

图 6-14　PROFIBUS 在网络控制中应用的三个实例

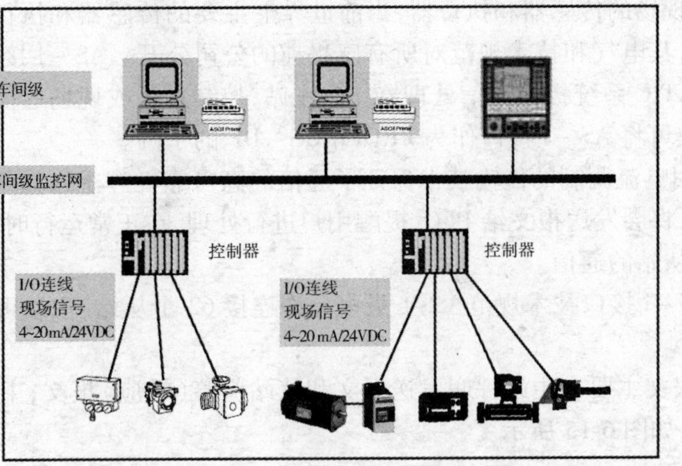

(b)现场设备与控制器之间的一对一I/O接线方式(传递4~20 mA或24VDC信号)

注:传统方式为现场级设备与控制器之间连接采用一对一所谓 I/O 接线方式,传递 4 ~ 20 mA 或 24VDC 信号。

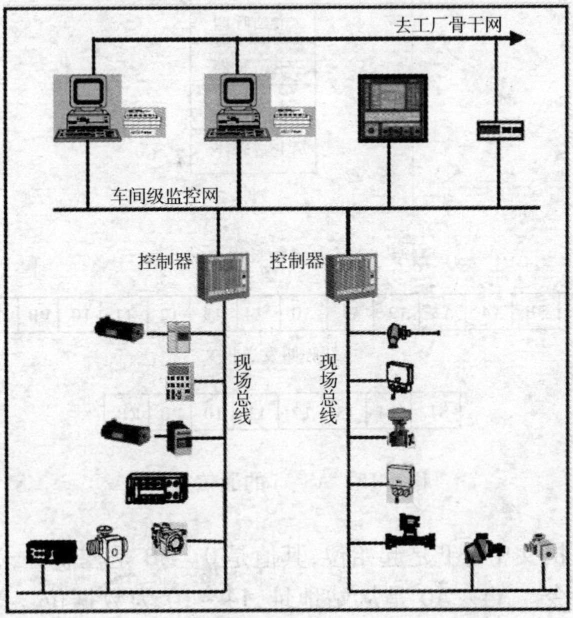

(c)现场总线技术

注:采用数字通信方式取代设备级的 4 ~ 20 mA(模拟器)/24VDC(开关量)信号,使用一根电缆连接所有现场设备。

续图 6-14

(三)AS－i 接口和 EIB

西门子通信网络的底层包括 AS－i 接口和 EIB。Instabus EIB 是楼宇安装总线系统,符合国际标准 CEN TC247。

AS－i 是传感器和执行器通信的国际标准(EN50295),响应时间小于 5 ms,使用未屏蔽的双绞线,由总线提供电源,最长通信距离为 300 m,最多接 62 个从站。AS－i 接口用两芯电缆连接现场的传感器和执行器，当前世界上主要的传感器和执行器生产厂家都支持 AS－i 接口，其电气和技术规范对所有感兴趣的公司公开。AS－i 接口是单主站系统，西门子的 SIMATIC 系统提供通信处理器作为主站，控制过程或现场通信。采用 DP/AS－i 接口连接模块可将 AS－i 接口作为 PROFIBUS－DP 的子网。

AS－i 使用电流调制的传输技术保证了通信的高可靠性。主站如果检测到传输错误或从站的故障，将会发送报文给 PLC，提醒用户进行处理，在正常运行时增加或减少从站，不会影响其他从站的通信。

扩展的 AS－i 接口技术规范 V2.1 最多允许连接 62 个从站，主站可以对模拟量进行处理。

AS－i 的报文主要有主站呼叫发送报文和从站应答（响应）报文，主站的请求帧由 14 个数据位组成，如图 6-15 所示。

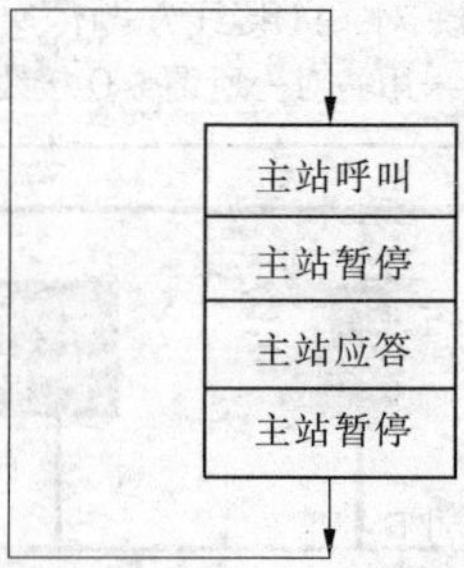

AS-i的主从通信过程

ST	SB	A4	A3	A2	A1	A0	14	13	12	11	10	PB	EB

主站呼叫发送报文

ST	14	13	12	11	10	PB	EB

图 6-15　AS－i 的通信报文

在主站呼叫发送报文中，ST 是起始位，其值是 0。SB 是控制位，为 0 或为 1 时分别表示传送的是数据或命令。A4～A0 是从站地址，14～10 为数据位。PB 是奇偶校验位，在报文中，不包括结束位在内的各位中 1 的个数应为偶数。EB 是结束位，其值为 1。在由 7 个数据位组成的从站应答报文中，ST、PB、EB 的意义和取值与主站呼叫发送报文的相同。

主站通过呼叫发送报文可以完成下列功能：

（1）数据交换：主站通过报文把控制指令或数据发送给从站，或让从站把测量数据上传给主站。

（2）设置从站的参数：如设置传感器的测量范围、激活定时器和改变测量方法等。

（3）删除从站地址：把被呼叫的从站地址暂时改为 00。

（4）地址分配：只能对地址为 0 的从站分配地址，从站把新地址存放在 EEPROM 中。

（5）复位功能：把被呼叫的从站恢复为初始状态时的地址。

（6）读从站的 UO 配置。

(7)读取从站的 ID(标识符)代码。

(8)状态读取:读取从站的 4 个状态位,以获得在寻址和复位时出现的错误信息。

(9)状态删除:读取从站的状态并删除其内容。

AS - i 主模块允许将 AS - i 网络连接至 S7 - 200 PLC,如图 6-16 所示。

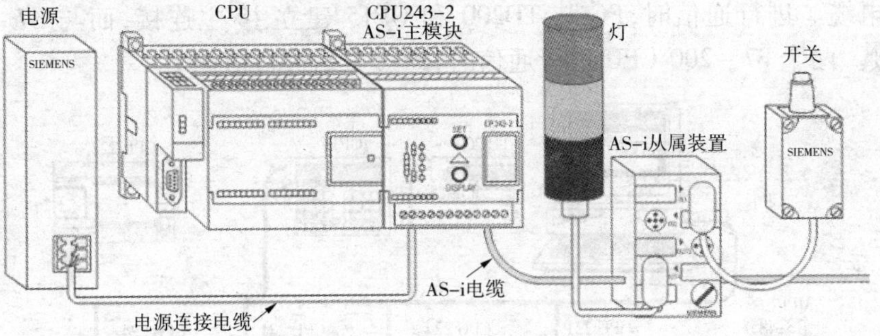

图 6-16　AS - i 网络

传动器/传感器接口或 AS - i 是用于最低级别自动化系统的单台主设备网络连接系统。CP243 - 2 模块用做网络的 AS - i 主设备。传感器和传动器(AS - i 从属装置)使用单条 AS - i 电缆,可通过 AS - i 主模块与 PLC 连接。AS - i 主模块处理所有 AS - i 网络协调作业,并通过指定给主模块的 I/O 地址将来自传动器和传感器的数据与状态信息传送至 PLC。AS - i 从属装置是 AS - i 系统的输入和输出信道,只有在被 AS - i 主模块调用时才会成为现用。

AS - i 向导可以为 AS - i 从属装置地址重新编程,帮助设置 AS - i 网络。

AS - i 向导还可以配置项目,为 I/O 存取映射 AS - i 网络的从属装置。

(四)MPI 通信介绍

MPI(Multipoint Interface)是一种适用于小范围、少数站点间通信的总线型网络。在工厂自动化系统网络结构中属于单元级和现场级,多用于对 PLC 编程,连接上位机和少量 PLC 之间的近距离通信。

1. 网络连接

MPI 通信利用 PLC 站 S7 - 200/300/400 和上位机(PG/PC)插卡 CP5411/CP5511/CP5611 的 MPI 口进行数据交换。MPI 接口为 RS - 485 接口,用电缆(屏蔽双绞线)连接,接头为 PROFIBUS 并带有终端电阻。在 MPI 网络上最多可以有 32 个站。

MPI 协议允许主/主和主/从两种通信方式。选择何种方式依赖于设备类型。如果设备是 S7 - 300 CPU,那么就进行主/主通信方式,因为所有的 S7 - 300 CPU 都必须是网络主站。如果设备是 S7 - 200 CPU,那么就进行主/从通信方式,因为 S7 - 200 CPU 是从站。MPI 协议总是在两个相互通信的设备之间建立逻辑连接。一个逻辑连接可能是两个设备之间的非公用连接。

另一个主站不能干涉两个设备之间已经建立的逻辑连接。主站可以短时间建立一个逻辑连接,或无限地保持逻辑连接断开。

由于设备之间的逻辑连接是非公用的,并且需要 CPU 中的资源,每个 CPU 只能支持一定数目的逻辑连接,每个 CPU 最多可支持 4 个逻辑连接。但每个 CPU 在应用中要保留两个逻辑连接,一个给 SIMATIC 编程器或计算机,另一个给操作面板。这些保留的连接不能由其他类型的主站(如 CPU)使用。

如图 6-17 所示,显示了一个采用 MPI 协议进行通信的网络,计算机通过 CP 卡连接至 MPI 网络电缆。进行通信时,PC 与 TD200 和 OP15 建立主/主连接,而与 S7-200 建立主/从连接。两个 S7-200 CPU 进行通信时,通过主站进行协调。

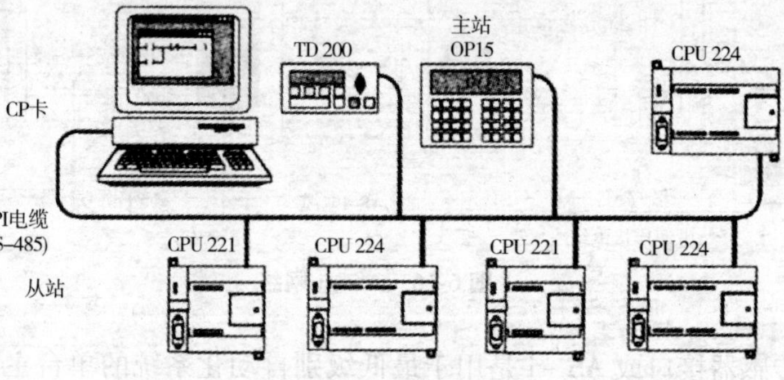

图 6-17 采用 MPI 协议进行通信的网络

2. PLC 之间通过 MPI 进行通信

PLC 之间通过 MPI 口通信可分为两种,见表 6-1。

表 6-1 MPI 通信方式

MPI 通信		功能块
GD(全局数据包)		无
无需组态连接	双向通信	SFC65/SFC66
	单向通信	SFC67/SFC68
需要组态连接		SFC67/SFB15

1)全局数据包通信方式

以这种通信方式实现 PLC 之间的数据交换时,只需关心数据的发送区和接收区。在配置 PLC 硬件的过程中,组态连接所要通信 PLC 站之间的发送区和接收区即可,不需要任何程序处理。这种通信方式只适合 S7-300/400 之间相互通信。

通信的数据包长度为:S7-300 最大为 22 字节,S7-400 最大为 54 字节。

2)不需要组态连接的通信方式

全局数据包通信的组态必须是在同一个项目下完成的,缺乏灵活性,可以通过调用系统功能(SFC65~68)来实现 MPI 通信。这种方式适合于 S7-300/400/200 之间通信,而且是不需要组态连接的。可以采用双向和单向的方式进行通信。

3)需要组态连接的通信方式

需要组态连接的通信方式适合于 S7-400 之间及 S7-400 和 S7-300 之间的 MPI 通信,如果 S7-400 和 S7-300 通信时,则 S7-300 只能做服务器端,S7-400 做客户端。

通信双方需要组态一个连接。

四、S7－200 通信部件介绍

S7－200 通信的有关部件包括通信端口、PC/PPI 电缆、通信卡及 S7－200 通信扩展模块等。

(一)通信端口

S7－200 系列 PLC 内部集成的 PPI 接口的物理特性为 RS－485 串行接口，为 9 针 D 型，该端口也符合欧洲标准 EN50170 中的 PROFIBUS 标准。S7－200CPU 上的通信口外形，如图 6-18 所示。

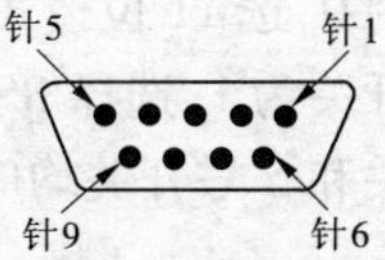

图 6-18　RS－485 串行接口外形

在进行调试时，将 S7－200 端口接入网络时，该端口一般是作为端口 1 出现的，作为端口 1 时端口各个引脚的名称见表 6-2。端口 0 为所连接的调试设备的端口。

表 6-2　S7－200 通信口各引脚名称

引脚	名称	端口 0/端口 1
1	屏蔽	机壳地
2	24 V 返回	逻辑地
3	RS－485 信号 B	RS－485 信号 B
4	发送申请	RTS(TTL)
5	5 V 返回	逻辑地
6	+5 V	+5 V,100 Ω 串联电阻
7	+24 V	+24 V
8	RS－485 信号 A	RS－485 信号 A
9	不用	10 位协议选择(输入)
连接器外壳	屏蔽	机壳接地

(二)PC/PPI 电缆

用计算机编程时，一般用 PC/PPI(个人计算机/点对点接口)电缆连接计算机与可编程序控制器，这是一种低成本的通信方式。PC/PPI 电缆外形，如图 6-19 所示。

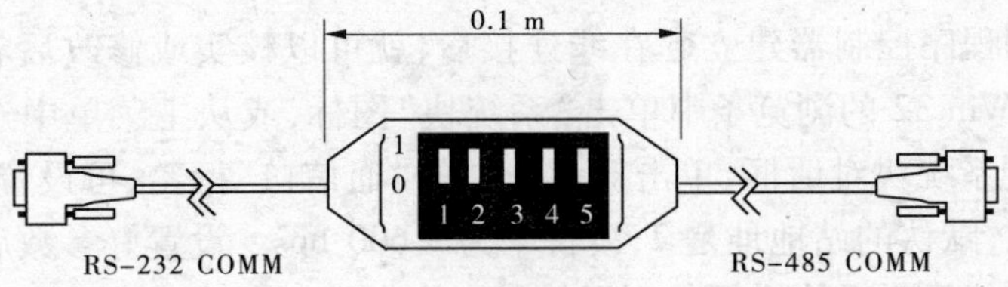

图 6-19　PC/PPI 电缆外形

1. PC/PPI 电缆的连接

将 PC/PPI 电缆标有“PC”的 RS－232 端连接到计算机的 RS－232 通信接口，标有“PPI”的 RS－485 端连接到 CPU 模块的通信口，拧紧两边螺丝即可。

PC/PPI 电缆上的 DIP 开关选择的波特率，见表 6-3。应与编程软件中设置的波特率一致。初学者可选通信速率的默认值 9 600 bps。4 号开关为 1，选择 10 位模式，4 号开关为 0，选 11 位模式，5 号开关为 0，选择 RS－232 口设置为数据通信设备（DCE）模式，5 号开关为 1，选择 RS－232 口设置为数据终端设备（DTE）模式。未用调制解调器时，4 号开关和 5 号开关均应设为 0。

表 6-3　开关设置与波特率的关系

开关 1、2、3	传输速率（bps）	转换时间（ms）
000	38 400	0.5
001	19 200	1
010	9 600	2
011	4 800	4
100	2 400	7
101	1 200	14
110	600	28

2. PC/PPI 电缆通信设置

在 STEP7－Micro/Win 32 的指令树中单击“通信”图标，或从菜单中选择“检视→通信”选项，将出现通信设置对话框，“→”表示菜单的上下层关系。在对话框中双击 PC/PPI 电缆的图标，将出现 PC/PG 接口属性的对话框。单击其中的“属性（Properties）”按钮，出现 PC/PPI 电缆属性对话框。初学者可以使用默认的通信参数，在 PC/PPI 性能设置窗口中按“Default（默认）”按钮可获得默认的参数。

1）计算机和可编程序控制器在线连接的建立

在 STEP7－Micro/Win 32 的浏览条中单击“通信”图标，或从菜单中选择“检视→通信”选项，将出现通信连接对话框，显示尚未建立通信连接。双击对话框中的刷新图标，编程软件检查可能与计算机连接的所有 S7－200CPU 模块（站），在对话框中显示已建立起连接的每个站的 CPU 图标、CPU 型号和站地址。

2）可编程序控制器通信参数的修改

计算机和可编程序控制器建立起在线连接后，就可以核实或修改后者的通信参数。在 STEP7－Micro/Win 32 的浏览条中单击“系统块”图标，或从主菜单中选择“检视→系统块”选项，将出现系统块对话框，单击对话框中的“通信口”标签，可设置可编程序控制器通信接口的参数，默认的站地址是 2，波特率为 9 600 bps。设置好参数后，单击“确认”按钮退出系统块。然后将系统块下载到可编程序控制器，设置的参数才会起作用。

3）可编程序控制器信息的读取

要想了解可编程序控制器的型号和版本、工作方式、扫描速率、I/O 模块配置以及

CPU 和 I/O 模块错误,可选择菜单命令“PLC→信息”,将显示出可编程序控制器的 RUN/STOP 状态、以 bit/5 为单位的扫描速率、CPU 的版本、错误的情况和各模块的信息。“复位扫描速率”按钮用来刷新最大扫描速率、最小扫描速率和最近扫描速率。如果 CPU 配有智能模块,要查看智能模块信息时,选中要查看的模块,单击“智能模块信息”按钮,将出现一个对话框,以确认模块类型、模块版本、模块错误和其他有关的信息。

3. PC/PPI 电缆与调制解调器的连接

当进行远程数据传输时,可以将 PC/PPI 电缆与调制解调器进行连接以增加数据传输的距离。在串行数据传输中,串行设备不是 DTE(数据终端设备),就是 DCE(数据发送设备)。因此,PC/PPI 电缆有两种工作模式。PC/PPI 电缆进行通信时不检测 RS－232 通信控制信号(如:RTS,CTS,DTR),但在 DTE 模式下只提供 RTS 信号。因此,使用 PC/PPI 电缆连接调制解调器时,调制解调器应设置成不检测这些信号的模式。

可以利用 PC/PPI 电缆和自由口通信功能把 S7－200CPU 连接到许多和 RS－232 标准兼容的设备。有两种不同型号的 PC/PPI 电缆:带有 RS－232 口的隔离型 PC/PPI 电缆,用 5 个 DIP 开关设置波特率和其他配置项的 PC/PPI 电缆(见图 6-20)。有关隔离型 PC/PPI 电缆的技术规范,请参阅相关资料;带有 RS－232 口的非隔离型 PC/PPI 电缆,用 4 个 DIP 开关设置波特率。有关非隔离型 PC/PPI 电缆的技术规范,请参阅 S7－200 可编程序控制器系统手册。

当数据从 RS－232 传送到 RS－485 口时,PC/PPI 电缆是发送模式。当数据从 RS－485 传送到 RS－232 口时,PC/PPI 电缆是接收模式。当检测到 RS－232 的发送线有字符时,电缆立即从接收模式转换到发送模式。当 RS－232 发送线处于闲置的时间超过电缆切换时间时,电缆又切换到接收模式。这个时间与电缆上的 DIP 开关设定的波特率选择有关。

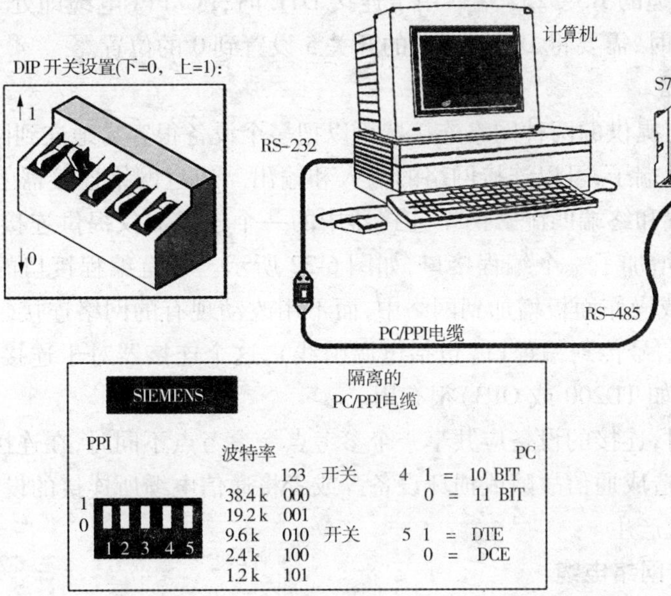

图 6-20　用 5 个 DIP 开关设置波特率和其他配置项的 PC/PPI 电缆

1) DTE 模式

当把 PC/PPI 电缆的 RS－232 端口用于连接 DCE 时，PC/PPI 电缆即处于 DTE（数据终端设备）模式。这时，需要将 DIP 5 开关的开关 5 设置到 1 的位置。如图 6-21 所示，为 DTE 模式下 PC/PPI 电缆连接调制解调器的示意图。当连接的调制解调器的接口为 9 针时，需要一个 9～25 针的适配器。

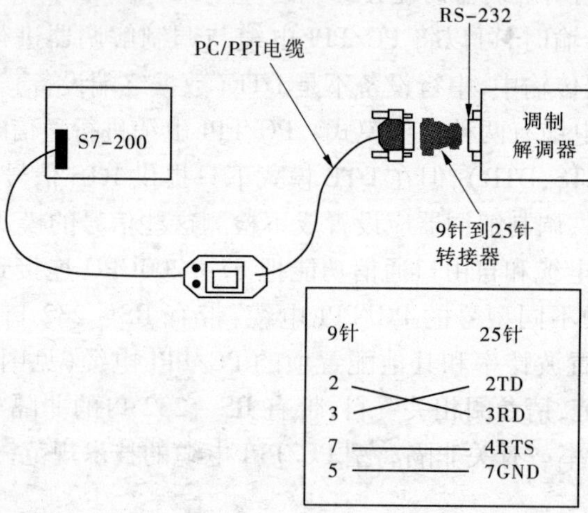

图 6-21　PC/PPI 电缆 DTE 模式下与调制解调器的连接

2) DCE 模式

当把 PC/PPI 电缆的 RS－232 端口用于连接 DTE 时，PC/PPI 电缆即处于 DCE（数据通信设备）模式。这时，需要将 DIP 5 开关的开关 5 设置到 0 的位置。

（三）网络连接器

利用西门子公司提供的两种网络连接器可以把多个设备很容易地连到网络中。两种连接器都有两组螺丝端子，可以连接网络的输入和输出。通过网络连接器上的选择开关可以对网络进行偏置和终端匹配。两个连接器中的一个连接器仅提供连接到 CPU 的接口，而另一个连接器增加了一个编程接口，如图 6-22 所示。带有编程接口的连接器可以把 SIMATIC 编程器或操作面板增加到网络中，而不用改动现有的网络连接。带有编程口的连接器把 CPU 的信号传到编程口（包括电源引线），这个连接器对于连接从 CPU 取得电源的一些设备（例如 TD200 或 OP3）很有用。

进行网络连接时，连接的设备应共享一个参考点。参考点不同时，在连接电缆中会产生电流，这些电流会造成通信故障或损坏设备。或者将通信电缆所连接的设备进行隔离，以防止不必要的电流产生。

（四）PROFIBUS 网络电缆

当通信设备相距较远时，可使用 PROFIBUS 电缆进行连接，表 6-4 列出了 PROFIBUS 网络电缆的性能指标。

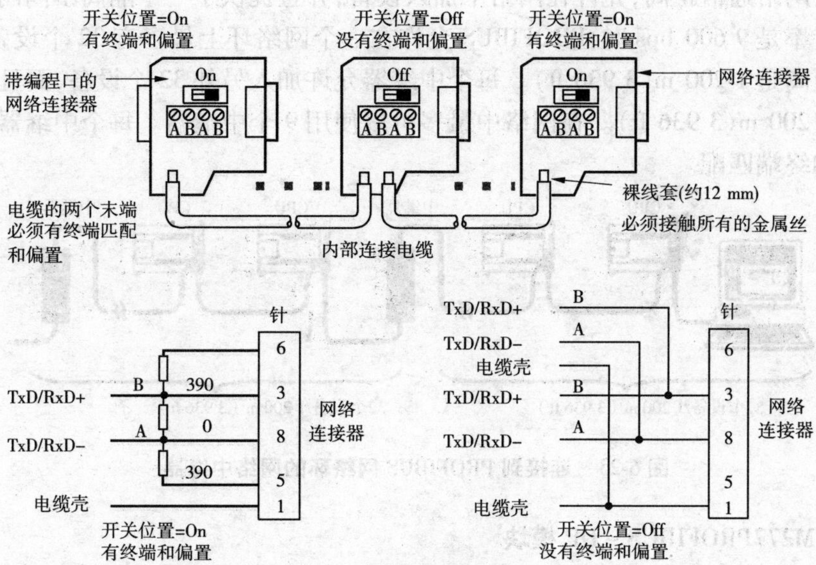

图 6-22　网络连接器

表 6-4　PROFIBUS 电缆性能指标

通用特性	规范
类型	屏蔽双绞线
导体截面积	24AWG(0.22 mm^2)或更粗
电缆容量	<60 pF/m
阻抗	100 ~ 200 Ω

PROFIBUS 网络的最大长度取决于波特率和所用电缆的类型，表 6-5 中列出了常规电缆网络段的最大长度。

表 6-5　PROFIBUS 网络的最大长度

传输速率(bps)	网络的最大电缆长度(m)
9.6 ~ 93.75 k	1 200
187.5 k	1 000
500 k	400
1 ~ 1.5 M	200
3 ~ 12 M	100

(五)网络中继器

西门子公司提供连接到 PROFIBUS 网络环的网络中继器，如图 6-23 所示。利用中继器可以延长网络通信距离,允许在网络中加入设备,并且提供了一个隔离不同网络环的方法。在波特率是 9 600 bps 时,PROFIBUS 允许在一个网络环上最多有 32 个设备,这时通信的最长距离是 1 200 m(3 936 ft)。每个中继器允许加入另外 32 个设备,而且可以把网络再延长 1 200 m(3 936 ft)。在网络中最多可以使用 9 个中继器。每个中继器为网络环提供偏置和终端匹配。

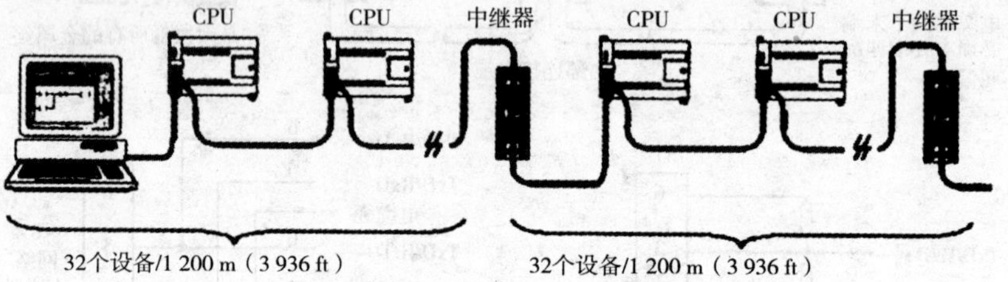

图 6-23　连接到 PROFIBUS 网络环的网络中继器

(六)EM277PROFIBUS－DP 模块

EM277PROFIBUS－DP 模块是专门用于 PROFIBUS－DP 协议通信的智能扩展模块。它的外形,如图 6-24 所示。EM277 机壳上有一个 RS－485 接口,通过接口可将 S7－200 系列 CPU 连接至网络,它支持 PROFIBUS－DP 和 MPI 从站协议。其上的地址选择开关可进行地址设置,地址范围为 0～99。

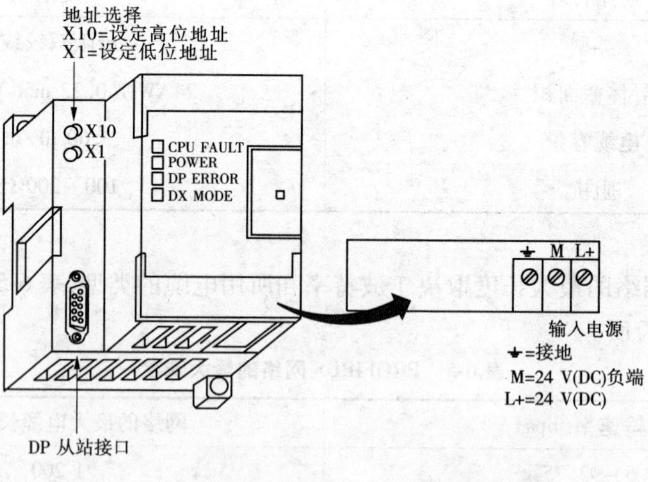

图 6-24　EM277PROFIBUS－DP 模块外形

PROFIBUS－DP 是由欧洲标准 EN50170 和国际标准 IEC611158 定义的一种远程 I/O 通信协议。遵守这种标准的设备,即使是由不同公司制造的,也是兼容的。DP 表示分布式外围设备,即远程 FO。PROFIBUS 表示过程现场总线。EM277 模块作为 PROFIBUS－DP 协议下的从站,实现通信功能。

除以上介绍的通信模块外,还有其他的通信模块。如用于本地 I/O 扩展的 CP－243－2 通信处理器,利用该模块可增加 S7－200 系列 CPU 的输入、输出点数。

五、通信网络的设置

(一)配置通信网络

1. 安装/删除通信硬件

单击“浏览栏”→“通讯”按钮;或者选择菜单栏中的“视图”→“通讯”;或者在“指令树”中选择“通讯”,弹出“通讯对话框”。

在通讯对话框的右窗格,单击“双击刷新”标志。如果已成功地在网络上的个人计算机和设备之间建立了通信,一个设备列表(包括模块类型和站地址等信息)将出现。

STEP7 - Micro/Win 在同一时刻仅与一个 PLC 通信。一红色方框环绕 PLC,表示其为当前与 STEP7 - Micro/Win 通信的 PLC。在不同的 PLC 上双击可以更改该 PLC 的通信。

在“控制面板”中选择“Set PG/PC Interface”图标,或者在通信对话框双击要设定的设备,弹出“设定 PG/PC 界面”对话框,如图 6-25 所示。

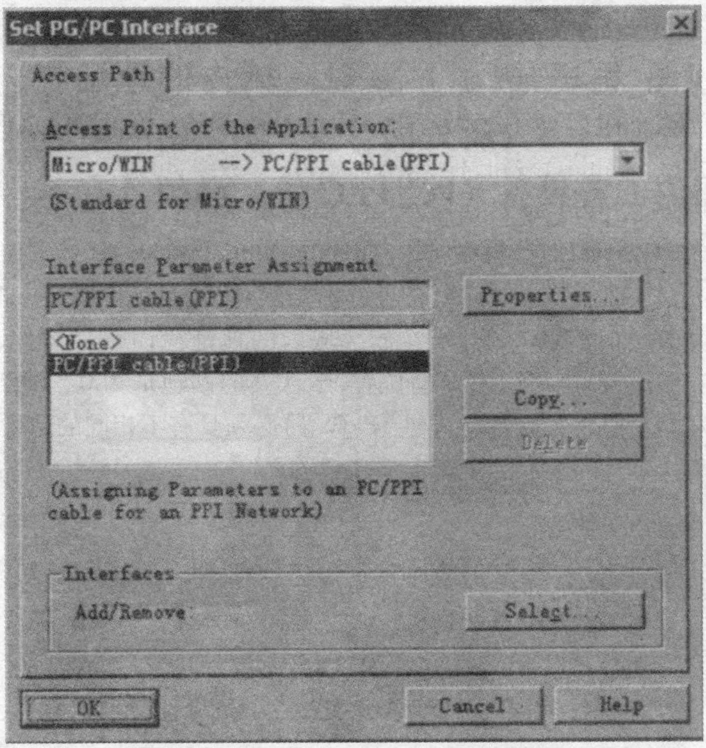

图 6-25 “设定 PG/PC 界面”对话框

在“设定 PG/PC 界面”对话框中,单击“选择”(Select)按钮,弹出“安装/删除硬件”对话框,如图 6-26 所示。对话框的左侧列举出尚未安装的硬件类型,右侧列举出当前已安装的硬件类型。从列表框中选择所要的硬件类型,单击“安装”(Install)或“删除安装”(Uninstall)按钮,完成后,单击“关闭”(Close)按钮。

2. 设定硬件通信属性

安装硬件后,需要为硬件通信设定实际属性。首先选择网络协议,对全部 CPU 应使用 PPI 协议。决定使用的协议后,在"设定 PG/PC 界面"对话框中的界面参数组选项栏(Interface Parameter Assignment)选择正确的设定。此栏列举出了已经安装的各种硬件类型及括号内的协议类型。

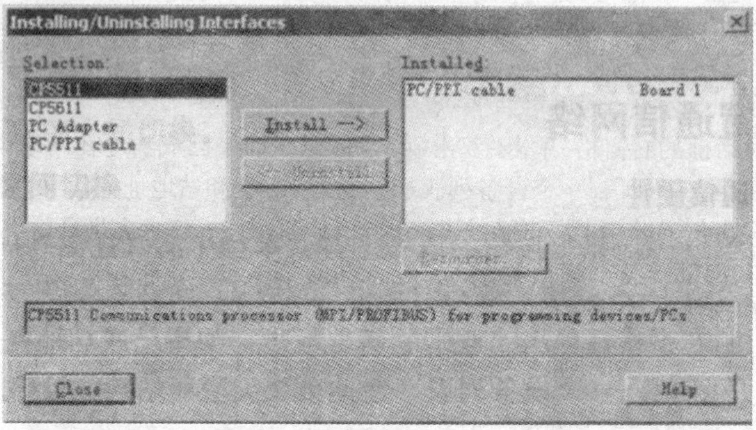

图 6-26 "安装/删除硬件"对话框

选定正确的参数组后,还需设定当前配置的单个参数。单击"设定 PG/PC 界面"对话框中的"属性"(Properties)按钮,根据前面选择的参数组,可进入不同的对话框。

1)设定 PC/PPI 线(PPI)参数

在"设定 PG/PC 界面"对话框中,选择使用 PC/PPI 线,单击"属性"按钮,出现 PC/PPI 线(PPI)的属性设置对话框。该对话框有两个选项卡:PPI 与本地连接(Local Connection)。

在 PPI 选项卡(如图 6-27 所示)参数区域内的地址栏内选择号码,设定 STEP7 - Micro/Win32 在 PLC 控制网络内所处的位置,默认站的站地址为 0。网络上第一台 PLC 的默认站地址为 2。网络内的各设备(PC、PLC 等)必须具有不相同的地址。

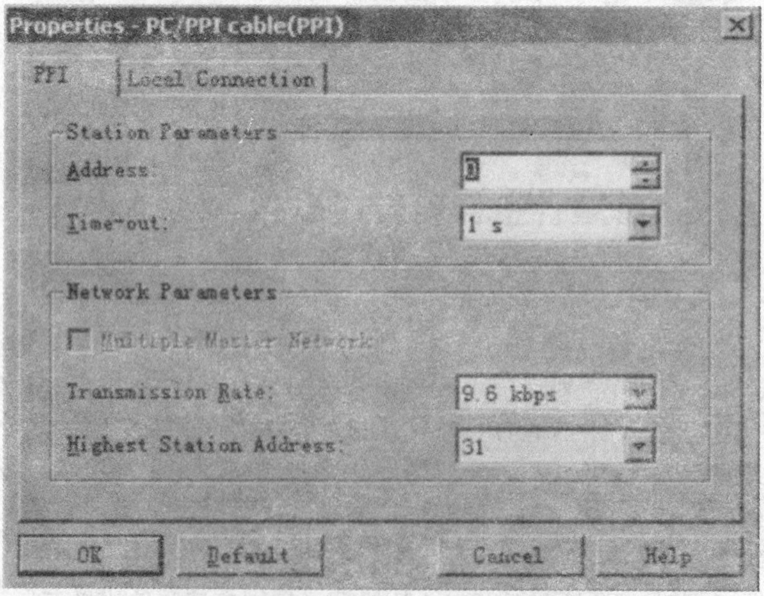

图 6-27 "PC/PPI 线(PPI)属性设置"对话框

在超时栏内选择数值来设定通信设备建立联系所需的时间,默认值为 1 s。

通信时,STEP 7 - Micro/Win32 默认设定为多主 PPI 协议。选择对话框上“多主网络”(Multiple Master Network)前的复选框,即可启动该模式。STEP 7 - Micro/Win32 也支持单主 PPI 协议。清除选择,即为单主模式。

设定网络上的传输速率。一般 PPI 线支持的传输速率为 9.6 ~ 19.2 kbps。

选择最高站地址。达到此地址时,STEP7 - Micro/Win32 停止寻找网络上的其他主设备。

在“本地连接”选项卡内(如图 6-28 所示),选择 PC/PPI 连接的 COM 口。

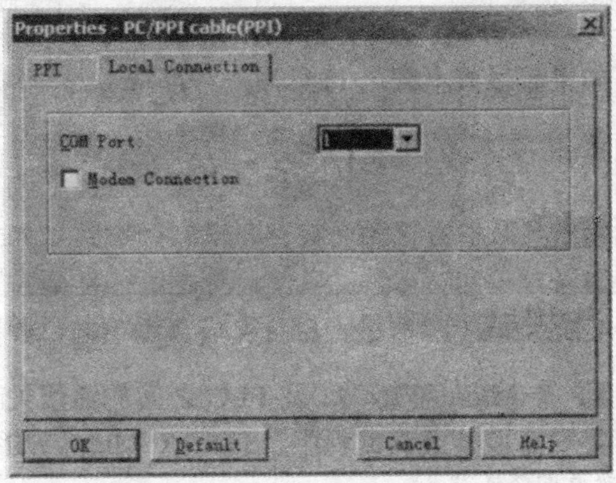

图 6-28 “本地连接”选项卡

2)设定 CP 或 MPI 卡(PPI)参数

使用多点界面卡或通信处理器卡时,可以采用多配置方式。两种卡均为使用 MPI 电缆进行网络连接,提供单 RS - 485 接口。可以使运行 STEP 7 - Micro/Win 编程软件(带 MPI 或 CP 卡的 PC,或者 SIMATIC 编程设备)的站与包括多个主设备的网络相连接(如果已启动多个主设备,也适用于 PC/PPI 线)。主设备包括操作员板及文本显示器(TD200 单元)。

在“设定 PG/PC 界面”对话框中,单击“属性”按钮,相应卡的属性对话框出现。设定参数与设定 PC/PPI 的相似。

3)设定调制解调器通信参数

使用调制解调器时,需设定编程设备与 CPU 或 PC 与 CPU 之间的通信参数。必须使用 PC/PPI 线模块参数组,否则不可使用配置调制解调器功能。确认已经启动配置调制解调器功能的,再设定配置参数。设定可分为本地调制解调器和远程调制解调器,具体操作可参阅硬件的随附文档。

(二)网络读/写通信指令

在 SIMATIC S7 的网络中,S7 - 200 被默认为从站。只有在采用 PPI 通信协议时,有些 S7 - 200 系列的 PLC 允许工作于 PPI 主站模式。将 PLC 的通信端口 0 或通信端口 1 设定工作于 PPI 主站模式,是通过设置 SMB30 或 SMB130 的低两位的值来进行的。所以,只要将 SMB30 或 SMB130 的低 2 位取值 2#10，其他位为 0 就将 PLC 的通信端口 0 或通信端口 1 设定工作于 PPI 主站模式，就可以执行网络读写指令了。

1. 网络读写指令的格式与功能

网络读写指令的格式与功能见表 6-6。

表 6-6 网络读写指令的格式与功能

梯形图 LAD		语句表 STL		功能
		操作码	操作数	
网络读指令	NETR EN TBL PORT	NETR	TBL，PORT	通过 PORT 指定的通信口，根据 TBL 指定的表中的定义读取远程装置的数据
网络写指令	NETW EN TBL PORT	NETW	TBL，PORT	通过 PORT 指定的通信口，根据 TBL 指定的表中的定义将数据写入远程设备中去

注：(1) TBL 指定被读/写的网络通信数据表，其寻址的寄存器为 VB、MB、* VD、* AC，其表的格式见表 6-6。

(2) PORT 指定通信端口 0 或 1。

(3) NETR(NETW) 指令可从远程站最多读(写)入 16 字节的信息，同时可最多激活 8 条 NETR 和 NETW 指令。例如，在一个 S7－200 系列 PLC 中可以有 4 条 NETR 指令和 4 条 NETW 指令，或 6 条 NETR 指令和 2 条 NETW 指令。

2. 网络通信数据表的格式

在执行网络读写指令时，PPI 主站与从站之间传送数据的网络通信数据表(TBL)的格式如表 6-7(a)所示；错误编码表如表 6-7(b)所示。

表 6-7(a) PPI 主站与从站之间传送数据的网络通信数据表格式

字节偏移地址	字节名称	描述
0	状态字节	D | A | E | 0 | E1 | E2 | E3 | E4 D：操作完成位。D＝0：未完成；D＝1：完成 A：操作排队有效位。A＝0：无效；A＝1：有效 E：错误标志位。E＝0：无错误；E＝1：有错误 E1，E2，E3，E4 为错误编码。如果执行指令后，E＝1，则 E1，E2，E3，E4 返回一个错误编码，编码及说明见表 6-7(b)。
1	远程设备地址	被访问的 PLC 从站地址
2		
3		
4		
5		
6	数据长度	远程站点上被访问数据的字节数
7	数据字节 0	收或发送数据区：对 NETR，执行 NETR 后，从远程站点读到的数据存放在这个数据区中；对 NETW，执行 NETW 前，要发送到远程站点的数据存放在这个数据区
8	数据字节 1	
…	……	
22	数据字节 15	

表 6-7(b) 网络通信指令错误编码

E1E2E3E4	错误码	含义
0000	0	无错误
0001	1	时间溢出错误:远程站无响应
0010	2	接收错误:校验错误,或检查时出错
0011	3	离线错误:站号重复或硬件损坏
0100	4	队列溢出出错:激活超过 8 个 NETR/NETW 框
0101	5	违反协议:没有在 SMB30 中使能 PPI,却要执行 NETR/NETW 指令
0110	6	非法参数:NETR/NETW 的表中含有非法的或无效的值
0111	7	没有资源:远程站忙
1000	8	Layer7 错误:应用协议冲突
1001	9	信息错误:错误的数据地址或数据长度不正确
1010 ~ 1111	A ~ F	未用,为将来的使用保留

项目一 PLC 与计算机的通信设计

一、预备知识

自由端口模式为计算机或其他有串行通信接口的设备与 S7 - 200CPU 之间的通信提供了一种廉价和灵活的方法。计算机与可编程序控制器通信时,为了避免通信中的各方争用通信线,一般采用主从方式,即计算机为主机,可编程序控制器为从机,只有主机才有权主动发送请求报文(Request Message,或称为请求帧),从机收到请求后返回响应报文。下面主要介绍使用 PC/PPI 电缆连接计算机和 CPU 模块在自由端口模式下的编程方法。

(一) 电缆切换时间的处理

如果使用 PC/PPI 电缆,在 S7 - 200CPU 的用户程序中应考虑电缆的切换时间,见表 6-8 。

表 6-8 PC/PPI 电缆的切换时间

波特率(bps)	切换时间(ms)
38 400	0.5
19 200	1
9 600	2
4 800	4
2 400	7
1 200	14
600	28

S7 - 200CPU 接收到 RS - 232 设备的请求报文后,到它发送响应报文的延迟时间必

须大于等于电缆的切换时间。波特率为 9 600 bps 和 19 200 bps 时,电缆的切换时间分别为 2 ms 和 1 ms。

如果 S7 – 200CPU 发送请求报文,在接收到 RS – 232 设备的响应报文后,S7 – 200CPU 下一次发出请求报文的延迟时间也必须大于等于电缆的切换时间。

(二)异或校验

异或校验(或求和校验)是提高通信可靠性的重要措施之一,用得较多的是异或校验,即将每一帧中的第一个字符(不包括起始字符)到该帧中正文的最后一个字符作异或运算,并将异或的结果(异或校验码)作为报文的一部分发送到接收端。接收方计算出接收到的数据的异或校验码,并与发送方传送过来的校验码比较,如果不同,可以判定通信有误。

(三)防止起始字符、结束字符与数据字符混淆

因为报文的起始字符和结束字符只有 8 位,接收到的报文数据区内出现与起始字符或结束字符相同的数据字符的几率很大,它们可能会与起始字符和结束字符混淆。可以在发送前对数据作某种处理,例如选择起始字符和结束字符为某些特殊的值,将数据字符转换为 BCD 码或 ASCⅡ码后再发送,接收方收到后将数据字符还原为原来的数据格式,这样可以避免出现上述的情况,但是会增加编程的工作量和数据传送的时间。

接收字符中断可以对收到的每一个字符进行判断或处理,也能解决数据字符与结束字符混淆的问题。例如发送方在报文中提供发送的数据字符的字节数,接收方在字符中断程序中对接收到的数据字符计数,据此来判断是否应停止接收报文。不过,采用这种方式会增加中断程序的处理量和中断处理的时间。

二、可编程序控制器与计算机的通信设计介绍

如图 6-29 所示,为 PLC 与计算机的通信。

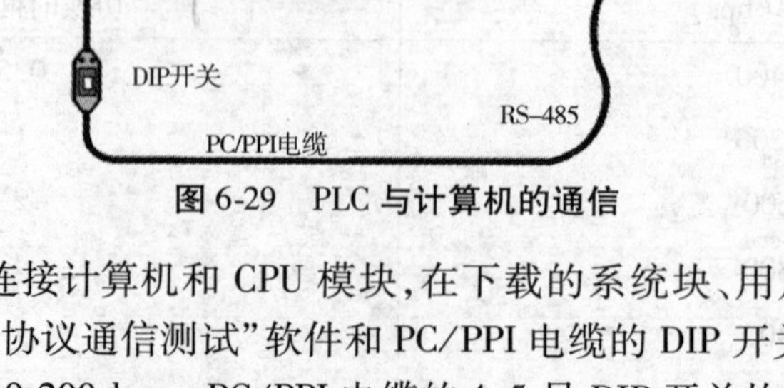

图 6-29　PLC 与计算机的通信

用 PC/PPI 电缆连接计算机和 CPU 模块,在下载的系统块、用户设计的 PLC 通信程序、光盘中的“自定义协议通信测试”软件和 PC/PPI 电缆的 DIP 开关的设置中,均选用相同的通信速率,例如 19 200 bps。PC/PPI 电缆的 4、5 号 DIP 开关均设为 0。

在编程软件中打开光盘中的 PLC 程序“\S7 – 200 实验用程序\用接收完成中断接收数据. mwp”。程序如下。

(1)计算异或校验码的子程序 FCS。创建如表 6-9 所示的子程序 FCS 的局部变量表。

表 6-9 局部变量表

名称	变量类型	数据类型	注 释
PNT	IN	DWORD	数据区首地址指针
NUMB	IN	BYTE	数据区字节数(字节型)
NUMI	TEMP	INT	数据区字节数(整型)
TEMP1	TEMP	INT	循环变量
XORC	OUT	BYTE	异或校验码

子程序的输入变量为地址指针 PNT 和字节数 NUMB，输出变量为校验码 XORC。

//求异或校验码的子程序 FCS：

```
LD          SM0.0
MOVB 0,     #XORC            //异或值清 0
BTI         #NUMB,#NUMI      //字节数转换为整数
FOR         #TEMP1, +1,#NUMI
LD          SM0.0
XORB,       #PNT,#XORC       //异或运算
INCD        #PNT             //指针值加 1
NEXT
```

(2)接收完成中断的通信程序。采用主从通信方式，计算机为主机，可主动向可编程序控制器发出报文，后者收到后进行异或校验。若校验正确，返回接收到的数据；若校验后发现有传送错误，将校验错误指示位 Q1.0 置 1。

使用 RCV 指令和接收完成中断接收数据，报文格式如表 6-10。

表 6-10 接收缓冲区的数据的报文格式

VB100	VB101	VB102	VB103		
接收到的字节数	起始字符	数据字节数	数据区	校验码	结束字符

CPU 模块在接收时检测起始字符和结束字符。校验码为报文中"数据字节数"字节与数据区各字节的异或和。VB90 存放 CPU 计算出的异或校验结果，VB91 和 VB99 分别存放计算机发送来的校验码和数据区字节数。

```
//主程序
LD      SM0.1       //首次扫描
CALL    SBR0        //调用初始化子程序
LDN     SM0.7       //若转换到 TERM 模式
EU                  //上升沿检测
R       SM30.0,1    //设置为 PPI 协议(SM30.0:0)
DTCH    23          //禁止各中断
DTCH    9
DTCH    10

//初始化子程序 SBR-0
```

```
LD      SM0.0                //该位始终为1
MOVB    5,SMB30              //19 200 bps,8 个数据位,无校验位,1 位停止位
MOVB    16#EC,SMB87          //允许接收,检测起始字符和结束字符,超时检测
MOVB    0,SMB88              //送报文起始字符 0
MOVB    16#FF, · SMB89       //送报文结束字符十六进制数 16#PP
MOVW    +1000,SMW92          //接收超时时间为 1 s
MOVB    100,SMB94            //接收的最大字符数为 100
ATCH    INT_0,23             //接收完成事件连接到中断程序 0
ATCH    INT_1,9              //发送完成事件连接到中断程序 1
ENI                          //允许用户中断
RCV     VB100,0              //端口 0 的接收缓冲区指针指向 VB100

//接收完成中断程序 INT_0
LDB < >  SMB86,16#20                     //若是非正常接收结束
JMP      1                               //跳转到 LBL1 处
NOT                                      //若接收到结束字符
MOVB     VB102,VB99                      //将接收到的数据字节数存放在 VD96
                                           的最低字节
R        V96.0,24                        //VD96 高位 3 字节清零
MOVD     &VB103,VD92                     //接收报文数据区首地址送给指针
                                           VD92
+D       VD96,VD92                       //求校验码地址,VD96 中为报文数据
                                           区字节数
MOVB     *VD92,VB91                      //接收到的校验码送 VB91
1NCB     VB99                            //得到需要异或的字节数
CALL     FC $,&VB102,VB99,VB90           //调用子程序 FC $,计算校验和,结果
                                           送 VB90
LDB =    VB90,VB91                       //如果校验正确
R        Q1.0,1                          //复位校验错误指示位
MOVB     5,SMB34                         //定时 5 ms 以提供 PPI 电缆接收/发
                                           送模式切换时间
ATCH     INT_2,10                        //启动定时中断
CRETI                                    //中断返回
NOT                                      //如果有校验错误
S        Q1.0,1                          //将校验错误指示位置 1
LBL      1                               //非正常接收结束时跳转到此处
LD       SM0.0
RCV      VB100,0                         //启动新的接收
```

```
//发送完成中断程序 INT1
LD      SM0.0
RCV     VB100,0          //启动新的接收

//定时中断程序 INT_2
LD      SM0.0
DTCH    10               //断开定时中断 10
XMT     VB100,0          //在端口 0 向计算机回送接收到的报文
```

(3)将 CPU 模块上的工作方式开关置于 STOP 位置,编译和下载程序。

在该程序中,PLC 的通信参数为 19 200 bps,8 个数据位,无奇偶校验位,1 位停止位。一帧报文由起始字符(0)、数据区字节数、数据区、异或校验码和结束字符 FFH 组成,校验码的计算从数据区字节数开始,在校验码之前结束。

用光盘中的“自定义协议通信测试”软件在计算机上发送和接收信息,打开该软件后,用菜单命令“串口设置—通信设置”设置串口和通信的参数:用“发送形式”按钮设置单次发送或定时发送,以及输入的数据格式:在“发送数据(数据区)”文本框中输入要发送的数据。单击“刷新”按钮,可在“发送帧”显示区中显示要发送的整个帧的数据:用“清空”按钮可以清除相应显示区的内容。可以设置显示区中数据的格式。

用“发送帧格式”按钮设置发送帧的格式、生成校验码的方式和开始计算校验码的位置。可以对数据区的数据进行预处理,例如将”发送数据(数据区)”输入的十六进制数 12H 转换为对应的 ASCⅡ码 31H 和 32H。

单击“接收参数设置”按钮,可设置接收超时时间和能接收的最大字符数。

将 CPU 模块上的工作方式开关置于“RUN”位置,如果下载到 PLC 的程序无错误,各有关的通信参数设置也是正确的,在“发送数据(数据区)”文本框中输入要发送的数据后,单击“发送”按钮,将会在“接收区”显示出计算机接收到的与发送帧相同的数据。

发送数据时串口被“自定义协议通信测试”软件打开和占用,要想恢复 PLC 与编程软件通过 PPI 协议的通信,应将 CPU 模块上的工作方式开关扳到“TERM”或“STOP”位置,并在“自定义协议通信测试”软件中用菜单命令“串口设置—关闭串口”解除该软件对串口的控制。

通信成功后,在 PLC 程序中改变某些通信参数,同时在“自定义协议通信测试”软件中改变相应的通信参数设置,重新进行通信实验。

用“自定义协议通信测试”软件在计算机上发送和接收信息,观察 CPU 模块是否可以返回计算机发送给它的报文。

项目二　两台 PLC 的通信

一、预备知识

(一)网络读/写指令编程

要求 A 机用网络读指令读取 B 机的 IB0 的值后,将它写入本机的 QB0,A 机同时用网

络写指令将它的 IB0 的值写入 B 机的 QB0 中。在这一网络通信过程中,B 机是被动的,它不需要编写通信程序。所以,只要求设计 A 机的通信程序。假定 A 机的网络地址是 2,B 机的网络地址是 3,对应的网络通信数据表如表 6-11 所示,对应的梯形图程序如图 6-30 所示。

表 6-11　网络通信数据表

字节意义	状态字节	远程站地址	远程站数据区指针	读写的数据长度	数据字节
NETR 缓冲区	VB200	VB201	VD202	VB206	VB207
NETW 缓冲区	VB210	VB211	VD212	VB216	VB217

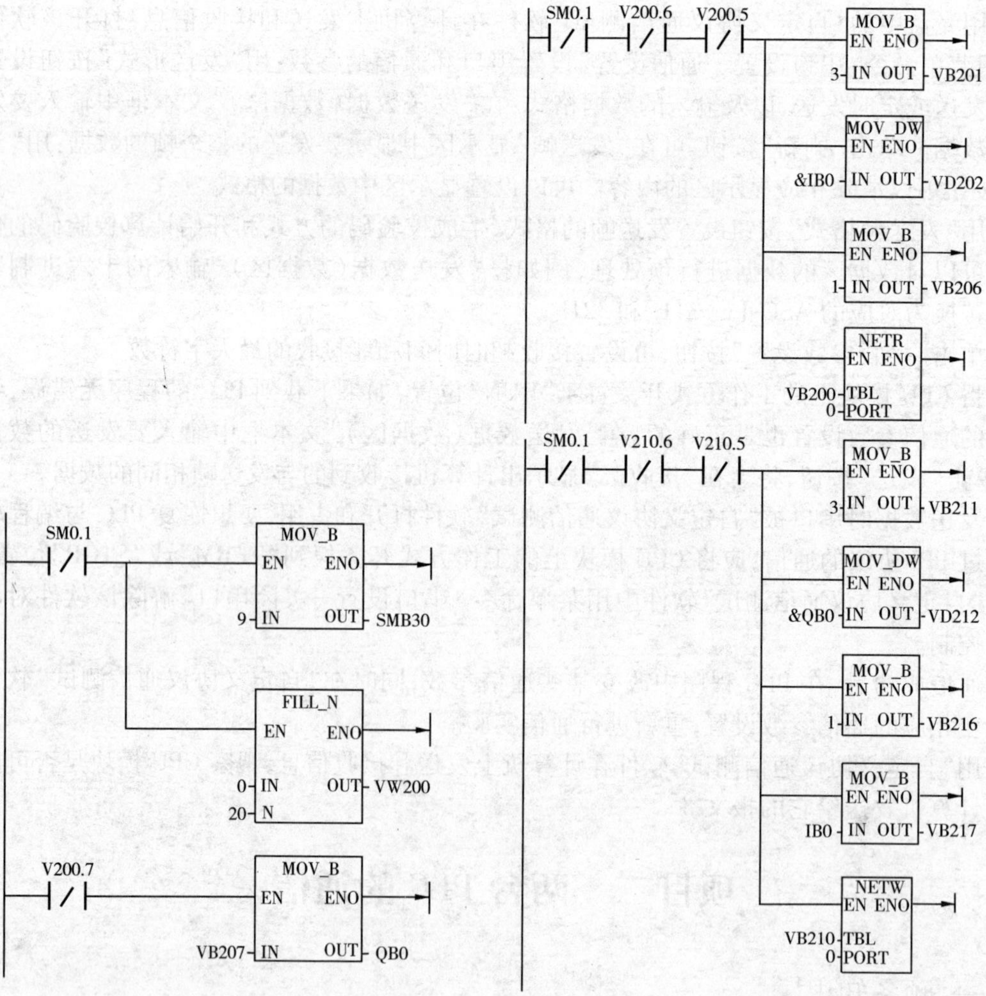

图 6-30　梯形图程序

(二)单主站通信网络

两台 S7－200 系列可编程序控制器与装有编程软件的计算机通过 RS－485 通信接口组成一个使用 PPI 协议的单主站通信网络。如图 6-31(a)、(b)所示为单主站通信系统和网络连接器示意图。

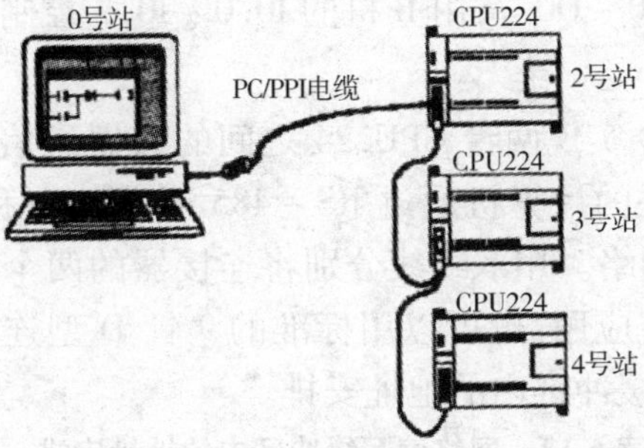

(a)单主站通信系统

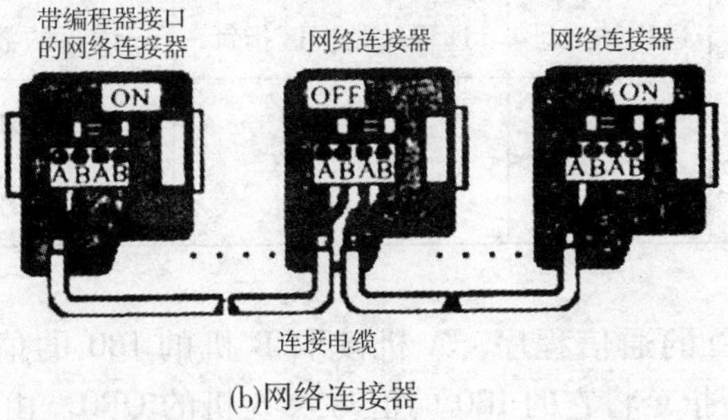

(b)网络连接器

图 6-31　单主站通信系统和网络连接器示意图

用双绞线分别将两个连接器的 A 端子和 A 端子连在一起，B 端子和 B 端子连在一起。

如果没有网络连接器，可以用普通的 9 针 D 型连接器来代替它。因为是在实验室使用，通信的距离也很短，可以不用屏蔽电缆，也不用接如图 6-31 中的终端电阻。

只需要用导线将两个带插针的连接器的 8 脚和 8 脚(A 端)连在一起，3 脚和 3 脚(B 端)连在一起，分别将它们接到 CPU 模块的通信口。用 5 根导线将其中一个带插针的连接器的 2、3、4、7、8 脚分别接到一个带插孔的 9 针连接器的对应脚上，将带插孔的连接器接到 PC/PPI 电缆的 RS－485 端。

分别只用 PC/PPI 电缆连接各台可编程序控制器。在编程软件中，用系统块分别将它们的站地址设为 2 和 3，并下载到 CPU 模块中去。然后连接好网络线，双击图 6-33 中的“刷新”图标，编程软件将会显示出网络中站号为 2 和 3 的两个子站。双击某一个子站的图标，编程软件将和该子站建立连接，可以对它进行下载、上装和监视等通信操作。

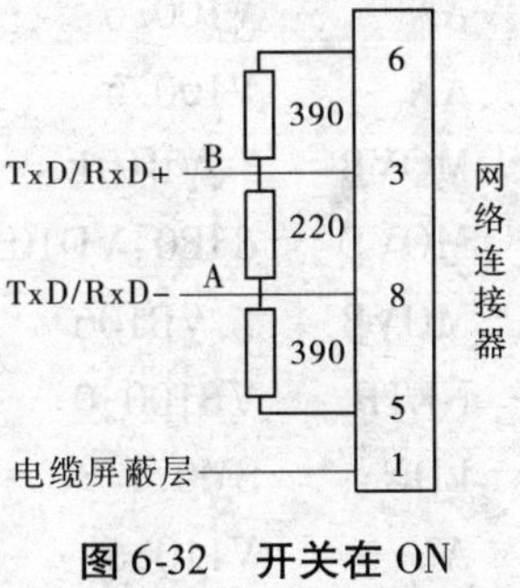

图 6-32　开关在 ON 位置的终端连接器

二、两台可编程序控制器的通信

图 6-33　刷新图标

A 站和 B 站的通信程序：A 机为主站，站地址为 2，B 机为从站，站地址为 3，编程用的计算机的站地址为 0。用 A 机的 I0.0 ~ I0.7控制 B 机的 Q0.0 ~ Q0.7，用 B 机的 I0.0 ~ I0.7 控制 A 机的 Q0.0 ~ Q0.7。

用 NETR 和 NETW 指令实现两台 CPU224 之间的数据通信，两台 S7 - 200 系列可编程序控制器与装有编程软件的计算机通过 RS - 485 通信接口和网络连接器组成一个使用 PPI 协议的单主站通信网络。用双绞线分别将连接器的两个 A 端子连在一起，两个 B 端子连在一起。作为实验室应用，也可以用标准的 9 针 D 型连接器来代替网络连接器。表 6-12 是 A 机的网络读写缓冲区内的地址安排。

表 6-12　网络读写缓冲区内的地址安排

字节意义	状态字节	远程站地址	远程站数据区指针	读写的数据长度	数据字节
NETR 缓冲区	VB100	VB101	VD102	VB106	VB107
NETW 缓冲区	VB110	VB111	VD112	VB116	VB117

下面是 A 机（主站）的通信程序。A 机读取 B 机的 IB0 的值后，将它写入本机的 QB0，A 机同时用网络写指令将它的 IB0 的值写入 B 机的 QB0。由于 B 机在通信中是被动的，它不需要通信程序。

```
//A 机的主程序
LD      SM0.1
MOVB    2,SMB30          //PPI 主站模式
FILL    0,VW100,10       //清空接收缓冲区和发送缓冲区
LD      V100.7           //若网络读操作完成
MOVB    VB107,QB0        //将读取的 B 机的 IB0 送给 QB0
LDN     SM0.1
AN      V100.6           //若 NETR 未被激活
AN      V100.5           //且没有错误
MOVB    3,VB101          //送远程站的站地址
MOVD    &IB0,VD102       //送远程站的数据区指针值 IB0
MOVB    1,VB106          //送要读取的数据字节数
NETR    VB100,0          //从端口 0 读 B 机的 IB0，缓冲区的起始地址为 VB100
LDN     SM0.1
AN      V110.6           //若 NETW 未被激活
AN      V110.5           //且没有错误
MOVB    3,VB111          //送远程站的站地址
```

```
MOVD    &QB0,VD112     //送远程站的数据区指针值 QB0
MOVB    1,VB116        //送要写入的数据字节数
MOVB    IB0,VB117      //将本机的 IB0 的值写入发送数据缓冲区的数据区
NETW    VB110,0        //从端口 0 写 B 机的 QB0,缓冲区的起始地址为 VD110
```

输入、编译用网络读写指令实现两台 S7 - 200 CPU 之间的通信的程序,将它下载到站号为 2 的 CPU 模块(主站)中,将两台可编程序控制器上的工作方式开关置于 RUN 位置,改变两台可编程序控制器的输入信号的状态,观察是否可以用 A 机的 I0.0 ~ I0.7 控制 B 机的 Q0.0 ~ Q0.7,用 B 机的 I0.0 ~ I0.7 控制 A 机的 Q0.0 ~ Q0.7。

修改上述程序,A 机读 B 机的 IB0 和 IB1 后,写入本机的 QB0 和 QB1,并将本机的 IB0 和 IB1 写入 B 机的 QB0 和 QB1。输入、编译、下载和运行修改后的程序,检查是否能实现上述要求。

项目三　PROFIBUS - DP 与 EM277 的通信

一、PROFIBUS - DP 中与 EM277 的通信

将上位机和 S7 - 400 CPU416 - 2DP 通过 PROFIBUS - DP 总线与 EM277 相连来建立通信。

(一)网络配置

(1)软件:STEP7 V5.2。

(2)硬件:①PROFIBUS - DP 主站 S7 - 400 CPU416 - 2DP;②从站 EM277;③MPI 网卡 CP5611;④PROFIBUS 电缆及接头。

(二)网络配置图

网络配置如图 6-34 所示。

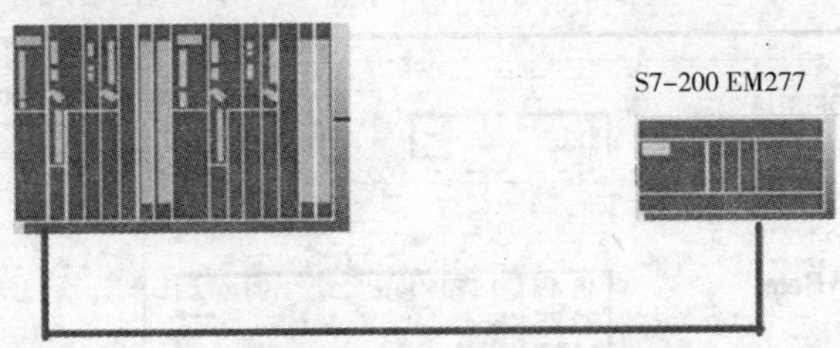

图 6-34　网络配置图

二、组态主站系统

如图 6-35 所示,打开 SIMATIC MANAGER 软件,在 FILE 菜单下选择 NEW 新建一个项目,在 NAME 栏中输入项目名称,将其命名为 DP - EM277,在下方的 Storage Location 中设置其存储位置。

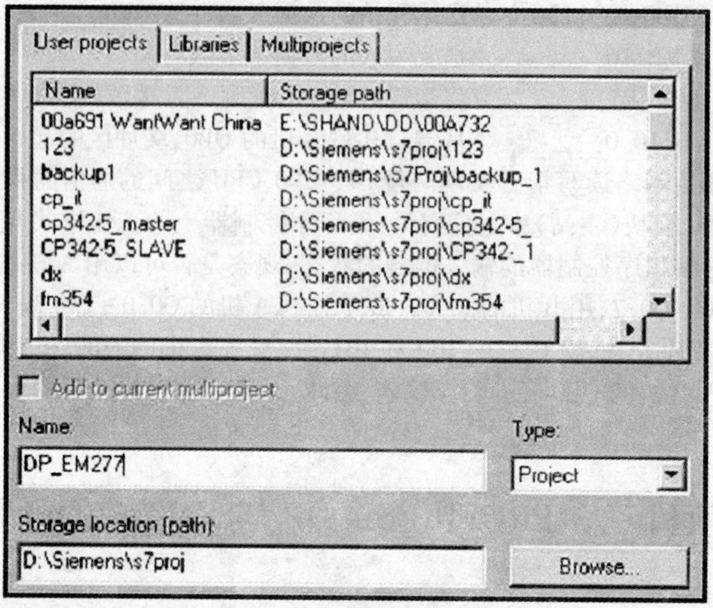

图 6-35　命名 DP – EM277

如图 6-36 所示，在项目屏幕的左侧选中该项目，在右键弹出的快捷菜单中选择 Insert New Object，插入 SIMATIC 400 Station，可以看到选择的对象出现在右侧的屏幕上。

图 6-36　插入 SIMATIC 400 Station

如图 6-37 所示，双击右侧生成的 hardware 图标，在弹出的 HW configuration 中进行硬件组态，在“View”菜单栏中选择“Catalog”打开硬件目录，按订货号和硬件安装次序依次插入机架、电源、CPU。插入 CPU 时会同时弹出组态 PROFIBUS 画面，选择新建一条 PROFIBUS 网络，组态 PROFIBUS 站地址，点击“Properties”按钮组态网络属性。

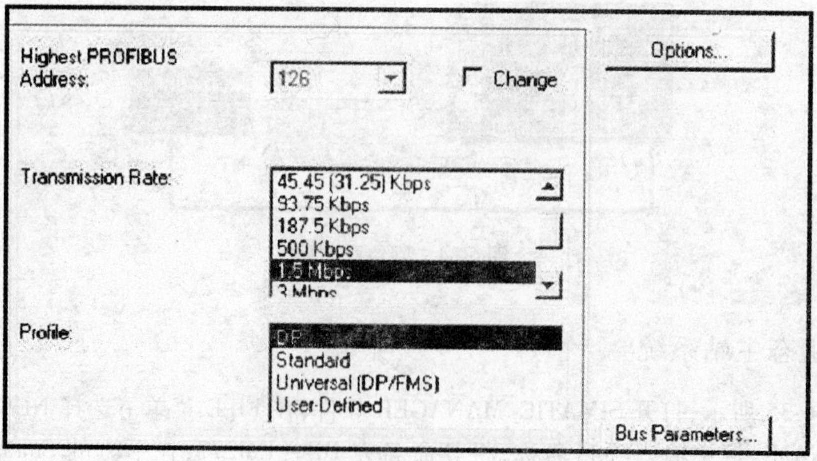

图 6-37　组态 PROFIBUS 画面

在本例中主站的传输速率为“1.5 Mbps”,“DP”行规,无中继器和 OBT 等网络元件,点击“OK”按钮确认并存盘。

三、安装 GSD 文件

如图 6-38 所示,在硬件组态画面中,退出所有的应用程序,点击菜单“Options”“Installing new GSD”,找到所提供的 GSD 文件。

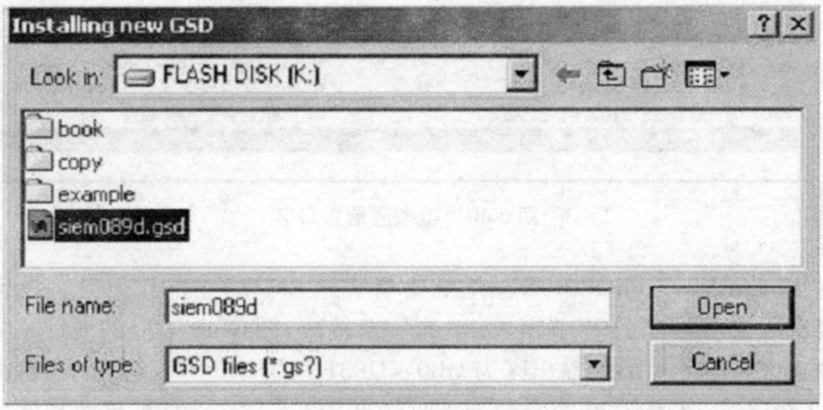

图 6-38　寻找 GSD 文件

如图 6-38 所示,点击“Open”安装新的 GSD 文件,安装完成后,点击同一菜单下的选项“Update catalog”,更新画面,如图 6-40 所示,这时在硬件设备中“Additional Field Devices”目录下可以发现 EM277 设备。

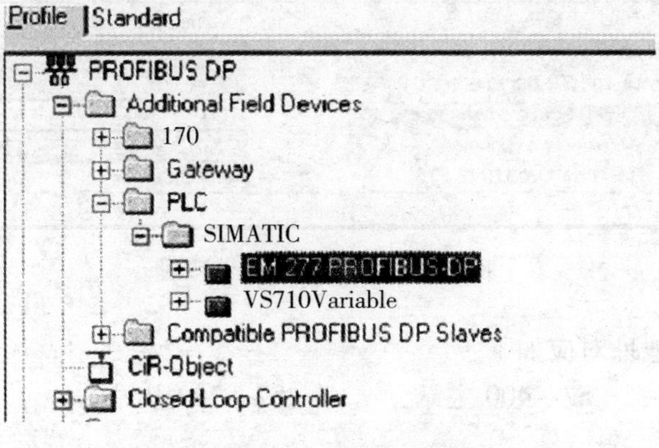

图 6-39　EM277 设备

一般情况下,新安装的 GSD 设备,都列在这个目录下,只有部分 PA 仪表除外。

四、组态从站

如图 6-40 所示,打开主站硬件组态窗口,在 PROFIBUS 网络上添加 EM277 从站设备并组态通信接口区。

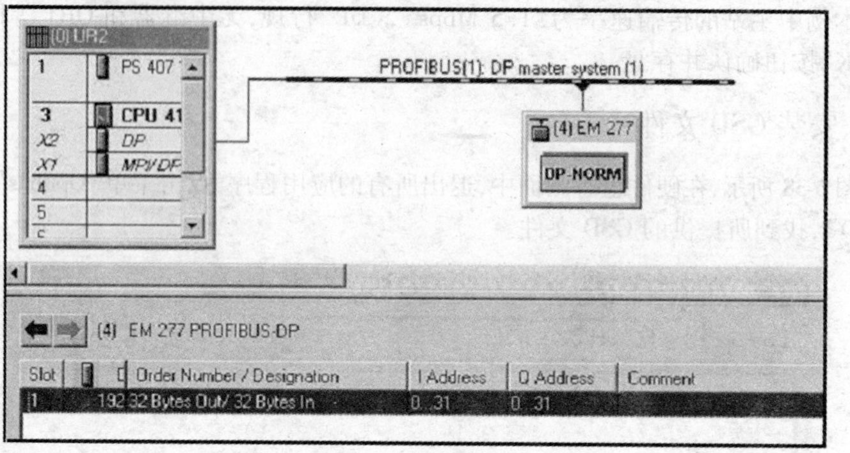

图 6-40　组态通信接口区

软件组态的 EM277 PROFIBUS 站地址要与实际 EM277 上的拨码开关设定的地址一致，通信接口区大小为 32 个字节输入，32 个字节输出，图 6-40 对应的地址是主站的通信地址区，输入区为 IB0 ~ IB31，输出区为 QB0 ~ QB31。对应于 S7 – 200 的通信接口区为 V 区，占用 62 个字节，其中前 32 个字节为接收区，后 32 个字节为发送区。V 区的偏移缺省为 0，那么 S7 – 200 的通信接口区为 VB0 ~ VB61，V 区的偏移量可以根据 S7 – 200 的要求相应修改，在主站硬件组态中双击 EM277，如图 6-41 所示，设置 V 区的偏移量为 100。

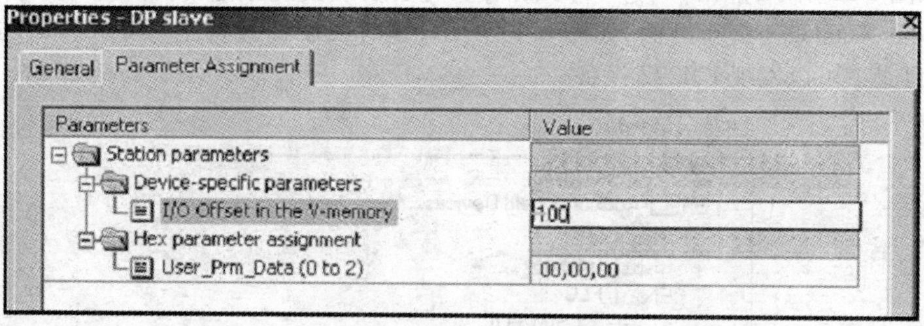

图 6-41　设置 V 区的偏移量

修改完的通信地址对应如下：

S7 – 400 主站　　　　S7 – 200 从站

QB0 ~ QB31 ⟶ VB100 ~ VB131

IB0 ~ IB31 ⟵ VB132 ~ VB163

在 S7 – 200 侧不用编写任何通信程序。例子程序参考光盘 PROFIBUS 目录下的项目名 S7400 – EM277。

说明：

(1) 若要和第三方设备通过 PROFIBUS – DP 协议通信，除要提供 GSD 文件外，还需提供通信数据的内容，否则即使数据通信建立了，也不知道读过来的数据是什么意思。

(2)在修改运行设备的组态参数时,如果有原程序,在编程器中打开项目时会自动导入 GSD 文件(STEP7 V5.1 以上),修改参数后下载不会造成 CPU 故障。如果编程器上没有集成所需的 GSD 文件,从 CPU 上载的组态信息将不完整,修改参数后若重新下载到 CPU 中,会造成 CPU 故障。

项目四　通过 PROFIBUS – DP 连接的 DX 方式通信

一、通过 PROFIBUS – DP 连接的 DX 方式通信

PROFIBUS – DP 通信是以一个主站依次轮寻从站的通信方式进行数据交换的,该方式称为 MS(Master – Slave)模式,基于 PROFIBUS – DP 协议的 DX(Direct Sate Exchange)通信模式是在主站轮寻从站时,从站除将数据发送给主站外,同时还将数据发送给在 STEP7 中组态的其他从站。

参考图 6-42 的数据通信结构,说明如何进行相关组态和数据通信区的定义。

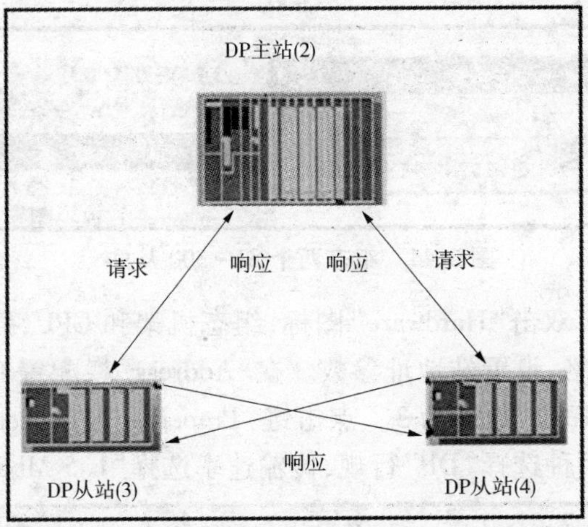

图 6-42　数据通信结构

(一)网络配置

软件:STEP7 V5.2。

硬件:

(1)PROFIBUS – DP 主站 S7 – 400 CPU414 – 3DP。

(2)两个从站 S7 – 300 CPU315 – 2DP 和 CPU314C – 2DP。

(3)MPI 网卡 CP5611。

(4)PROFIBUS 电缆及接头。

(二)网络配置图

网络配置,如图 6-43 所示。

硬件连接:在该实例中,S7 – 400 作主站,两个 S7 – 300 作从站。在硬件连接之前,首

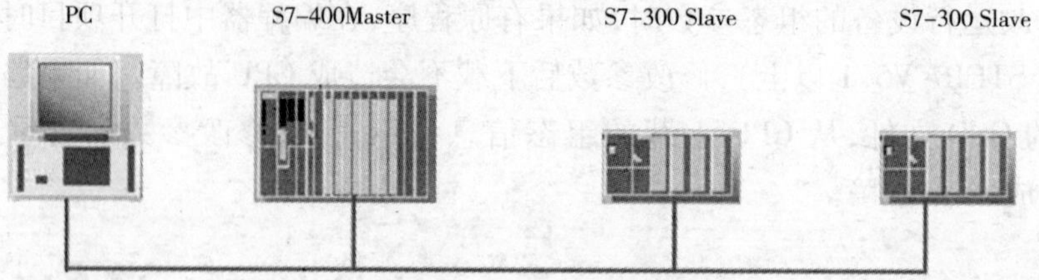

图 6-43　网络配置图

先将上位机的 MPI 接口分别和 3 个 CPU 站点的 MPI 口连接,进行初始化。然后用 PROFIBUS 电缆将 S7－400 和 S7－300CPU 的 DP 相连,S7－400 为主站,两个 S7－300 为从站。打开 STEP7,新建一个项目,将该实例起名为 PROFIBUS_DP_DX,原则上从从站开始组态。

二、组态 S7－300 从站

(1)组态两个 S7－300 从站,选中项目并按右键,依次选择在 Insert New Object－＞SIMATIC300 Station 来插入 S7－300 站点,如图 6-44 所示。

图 6-44　组态两个 S7－300 从站

建立 S7－300 之后,双击"Hardware"图标,组态机架和 CPU,插入 CPU315－2DP 时,新建一条 PROFIBUS 网络,设置站地址参数。在"Address"栏配置 CPU315－2DP 的站号,CPU315－2DP 的 PROFIBUS 地址为 3。点击键"Properties"在"Network setting"中设置传输速率和总线行规,此例种选择"DP"行规,传输速率选择"1.5 Mbps",如图 6-45 所示。

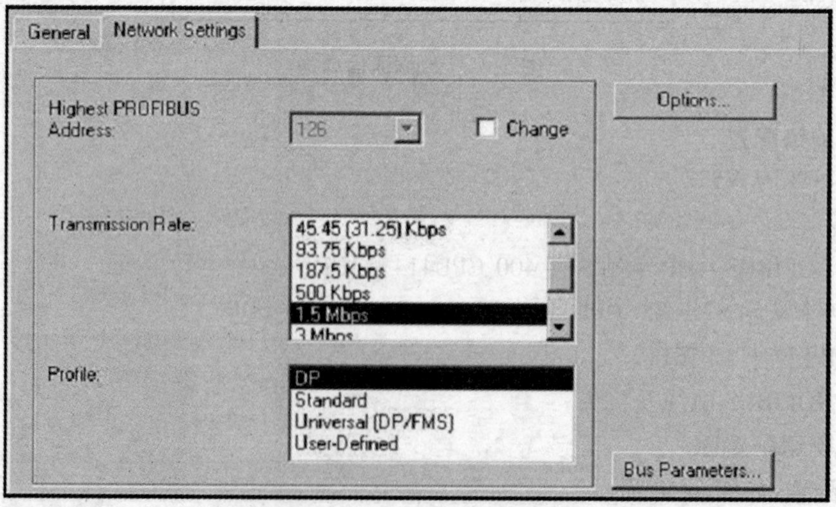

图 6-45　传输速率选择

如网络中使用了中继器、OBT 和 OLM 等网络元件，可点击“Option”按钮添加，然后点击“OK”按钮确认。

(2)双击 DP 栏组态操作模式和从站通信接口区，在“Operation Mode”菜单中选择从站模式，如果使用 PROFIBUS 网卡编程如 CP5611，可以激活从站的编程功能，这样在 PROFIBUS 网络上可以同时对主站和从站编程，诊断地址选用缺省值即可，选项如图 6-46 所示。

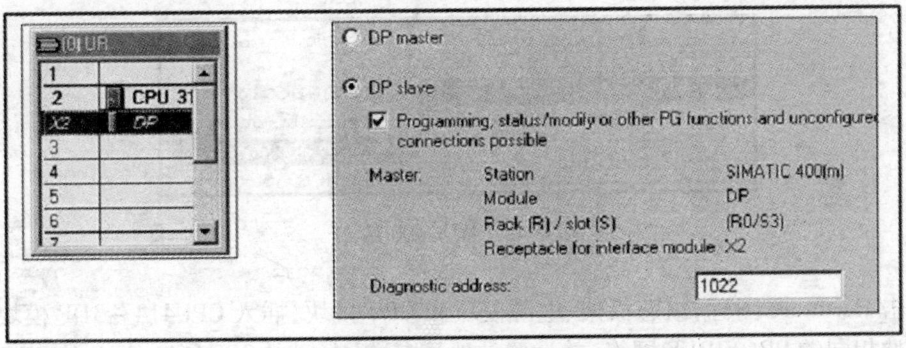

图 6-46 选用缺省值

(3)进入菜单“Configuration”，组态从站通信接口区，点击“New”键，加入一栏通信区，每栏通信区最大数据长度为 32 个字节，在本例中分别添加输入区一栏和输出区一栏各 10 个字节，开始地址为 0，在“Consistency”中选择“Unit”，如选择“All”则主站从站都需要调用 SFC14、SFC15 对通信数据打包解包，参数组态如图 6-47 所示。

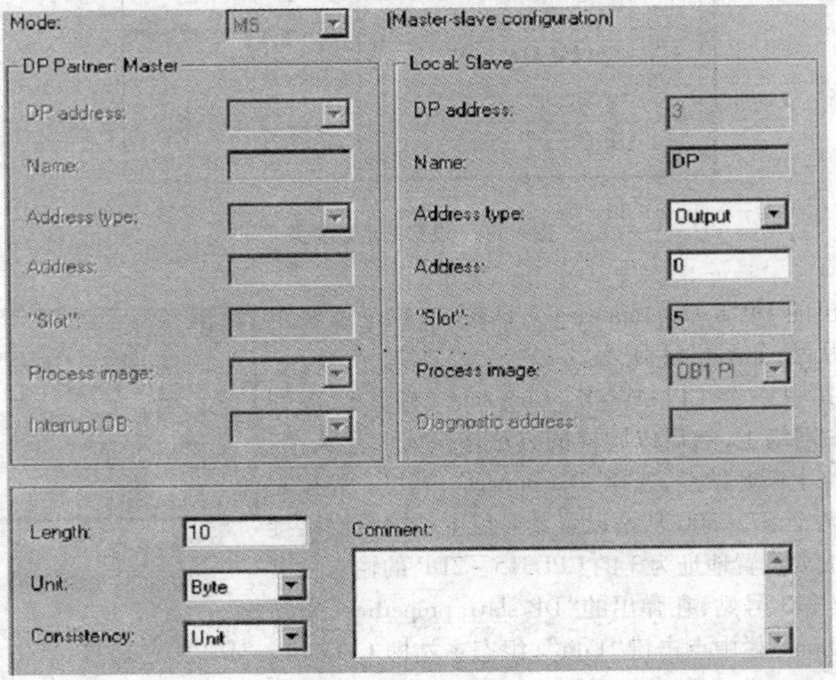

图 6-47 参数组态

以同样的方式组态另一个从站，使两个从站同在一条 PROFIBUS - DP 网络上，选择 PROFIBUS 站地址为 4。

三、组态 S7 - 400 主站

如图 6-48 所示，在右侧区域单击右键在弹出的下拉菜单中选择"SIMATIC 400 Station"插入 400 站点，在屏幕右侧窗口会显示出相应的 S7 - 400 站。

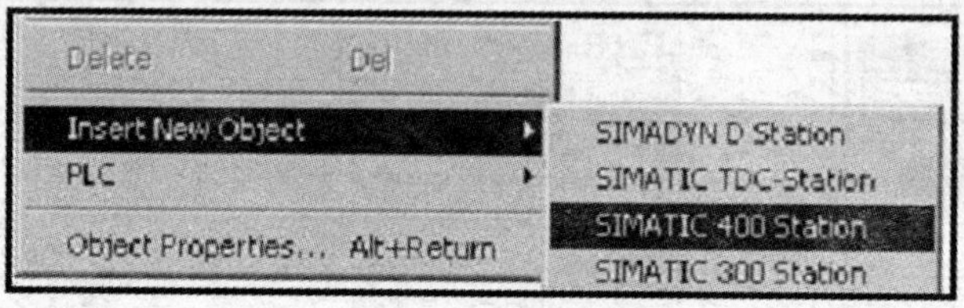

图 6-48　插入 400 站点

双击 Hardware 图标，组态机架、电源模块和 CPU 模块，插入 CPU414 - 3DP 模块时，选择与从站相同的 PROFIBUS 网络，并设置站地址参数，本例中 CPU414 - 3DP 的 PROFIBUS 地址为 2。组态完成后点击"OK"确认，出现 PROFIBUS 网络如图 6-49 所示。

如图 6-50 所示，在 S7 - 400 的 HW configuration 组态界面右侧选择 PROFIBUS DP，在"Configured Stations"中选择 CPU31x，将其拖到左侧的 PROFIBUS 总线上。

图 6-49　设置站地址参数

在弹出的 DP slave properties 对话框中，出现已经组态的两个从站，如图 6-51 所示。

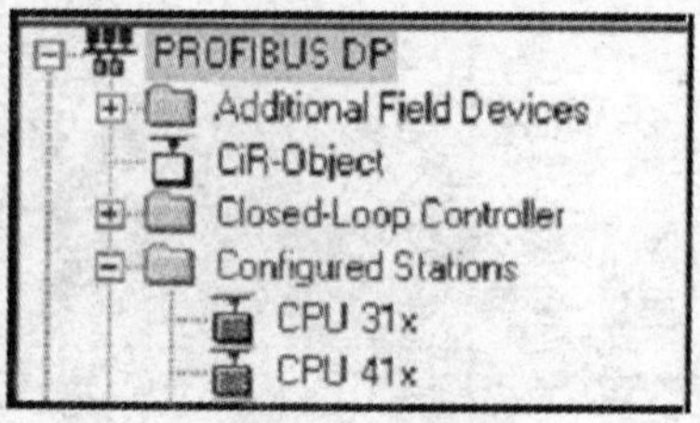

图 6-50　选择 CPU31x

选择其中一个 CPU，点击"Connect"，将其连接到 PROFIBUS 网络上，然后以同样的方法连接另一个从站。若要从网络上断开站点，选择"Disconnect"，即可。连接完成后再为两个 S7 - 300 从站设置其对应主站输入输出接口区，例如，要设置地址为 3 的 CPU315 - 2DP 的输入输出接口区，双击 3 号站，在弹出的"DP slave properties"中的"Configuration "栏中点击键"Edit"，组态主站即 CPU414 - 3DP 的通信接口区，如图 6-52 所示。

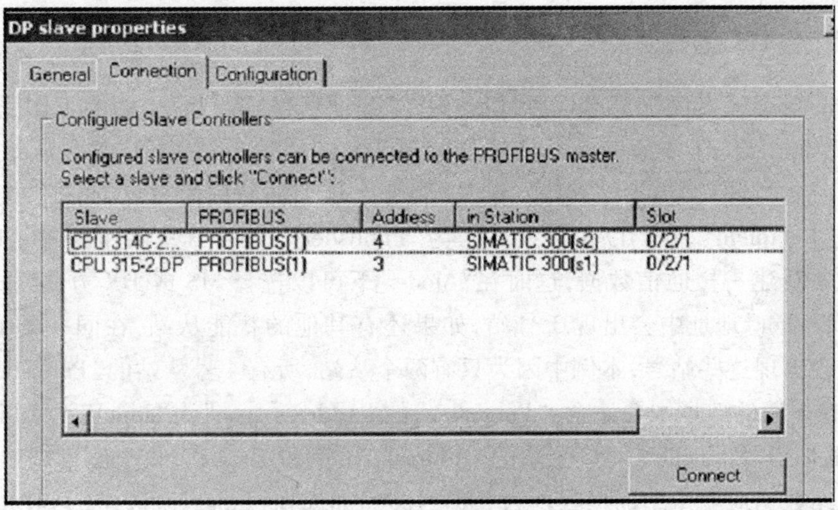

图 6-51　已经组态的两个从站

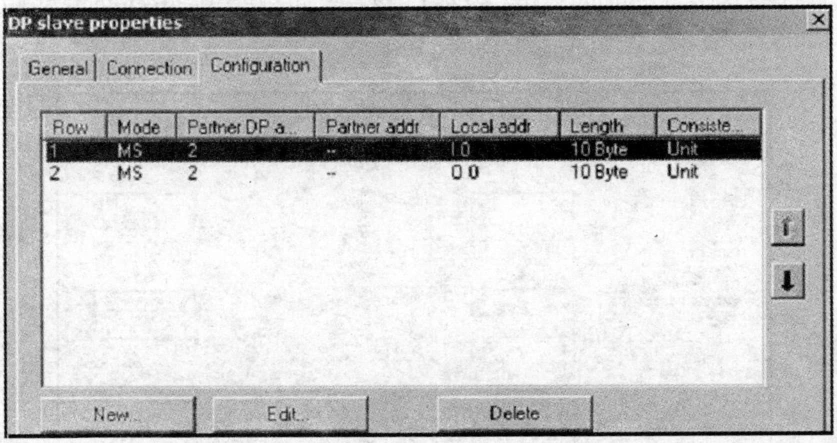

图 6-52　组态主站 CPU414－3DP 的通信接口区

分别组态主站的通信地址区，对应规则为主站输出对从站输入，主站输入对从站输出。然后以同样的方法组态 4 号从站对应主站的通信接口区。

组态完成后对应的通信地址如下：

主站 CPU414－3：		3 号从站 CPU315－2DP
IB0～IB9	←	QB0～QB9
QB0～QB9	→	IB0～IB9
		4 号从站 CPU314C－2DP
IB10～IB19	←	QB0～QB9
QB10～QB19	→	IB0～IB9

四、组态 DX 通信区

上面的组态过程仅仅是 PROFIBUS - DP MS 通信模式，只有上面的工作完成后才能进行 DX 模式组态，在本节的开始已经介绍过 DX 的通信方式，主站轮寻从站读取数据时，从站广播发送数据给主站和指定的从站，那么这个从站称为“Publisher”，接收数据的从站称为“Recipient”，我们以 3 号从站作为“Publisher”，以 4 号从站作为“Recipient”，双击 4 号从站新建一栏通信数据，这时在“Mode”下可以选择 MS 或 DX 方式，选择 DX 模式，在“Publisher”地址中会出现 3 号站，如果还有其他的智能从站，在同一条 PROFIBUS 网络上也会出现这些站号，本例中因为只有两个从站，所有 4 号从站的“Publisher”站只有 3 号站。在下面的选择中要注意：“Publisher”的“Address type”为“Input”，“Address”可选择，这里都是指“Publisher”对应主站的“Address type”和“Input”，从上面可以看到 3 号站发送给主站数据对应主站的接收区为 IB0 ~ IB9。如果在“Input”区选择 0，则“Recipient”4 号从站将接收主站地址 IB0 ~ IB9，也就是 3 号从站“Publisher”QB0 ~ QB9 的数据，如果选择 4，则接收 3 号从站“Publisher”QB4 ~ QB9 的数据，也就是说“Recipient”可以有选择地接收“Publisher”的数据。参数组态如图 6-53 所示。

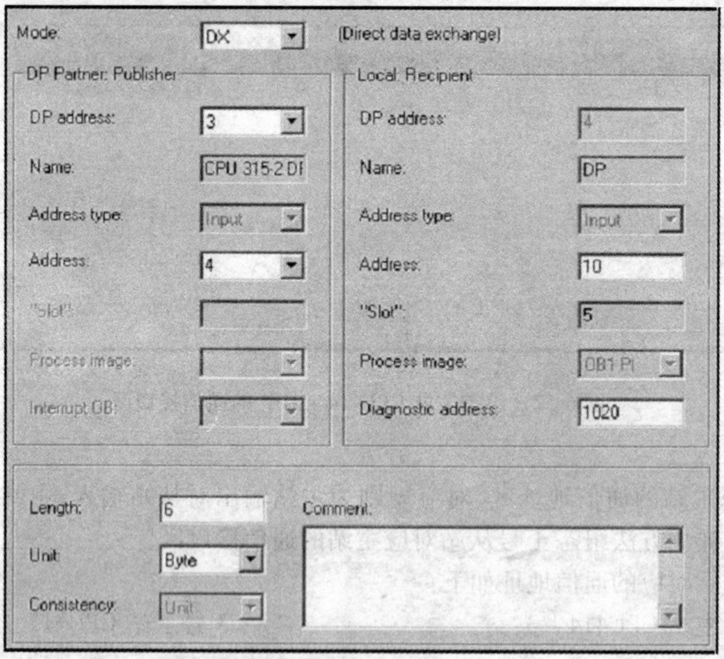

图 6-53　参数组态

从上面的对应关系可以看到，当主站轮寻 3 号从站时，3 号从站发送 QB0 ~ QB9 到主站 IB0 ~ IB9 中，同时发送 QB4 ~ QB9 6 个字节到 4 号从站 IB10 ~ IB15 中，这里容易混淆的地方就是“Publisher”的地址区，站地址是从站地址，通信区却是主站的。

如果数据的连续性参数选择“All”，“Publisher”从站发送的数据都是整个数据包的形式发送的，即使“Recipient”从站选择接收“Publisher”，从站 1 个字节的数据也必须调用 SFC14。

在上面例子中 3 号从站和 4 号从站都可以同时作为“Publisher”和“Recipient”，例子程序参考光盘 PROFIBUS 目录下的项目名 PROFIBUS – DP – DX。

项目五　S7 – 200 自由口通信设计

一、S7 – 200 自由口通信

自由口模式允许应用程序控制 S7 – 200CPU 的通信端口，使用 PC/PPI 电缆和自由口功能，可以将 S7 – 200 连接到带有 RS – 232 兼容接口的多种设备，比如调制解调器。本模块将介绍如何用 S7 – 200 连接 GSM 调制解调器发送短消息，并通过例子说明应用 S7 – 200 自由口编程的一般原则时应注意的问题，S7 – 200 自由口通信配置如下：

(1) PC/PPI 电缆(10 位;9 600 bps;DIP 开关设置:01011)。

(2) 西门子 S7 – 200 CPU22X。

(3) TC35 Terminal GSM 调制解调器。

(4) 一个 9 针直通转接头(用来连接 PC/PPI 电缆与 TC35 Terminal 调制解调器)。

(5) 一根 9 针直通电缆(用来连接计算机与 TC35 Terminal 调制解调器)。

(6) STEP 7 – Micro/Win V3.2 或更高版本软件。

二、TC35 调制解调器 AT 指令简介

如图 6-54 所示，为发送短消息的过程。

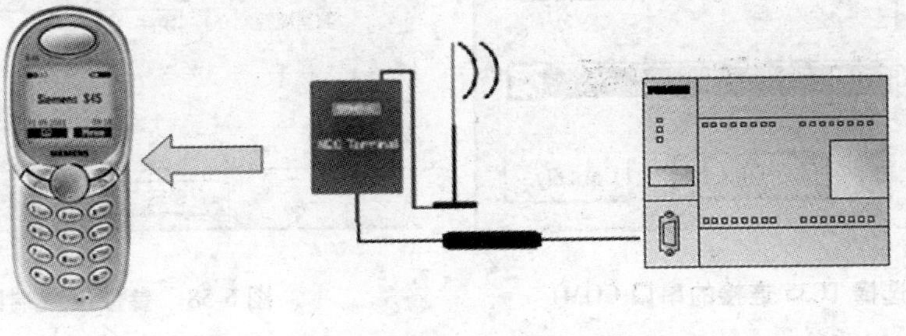

图 6-54　发送短消息的过程

要使用 TC35 发送短消息需要使用 TC35 的 AT 指令，我们首先介绍如何用 Windows 自带的超级终端连接 TC35 发送短消息。

(1) 用 9 针直通的电缆将 TC35 连接到计算机的串口上。

(2) 打开超级终端(开始→程序→附件→通信→超级终端)，如图 6-55 所示。

(3) 为连接取名 Connect to TC35T，如图 6-56 所示。

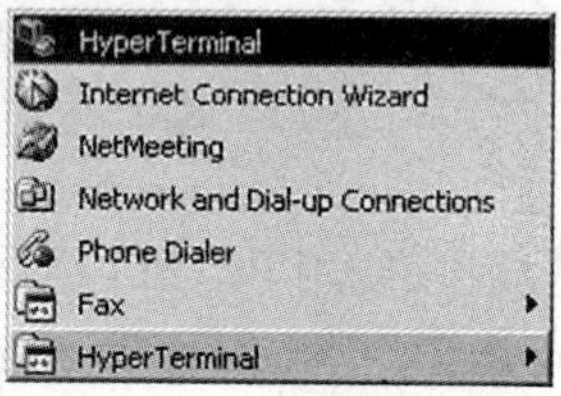

图 6-55　打开超级终端

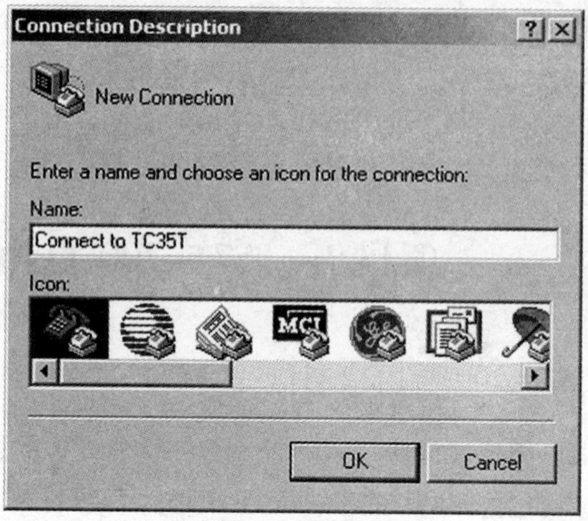

图 6-56　为连接取名

（4）选择 TC35 连接的串口 COM1，如图 6-57 所示。

（5）按照图 6-58 的参数设置端口。19 200 bps 为 TC35 默认的端口波特率，如果该波特率已被更改，请选择正确的波特率。

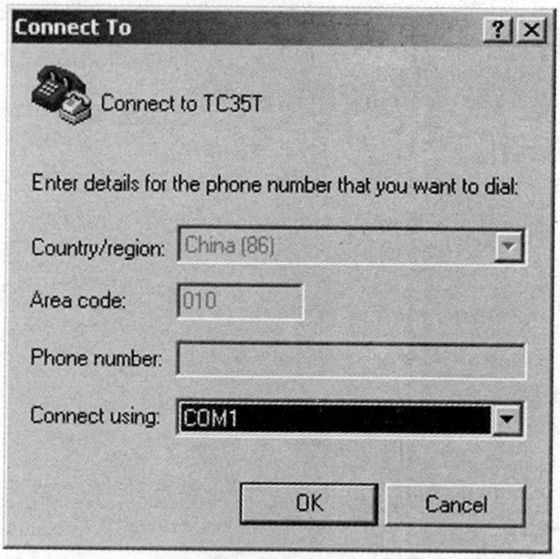

图 6-57　选择 TC35 连接的串口 COM1

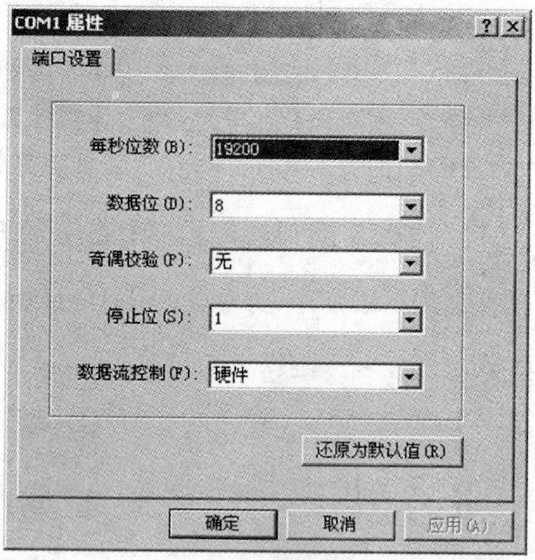

图 6-58　参数设置端口

（6）在窗口中键入“at”，回车测试与 TC35 的连接，如果连接正确，TC35 将返回“OK”，如图 6-59 所示。

（7）TC35 可以发送两种格式的短消息：普通文本格式和 PDU 格式。应用普通文本格式时，短消息内容以 ASCⅡ码格式直接输入，操作比较简单，缺点是只能发送英文短消息；应用 PDU 格式时，短消息内容以 Unicode 格式输入，可以发送任何文字，缺点是短消息内容需要转换成 Unicode 码，并且要把短消息按 PDU 格式打包，操作比较复杂（编程复杂）。通过指令 at + cmgf = 0 设置 TC35 以 PDU 格式发送短消息（默认），通过指令 at + cmgf = 1 设置 TC35 以普通文本格式发送短消息，如图 6-60 所示。

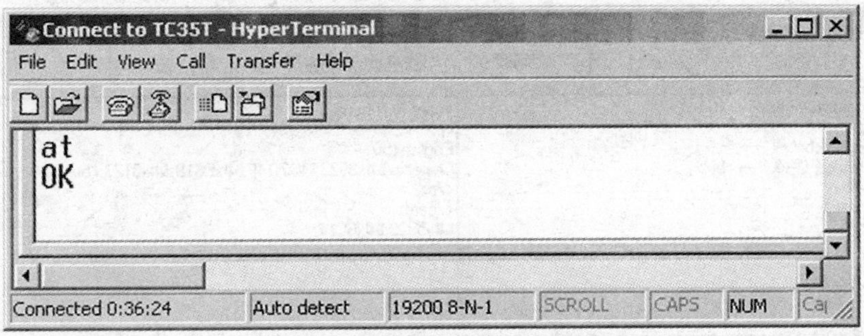

图 6-59 TC35 返回 OK

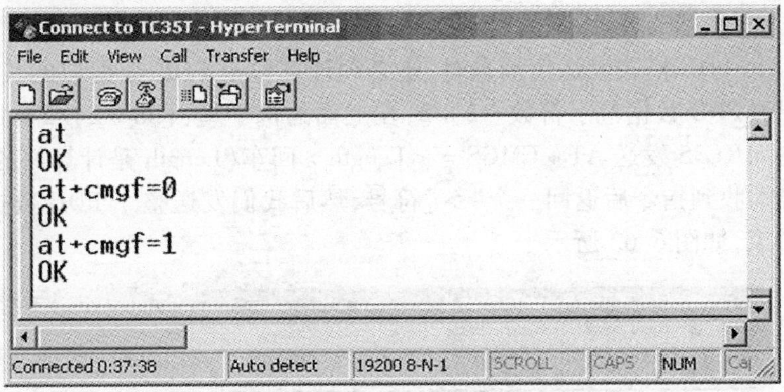

图 6-60 TC35 可以发送两种格式的短消息

(8) 如何以普通文本格式发送短消息可以在 S7－200 的网站上找到：

http://www.ad.siemens.com.cn/applic/S7－200/modem.asp

这里我们将介绍如何发送中文短消息。要发送中文短消息必须把短消息内容转换成 Unicode 码，并按照 PDU 格式打包发送给 TC35。PDU 数据格式涉及手机开发的相关知识，我们不作详细介绍，这里只给出一个标准格式供大家使用。以下就是一个 PDU 格式的数据包：

0001000D91683108214365F700080459296C14

其中，红色的数字(3108214365F7)代表对方的手机号码，在 PDU 格式中，手机号码每两位需要对调。比如在上面这个例子里，对方的手机号码为 13801234567，F 用来补充 7 后面的空位。蓝色的数字(59296C14)是短消息内容的 Unicode 码，这里 5929 代表"天"，6C14 代表"气"。Unicode 码同样可以用来表示一般英文字母和数字，方法是在英文或数字的 ASCⅡ码前加 00。紫色的数字(04)代表短消息的长度，它等于其后所有字符个数除以 2。黑色的数字每次发送短消息时都是相同的，使用时可以照抄，但前提是所使用的 SIM 卡在使用前要用手机设置好短消息服务中心号码(＋8613800100500)。汉字的 Unicode 码可以通过编码转换软件得到，我们使用的是 Megaton Technology 公司的一个编码转换软件，如图 6-61 所示。

图 6-61 Megaton Technology 公司的编码转换软件

(9)在使用 PDU 格式发送短消息时,还必须计算整个 PDU 数据包的长度,PDU 数据包的长度等于(PDU 数据包字符数 -2)/2,在上面的例子里:(38 -2)/2 =18。发送短消息时,我们先向 TC35 发送 AT + CMGS = <Length> 回车(Length 是计算好的 PDU 数据包的长度),TC35 收到指令后返回一个" >"符号,然后我们发送整个 PDU 数据包并以组合键 Ctrl + Z 结束,如图 6-62 所示。

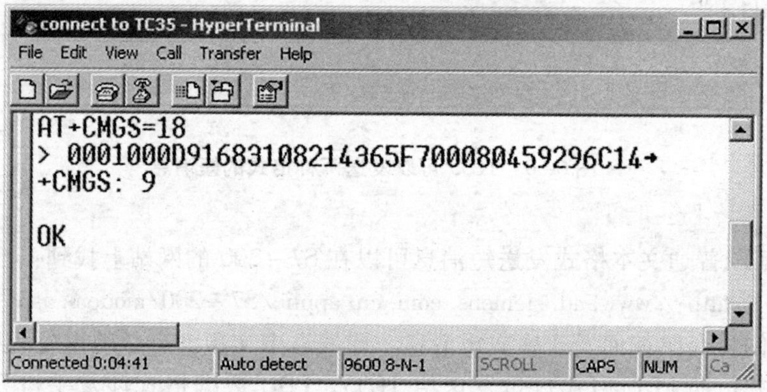

图 6-62 短消息被成功地发送

如果短消息被成功地发送,TC35 会返回" + CMGS: x",其中"x"代表该模块以及发送的短消息个数,同时返回 OK。

三、设置 TC35

在将 TC35 连接到 S7 -200 之前,我们先要对 TC35 作一些设置,使其适合与 PLC 通信。

(1)通过指令 at + ipr =9600 设置 TC35 的端口波特率为 9 600 bps,如图 6-63 所示。

(2)重新建立一个波特率为 9 600 bps 的连接,用指令 ATE0 禁止回波功能。回波功能使调制解调器将收到的指令回发给发送方,这项功能会给 PLC 编程带来不便,当禁止回波功能后,TC35 只返回指令执行的结果,比如 OK 等,如图 6-64 所示。

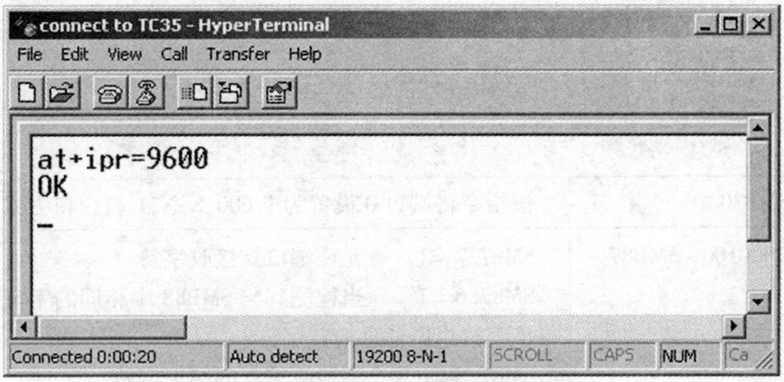

图 6-63　设置 TC35 的端口波特率

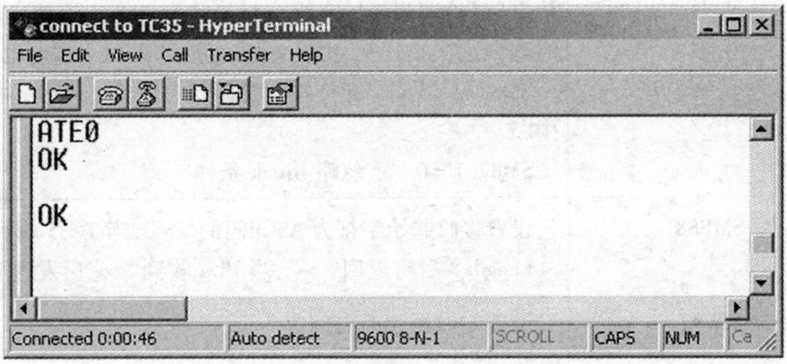

图 6-64　TC35 只返回指令执行的结果

(3)键入 AT&W0,回车将当前设置存为用户配置文件(掉电保持),再键入 ATZ0 以用户配置文件重新启动。此后 TC35 重新上电时将按照前面所作的设置启动。

四、PLC 编程

现在,我们已经知道如何用 AT 指令发送短消息,剩下的工作是用 PLC 程序来发送这些 AT 指令。S7－200 的通信端口为 RS－485 接口,RS－485 接口为半双工接口,因此编写 PLC 程序的关键是避免在通信端口上同时发送和接收。我们下面将介绍一种标准的编程模式,按照这种模式编写自由口通信程序可以有效地避免因同时发送和接收造成的通信冲突,从而保证程序的正常运行。

(一)初始化

```
Network 1
LD       SM0.1
MOVB     9, SMB30
MOVB     2#11000100, SMB87
MOVB     '>', SMB88
MOVW     +5, SMW92
```

```
MOVB      255, SMB94
ATCH      INT_0, 23
ATCH      INT_1, 9
ENI
```

MOVB 9, SMB30	该指令将端口 0 设置为 9 600,8,N,1 自由口方式
MOVB 2#11000100, SMB87	SM87.7 = 1 允许端口 0 接收字符 SM87.6 = 1 当检测到与 SMB88 中相同的字符时开始接收,并将该字符当做信息的首字符 SM87.5 = 0 不检测信息的结束字符 SM87.4 = 0 不检测端口空闲状态 SM87.3 = 0 定时器为内部字符定时器,意思是 PLC 开始接收信息后(检测到起始字符),每接收到一个字符就启动定时器,当定时器到达在 SMW92 中设置的时间后,即认为定时器超时 SM87.2 = 1 允许在定时器超时后停止接收,并产生接收完成中断 SM87.1 = 0 忽略 Break 条件
MOVB '>', SMB88	设置接收起始字符为 ASCII码的">",当 TC35 收到 AT + CMGS = <Length>后将返回">",当 PLC 收到">"后发送 PDU 数据包
MOVW +5, SMW92	设置定时器超时时间为 5 ms
MOVB 255, SMB94	设置 RCV 指令接收的最大字符数位 255
ATCH INT_0, 23	中断时间 23 为端口 0 接收完成中断,将该中断连接到中断 0
ATCH INT_1, 9	中断时间 9 为端口 0 发送完成中断,将该中断连接到中断 1
ENI	中断允许

将上面这段程序添加到主程序中,对 PLC 的端口 0 进行初始化。这段程序以 SM0.1 为触发条件,每当 PLC 进入 RUN 状态时执行一次。

(二)接收 TC35 的信息

```
Network 2
LD        SM0.0
RCV       VB100, 0
```

在初始化程序中,端口 0 已被允许接收来自 TC35 的信息,在主程序中添加上面的程序将端口 0 置于接收状态。这时端口 0 将检测收到的字符,当收到">"时即开始接收,并把收到的信息保存到 VB101 开始的存储器中(VB100 中将保存每次收到的字符的个数,当接收结束时,该位置被清零)。

(三)发 AT 指令

PLC 要向 TC35 发送两部分内容来发送一条短消息,首先是 AT 指令(AT + CMGS = 18),当收到">"后,发送 PDU 数据包。这里,我们用 M0.0 的上升沿来触发 PLC 发送 AT 指令。在主程序中添加下面指令。

```
Network 3
LD      M0.0
EU
R       SM87.7, 1
RCV     VB100, 0
XMT     VB0, 0
```

R　　SM87.7, 1	SM87.7 置 0,禁止在端口 0 接收信息
RCV　　VB100, 0	执行 RCV 指令,停止端口 0 的接收
XMT　　VB0, 0	发送 AT 指令到 TC35

这里需要特别注意的是,在初始化程序中,端口 0 已被置为接收状态,此时如果直接发送 AT 指令,将会导致端口 0 发生通信冲突,而导致其不能正常工作。因此,我们在发送指令前必须先禁止接收(将 SM87.7 复 0),然后执行 RCV 指令,RCV 指令执行时将会检测 SM87.7 的状态,当发现 SM87.7 = 0 时,即停止端口 0 的接收。这里我们建议,在使用 XMT 指令前,首先执行 R SM87.7, 1、RCV VB100, 0 两条指令(VB100 可以换成其他地址)。

XMT 指令指向 VB0,我们将 AT 指令写在 VB0 开始的数据块中,如图 6-65 所示。

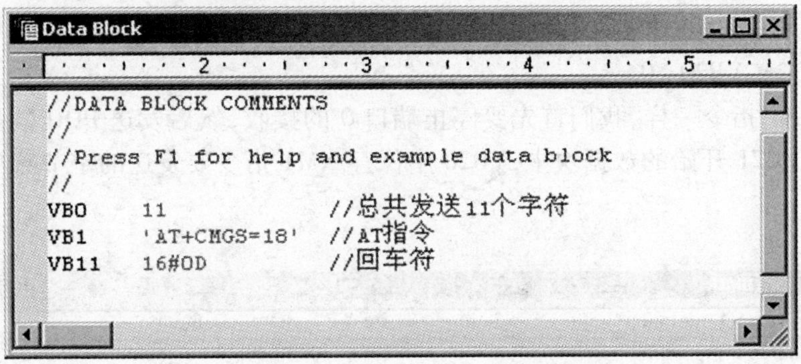

图 6-65　AT 指令写在 VB0 开始的数据块中

(四)发送 PDU 数据包

当 AT 指令发送完成时,PLC 会产生一个中断,在初始化程序中,我们已经将这个中断连接到 INT_1(ATCH INT_1, 9),在这个中断中,我们重新把端口 0 置于接收状态,用来接收 TC35 返回的“ > ”,同时我们将 M0.0 复位以便检测下一次发送请求并清空 RCV 指令的接收缓冲区。将下面指令添加到 INT_1 中:

```
Network 1
LD      M0.0
S       SM87.7, 1
RCV     VB100, 0
R       M0.0, 1
```

```
Network 2
LD          SM0.0
FILL        +0, VW100, 10
```

TC35 接收到 AT + CMGS = 18 后，返回“ > ”，PLC 接收到“ > ”后开始将接收到的字符保存到 VB101 开始的存储区，并且每接收一个字符即启动定时器，超过 5 ms 仍接收不到下一个字符时，就认为本次接收已经完成，产生接收完成中断。在初始化程序中我们已经将该中断连接到 INT_0(ATCH INT_0, 23)。将下面指令添加到 INT_0 中：

```
Network 3
LDB =       VB101, ‘ > ’
S           M0.1, 1
```

在中断程序中不易执行过多程序，因此我们在这里判断 VB101 是否为“ > ”，如果是则表示 TC35 等待接收 PDU 数据，我们通过 M0.1 在主程序中触发发送 PDU 数据。将下面这段程序添加到主程序中：

```
Network 4
LD          M0.1
EU
R           SM87.7, 1
RCV         VB100, 0
XMT         VB20, 0
```

与发送 AT 指令一样，我们首先要停止端口 0 的接收，然后发送 PDU 数据包，PDU 数据包保存在 VB21 开始的数据块中，VB20 中保存 XMT 指令要发送的字节数目，如图 6-66 所示。

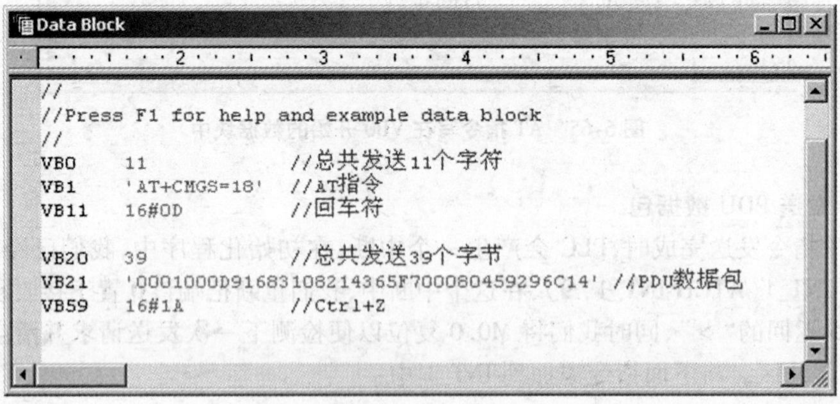

图 6-66　VB20 中保存 XMT 指令要发送的字节数目

(五)判断发送状态

在发送完成中断中，我们要重新置端口 0 为接收状态，同时复位 M0.1，并将 RCV 指令判断的起始字符由原来的“ > ”改为“ + ”，因为 TC35 接收到 PDU 数据包后会返回

“ + CMGS: x”表示发送成功,或者“ + CMS ERROR: 500”表示发送失败,将下面的指令添加到 INT_1 中:

```
Network 3
LD        M0.1
S         SM87.7, 1
MOVB      ' + ', SMB88
RCV       VB100, 0
R         M0.1, 1
```

在接收完成中断中(INT_0),我们可以通过判断 VB104 的状态来判断发送是否成功,如果发送成功,VB104 = “G”,如果不成功,VB104 = “S”。将下面的指令添加到 INT_0 中:

```
Network 2
LDB =     VB104, 'G'
MOVB      ' > ', SMB88
Network 3
LDB =     VB104, 'S'
MOVB      ' > ', SMB88
S         M0.0, 1
```

如果成功,则将 RCV 指令的起始字符恢复为“ > ”;如果不成功,则将 RCV 指令的起始字符恢复为“ > ”,同时置位 M0.0 重新发送短消息。

将整个程序下载到 PLC 中,每次置位 M0.0 即可以向 13801234567 发送一条短消息,短消息内容为“天气”。只要更改数据块中的内容,即可向不同的手机号码发送不同内容的短消息。整个程序如下:

```
MAIN
Network 1
LD        SM0.1
MOVB      9, SMB30
MOVB      2#11000100, SMB87
MOVB      ' > ', SMB88
MOVW      +5, SMW92
MOVB      255, SMB94
ATCH      INT_0, 23
ATCH      INT_1, 9
ENI
Network 2
LD        SM0.0
RCV       VB100, 0
Network 3
LD        M0.0
```

```
EU
R           SM87.7, 1
RCV         VB100, 0
XMT         VB0, 0
Network 4
LD          M0.1
EU
R           SM87.7, 1
RCV         VB100, 0
XMT         VB20, 0

INT_0
Network 1
LDB =       VB101,'>'
S           M0.1, 1
Network 2
LDB =       VB104,'G'
MOVB        '>', SMB88
Network 3
LDB =       VB104,'S'
MOVB        '>', SMB88
S           M0.0, 1

INT_1
Network 1
LD          M0.0
S           SM87.7, 1
RCV         VB100, 0
R           M0.0, 1
Network 2
LD          SM0.0
FILL        +0, VW100, 10
Network 3
LD          M0.1
S           SM87.7, 1
MOVB        '+', SMB88
RCV         VB100, 0
R           M0.1, 1
```

五、自由口编程的一般原则

(1)SM0.1 触发端口初始化,连接发送完成和接收完成中断(中断事件 9 和事件 23)。

(2)SM0.0 触发 RCV 指令。

(3)XMT 指令用上升沿触发,并在指令运行前先停止端口 0 的接收(复位 SM87.7,执行 RCV 指令)。

(4)在发送完成中断中,重新置端口 0 为接收状态(置位 SM87.7,执行 RCV 指令),清空 RCV 指令的接收缓冲区。

(5)尽量减少在中断程序中编程,如果时间允许,仅在中断程序中置标志位,然后在主程序中扫描该位,执行具体的程序。

(6)根据将要接收信息的不同,合理设置 SMB87 ~ SMB94。

小　结

PLC 的通信功能使得 PLC 在现代化工业自动控制网络中的作用得到了充分的发挥,也使得 PLC 在工业自动化网络中的作用越来越重要,建立在通信基础上的工厂综合自动化系统已经越来越多地出现在现代化工厂中。

本模块简单介绍了计算机通信知识,工业控制网络的基础知识,以及 S7 - 200 的通信实现。重点掌握通信参数设置方法,网络读、写指令以及自由口指令及应用。

最后通过可编程序控制器与计算机的通信设计实例来说明各种指令的应用。

习题六

1. 什么是串行传输? 什么是并行传输?

2. 什么是异步传输和同步传输?

3. 为什么要对信号进行调制与解调?

4. 奇偶检验码是如何实现奇偶检验的?

5. PC/PPI 电缆上的 DIP 开关如何设定?

6. 在串行异步通信中,数据的传送速率为每秒 960 个字符,一个字符由一个起始位,一个停止位和 8 个数据位组成,求波特率。

7. S7 - 200 的 PLC 可采用哪些通信协议? 每个通信协议的特点是什么?

8. 如何设置 PPI 通信时 S7 - 200CPU 的站地址?

9. S7 - 200 的 PLC 的 PPI 通信方式及自由口通信方式有哪些特点?

10. 3 台 CPU224 组成通信网络,其中一台为主站,两台为从站。拟用主站的 I0.0 ~ I0.7 分别控制两从站的输出口 Q0.0 ~ Q0.7,每 10s 为一周期交替切换 1 号从站及 2 号从站。试用 PPI 及自由口两种方式编制程序,完成以上功能。

参 考 文 献

[1] 刘敏.可编程序控制器技术[M].北京:机械工业出版社,2001.

[2] 邱公伟.可编程序控制器网络通信及应用[M].北京:清华大学出版社,2000.

[3] 谢克明,夏路易.可编程控制器原理与程序设计[M].北京:电子工业出版社,2002.

[4] 郭宗仁,吴亦峰,郭永.可编程序控制器应用系统设计及通信网络技术[M].北京:人民邮电出版社,2002.

[5] 徐世许.可编程序控制器原理、应用、网络[M].长沙:中国科学技术大学出版社,2000.

[6] 吴启红.变频器、可编程序控制器及触摸屏综合应用技术实操指导书[M].北京:机械工业出版社,2008.

[7] 王永华.现代电气控制及 PLC 应用技术[M].北京:北京航空航天大学出版社,2003.

[8] 张进秋.可编程控制器原理及应用[M].北京:机械工业出版社,2004.

[9] 王国海.可编程序控制器及应用[M].北京:中国劳动社会保障出版社,2007.

[10] 钟肇新.可编程控制器原理及应用[M].广州:华南理工大学出版社,2008.

[11] 史国生.电气控制与可编程控制器技术[M].北京:化学工业出版社,2004.

[12] 常晓玲.电气控制系统与可编程控制器[M].北京:机械工业出版社,2007.

[13] 如茂新,贾震斌.计算机网络及应用[M].北京:电子工业出版社,2003.

[14] 周万珍,高鸿斌.PLC 分析与设计及应用[M].北京:电子工业出版社,2004.

[15] 廖常初.PLC 基础及应用[M].北京:机械工业出版社,2004.

[6] 王也仿.可编程控制器应用技术[M].北京:机械工业出版社,2004.

[17] 陈富安.单片机与可编程控制器应用技术[M].北京:电子工业出版社,2003.

[18] 郁汉琪.机床电气及可编程控制器实验、课程设计指导书[M].北京:高等教育出版社,2001.